空间结构系列图书

大跨度预应力钢结构干煤棚设计与施工

曹正罡 编著

范 峰 主审

U0294530

中国建筑工业出版社

图书在版编目（CIP）数据

大跨度预应力钢结构干煤棚设计与施工/曹正罡编著. —北京：
中国建筑工业出版社，2019.1（2023.4重印）
空间结构系列图书
ISBN 978-7-112-22981-9

Ⅰ.①大… Ⅱ.①曹… Ⅲ.①大跨度结构-预应力结构-钢结构-
干煤棚-建筑设计②大跨度结构-预应力结构-钢结构-干煤棚-建筑
施工 Ⅳ.①TU271.1

中国版本图书馆 CIP 数据核字(2018)第 263252 号

　　本书结合储煤结构的发展现状和存在的主要问题，重点针对大跨预应力钢结
构干煤棚体系，围绕以下几个方面：结构体系选型，主体结构抗震、抗风、抗雪、
稳定性等关键问题的分析理论和设计方法，围护结构的设计，防火、防腐技术措
施，以及干煤棚采光、除尘、通风、挡煤等设施的主要形式与应用特点，进行了
全面系统的阐述。同时还针对超大跨预应力钢结构干煤棚的施工全过程，包括节
点焊接、桁架拼装、吊装方法和张拉技术进行了介绍；最后提供了拱形预应力钢
结构干煤棚的工程设计实例和主要图纸，并在附录中列出了常用的预应力拉索、
钢拉杆等构件、锚具的规格和型号，供设计者选用。

　　本书可作为技术人员进行大跨度预应力钢结构干煤棚设计、施工的指导性资
料，也可供相关科研人员及高等院校师生参考。

责任编辑：刘瑞霞　武晓涛
责任设计：李志立
责任校对：王　瑞

空间结构系列图书
大跨度预应力钢结构干煤棚设计与施工
曹正罡　编著
范　峰　主审

*

中国建筑工业出版社出版、发行（北京海淀三里河路9号）
各地新华书店、建筑书店经销
北京科地亚盟排版公司制版
北京建筑工业印刷厂印刷

*

开本：787×1092毫米　1/16　印张：17¾　字数：446千字
2019年4月第一版　2023年4月第四次印刷
定价：50.00元
ISBN 978-7-112-22981-9
（33071）

版权所有　翻印必究
如有印装质量问题，可寄本社退换
（邮政编码 100037）

空间结构系列图书

编审委员会

顾　问：蓝　天　　董石麟　　沈世钊　　马克俭　　刘锡良　　严　慧　曹　资
　　　　　姚念亮　　刘善维　　张毅刚
主　任：薛素铎
副主任：李亚明　　周观根　　陈国栋　　高继领　　王小瑞　　黄达达　陈志华
　　　　　吴金志
委　员：白宝萍　　蔡小平　　陈文明　　高博青　　耿笑冰　　韩庆华　郝成新
　　　　　李存良　　李　凯　　李明荣　　李中立　　罗兴隆　　唐泽靖子　王　丰
　　　　　王海明　　王　杰　　王　平　　王双军　　王秀丽　　王元清　向　阳
　　　　　薛海滨　　张其林　　赵伯友　　支旭东　　钟宪华　　朱忠义　冯　远
　　　　　罗尧治　　武　岳　　刘　枫　　罗　斌　　宁艳池　　任俊超　王泽强
　　　　　许立准　　李雄彦　　孙国军　　胡　洁

序 言

中国钢结构协会空间结构分会自 1993 年成立至今已有二十多年，发展规模不断壮大，从最初成立时的 33 家会员单位，发展到遍布全国各个省市的 500 余家会员单位。不仅拥有从事空间网格结构、索结构、膜结构和幕墙的大中型制作与安装企业，而且拥有与空间结构配套的板材、膜材、索具、配件和支座等相关生产企业，同时还拥有从事空间结构设计与研究的设计院、科研单位和高等院校等，集聚了众多空间结构领域的专家、学者以及企业高级管理人员和技术人员，使分会成为本行业的权威性社会团体，是国内外具有重要影响力的空间结构行业组织。

多年来，空间结构分会本着积极引领行业发展、推动空间结构技术进步和努力服务会员单位的宗旨，卓有成效地开展了多项工作，主要有：（1）通过每年开展的技术交流会、专题研讨会、工程现场观摩交流会等，对空间结构的分析理论、设计方法、制作与施工建造技术等进行研讨，分享新成果，推广新技术，加强安全生产，提高工程质量，推动技术进步。（2）通过标准、指南的编制，形成指导性文件，保障行业健康发展。结合我国膜结构行业发展状况，组织编制的《膜结构技术规程》为推动我国膜结构行业的发展发挥了重要作用。在此基础上，分会陆续开展了《膜结构工程施工质量验收规程》《建筑索结构节点设计技术指南》《充气膜结构设计与施工技术指南》《充气膜结构技术规程》等的编制工作。（3）通过专题技术培训，提升空间结构行业管理人员和技术人员的整体技术水平。相继开展了膜结构项目经理培训、膜结构工程管理高级研修班等活动。（4）搭建产学研合作平台，开展空间结构新产品、新技术的开发、研究、推广和应用工作，积极开展技术咨询，为会员单位提供服务并帮助解决实际问题。（5）发挥分会平台作用，加强会员单位的组织管理和规范化建设。通过会员等级评审、资质评定等工作，加强行业管理。（6）通过举办或组织参与各类国际空间结构学术交流，助力会员单位"走出去"，扩大空间结构分会的国际影响。

空间结构体系多样、形式复杂、技术创新性高，设计、制作与施工等技术难度大。近年来，随着我国经济的快速发展以及奥运会、世博会、大运会、全运会等各类大型活动的举办，对体育场馆、交通枢纽、会展中心、文化场所的建设需求极大地推动了我国空间结构的研究与工程实践，并取得了丰硕的成果。鉴于此，中国钢结构协会空间结构分会常务理事会研究决定出版"空间结构系列图书"，展现我国在空间结构领域的研究、设计、制作与施工建造等方面的最新成果。本系列图书拟包括空间结构相关的专著、技术指南、技术手册、规程解读、优秀工程设计与施工实例以及软件应用等方面的成果。希望通过该系列图书的出版，为从事空间结构行业的人员提供借鉴和参考，并为推广空间结构技术、推动空间结构行业发展做出贡献。

中国钢结构协会空间结构分会　理事长

空间结构系列图书编审委员会　主任

薛素铎

2018 年 12 月 30 日

封闭式干煤棚作为一种防止煤料场扬尘污染环境的技术设施，近几年在我国蓬勃发展起来，且建设体量不断刷新。目前单体煤料场储量已经超过 30～50 万吨。要想封闭遮挡这样体量的煤料场，并进行经济高效的运营，需要建造超大跨度的干煤棚来满足存储和作业空间。

传统的干煤棚大多采用螺栓球网壳的结构形式，跨度一般在 90～120m 之间。双层柱面或者球面螺栓球网壳结构比较适用于这一跨度范围，它们具有装配化高、现场焊接量小、不用搭设满堂红脚手架且造价经济等特点。但对于更大跨度的干煤棚，由于现有加工工艺无法保证大直径螺栓的力学性能，结构的整体经济性也将迅速下降，螺栓球网壳不再是适用的结构形式。

近几年来，随着我国在高强钢、高强拉索等新材料的自主研发方面不断取得突破，以及钢结构的加工、吊装、三维测量等施工技术水平的不断提升，使得建造适用的超大跨度干煤棚成为可能。例如，大跨度拱形预应力钢结构是由传统张弦桁架演化而来的一种结构形式，目前已成功应用于巨大体量的干煤棚（跨度达到 200m 以上），由于其受力性能优良，且经济性也较好，采用这种结构体系的超大体量干煤棚具有良好的发展势头。

但是需要指出的是，大跨度预应力钢结构的设计和施工具有其特殊性。首先，这种结构体系在荷载作用下产生较大的变形，因而在受力分析中，小变形假定不成立，而必须考虑几何非线性影响，计算过程比较复杂；其次，超大跨结构对风雪荷载取值和分布较为敏感，现行规范难以参照，需要开展各种专项研究作为设计依据；再次，预应力钢结构的受力性能与施工过程密切相关，其设计计算必须与施工单位紧密配合。此外，在施工方面，预应力张拉有一定难度，技术要求较高。由于上述这些特点，大跨度预应力钢结构干煤棚的设计与施工有一定的难度，目前只有少数技术团队掌握，还没有全面推广开来。这也说明这一领域尚存在许多体系创新和理论创新的空间。

《大跨度预应力钢结构干煤棚设计与施工》一书结合储煤结构的发展现状和存在的主要问题，重点针对大跨预应力钢结构干煤棚体系，围绕以下几个方面：（1）结构体系选型，（2）主体结构抗震、抗风、抗雪、稳定性等关键问题的分析理论和设计方法，（3）围护结构的设计，（4）防火、防腐技术措施，以及（5）干煤棚采光、除尘、通风、挡煤等设施的主要形式与应用特点，进行了全面系统的阐述；同时还针对超大跨预应力钢结构干煤棚的施工全过程，包括节点焊接、桁架拼装、吊装方法和张拉技术等方面进行了介绍。可以看出，作者曹正罡博士正是根据近几年从事大跨度预应力钢结构干煤棚设计和施工的成功经验，并针对这一结构体系存在的许多技术难题，围绕基本分析理论、设计方法和施工技术进行了系统的研究和总结，并整理成册出版，为有关设计人员提供较为系统的技术指导，以促进超大跨干煤棚的健康快速发展。创新驱动发展，这一工作鲜明地体现了具有明确目标的科技创新实践，我觉得很有意义。

自然，科技创新没有止境，关于超大跨度干煤棚的结构体系、设计构想和分析理论，还有许多问题可供探索，这本书为这一过程提供了一个良好的起点。

本书内容全面、详实，除了供设计人员应用外，还可作为高等学校相关专业师生的参考教材。

爱为之序。

中国工程院院士 沈世钊

于哈尔滨工业大学

2018 年 11 月

前　言

从 1979 年到 2016 年，我国火电发电量增长了 17.5 倍，建设大型电站机组已经成为解决燃煤发电率和保证环保排放指标的重要措施，而干煤棚是大型火力电站中存储燃煤的一种大型库房，其长度、宽度是根据装机容量的需要来确定的，大型电站的建设必须要有跨度大、净空高且覆盖空间大的干煤棚来配套满足其原煤的存储和作业空间。而最近 5 年，由于环保要求和建设用地的严格控制，国家要求煤炭散堆必须由封闭的干煤棚覆盖，所以封闭式干煤棚的建设数量、规模和体量不断刷新。同时，我国在高强钢、高强钢索等新材料研发方面也不断取得突破，大量轻质、高强的材料可以应用在大跨干煤棚的设计中，使得干煤棚的设计更为轻巧、美观；钢结构的加工、焊接、吊装、铸造、三维测量等施工技术水平也不断提升，使得建造高难度、高精度、超大跨的干煤棚结构成为可能。总而言之，随着我国经济的高速发展，对于产能的需求和建筑技术的发展为建设超大型干煤棚带来了机遇，同时也为其设计和建造带来了前所未有的挑战。

大跨度预应力钢结构干煤棚是最近几年迅速发展起来的一类新型储煤棚形式，通过初始预应力的引入与曲面形态的优化，可以很好地解决超大跨网壳类干煤棚整体刚度弱、承载能力低、抗连续性倒塌能力弱等一系列问题；但预应力钢结构设计和张拉、施工技术的掌握还仅仅局限在一些大型设计机构和施工单位，设计技术相对复杂、基本理论较深，未能全面推广应用；而且近些年极端气候不断出现，每年都造成一定的震灾、风灾、雪灾，特别是对于超大跨干煤棚所特有的风、雪荷载分布尚无准确依据可查，往往需要引入风洞试验和数值模拟（CFD）技术来确定，分析过程难度较大；可以说复杂的荷载条件和结构自身的非线性特征也对预应力钢结构干煤棚结构的分析、设计与施工提出了新的挑战。

面对这些问题和难点，本书重点针对大跨度预应力钢结构干煤棚设计、施工中的关键理论问题、设计方法和施工技术，并结合近些年科研转化成果而精心编著，面向广大工程设计人员，可作为初学者的基础性科技读物，也可以作为有经验者提高设计理论水平的专业性资料，希望本书的出版能对广大电建行业、空间钢结构领域的工程人员起到引领性作用，并帮助其全面掌握大跨度预应力钢结构干煤棚设计、施工领域的基本理论与应用方法。近 5 年，作者主持设计了多项跨度超过 200m 的大跨预应力钢结构干煤棚，积累了丰富的设计经验，也希望能与广大空间钢结构领域的专家与学者分享。

在本书即将出版之际，感谢我的博士导师沈世钊院士为本书提序，感谢我的硕士导师、博士后合作导师范峰教授对书稿撰写提出的宝贵意见并审定全文，感谢我的研究生赵林、汪天旸、王佳龙、王志成、万宗帅为书稿配图付出的辛勤工作，也感谢哈尔滨工业大学建筑设计研究院、北京市建筑设计研究院、哈尔滨建创钢结构有限公司、东南网架股份有限公司等设计、施工单位的专家和朋友提供的宝贵技术资料。感谢国家自然科学基金面上项目 51378147 和 52878218 以及国家杰出青年科学基金项目 51525802 的资助。

限于作者水平和资料收集不一定全面，书中难免有不妥之处，敬请各位读者批评指正。

联系方式：哈尔滨市南岗区黄河路 73 号哈尔滨工业大学土木工程学院 516 室，电子信箱：caozg75@163.com

曹正罡

2018.11

目　录

第1章 绪 论

1.1 概述

随着我国经济的高速发展及居民生活水平的提高，电力能源的消耗量不断攀升，据不完全统计，从1979年到2016年，我国火电发电量增长了17.5倍，2017年的火力发电量为4.66亿千瓦时，比上年增长5.1%；2017年，我国能源消费总量为44.9亿吨标准煤，其中煤炭消费占能源消费总量的60.4%，约占全球一半。为解决煤电的需求，近十年电力行业通过不断建设新的大型发电厂以满足煤电需求的增长，这势必导致很多燃煤电厂对于煤炭储备量要求的不断提升。以一个$2 \times 1000MW$的发电机组为例，一天的耗煤量约在1.5~2万吨，全年耗煤量在500~600万吨，对于燃煤储存量的要求是非常巨大的，而这样大的燃煤储量，在装载、倒运、运输过程中都会产生大量的煤尘污染，据不完全统计，每装卸1吨煤炭可产生煤粉尘3.5~6.4kg，每堆存1吨煤每年可产生煤粉尘1.48~2.02kg，这不仅给煤炭转运站周边的大气环境和铁路沿线两侧的建筑、农作物等造成不同程度的污染，也给周边居民的身体健康和生产生活带来较大影响；特别是电厂的开敞煤场在常年刮风时会产生扬尘，不仅起尘量多，而且扬尘颗粒粒径大，污染范围广，造成的污染最为严重，同时也会造成原料煤的浪费，使储料成本提高。

对扬尘源进行全封闭作业，消除扬尘污染隐患，是国家政策的明确要求，也是目前最有效的解决办法之一；同时，我国对燃煤发电产业的环保也提出了新的要求，已建和新建的发电散放的储煤料厂都需要进行封闭式遮挡，传统的开敞式煤棚和防风抑尘网构造已经不能满足日益严格的环保需求，而封闭式干煤棚做为一种抑制煤尘的主要工业设施，具有良好的抑尘效果，免维护时间久，所以大跨度封闭式干煤棚近年来在我国蓬勃发展起来（图1-1）。

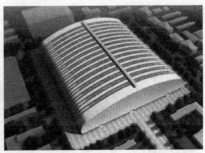

图1-1 干煤棚外景

干煤棚的功能主要属于大型的储存库房，实现煤炭的存储，所以它必须具有一定的储存和作业空间，即结构必须能满足一定的净空要求；同时防止下雨时煤炭受淋和刮风时污染环境，属于一项节能和环保工程，如图 1-2 所示。干煤棚的长度和宽度是根据装机容量的需要来确定的，其结构的高度则由堆煤和斗轮机的作业要求来确定，因此，封闭式干煤棚结构的特点是跨度大、高度高且覆盖建筑面积大。目前随着储煤量需求的增加，我国单体储煤料场储量已经超过 30～50 万吨，要想一次性封闭遮挡这样体量的煤场，需要建造更大跨度、高度的大型全封闭干煤棚来满足存储和作业空间。

图 1-2 干煤棚内部工作空间

1.2 现状与发展趋势

干煤棚经过多年的发展，除了早期的桁架、门架形式形式外，现代超大体量煤场遮挡主要应用的是防风抑尘网形式，见图 1-3。防风抑尘网是利用空气动力学原理，按照实施现场环境加工成一定几何形状、开孔率和不同孔形组合的挡风抑尘墙，使流通的空气（强风）从外通过墙体时，在墙体内侧形成上、下干扰的气流以达到外侧强风、内侧弱风，外侧小风、内侧无风的效果，从而防止粉尘的飞扬，被广泛应用于港口码头、火力发电、煤矿、焦化、钢铁、洗煤、水泥等企业的煤场和料场扬尘污染治理，防风抑尘网的周边长度可以达到几公里，工程造价低，综合挡风抑尘率可达 80％以上，国内一些典型防风抑尘网工程情况见表 1-1。抑尘网的主要形式和材料有镀铝锌网板、喷塑钢板、玻璃树脂板、纤维针织网（图 1-4）。

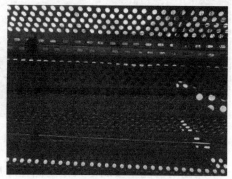

图 1-3 防风抑尘网

典型防风抑尘网工程			表 1-1
工程名称	高度	长度	板材
宁波港北仑港区中宅煤炭堆场防风网	15m	500m	柔性网
丹东港 20 万吨码头防风网工程	20m	3000m	镀铝锌板
徐州万寨港防风网工程	13m	3200m	玻璃树脂
东北东部铁路通道大连铁路枢纽工程广宁寺物流中心防风网工程	8m	2000m	喷塑钢板
浙江宁海国华电厂防风网工程	12m	500m	玻璃树脂
营口港新煤炭堆场防风网工程	23m	3000m	镀铝锌板

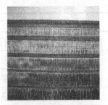

特点:耐腐蚀,适合沿海气候,是现在的主流网板用材。　特点:造价低,不耐腐蚀,喷塑层易脱落,后期维护费用高。　特点:适合内河港气候。　特点:易积尘,在大风下易撕裂变形。

(a)　　　　　　(b)　　　　　　(c)　　　　　　(d)

图 1-4　防风抑尘网材料

(a) 镀铝锌网板;(b) 喷塑钢板;(c) 玻璃树脂板;(d) 纤维针织网

与此同时,一些煤场为保证相对良好的作业环境和通风效果采用通透式干煤棚,即干煤棚两端没有封闭山墙。干煤棚结构的高度是由堆煤高度以及斗轮机的作业要求决定的。斗轮机是干煤棚中用于堆煤和挖煤的专业机械,它有一定臂长及仰角,运作时会形成一定的工艺界面,作业空间的包络线接近弧形。为保证其正常工作,无论何种情况下干煤棚的结构下弦均不能碰撞工艺界面,而且特别应该满足一定的净空要求,这就要求其有效使用空间的截面形状最好为拱形或者是门形。但同时考虑到屋面任何位置排水坡度不宜小于5%,这样在干煤棚跨度增加的同时,结构的高度也在增加,所以对于单体取料机工作区间,早期干煤棚基本上是一个斗轮机区间覆盖一个干煤棚,跨度普遍在 90~120m 之间。这个跨度比较适合于采用双层柱面或者球面螺栓球网壳结构来实现,具有装配化高、现场焊接量小,不用搭设满堂红脚手架,造价经济等特点 (图 1-5)。采用此类形式的部分干煤棚工程列于表 1-2 中。例如 2004 年建造的河南鸭河口电厂干煤棚设计跨度 108m,长度90m,矢高 38.766m,就是采用正放四角锥三心圆柱面双层网壳的结构形式,曾经是国内最大跨度的双层柱面网壳干煤棚项目之一。但由于我国相关规范中建议的螺栓球配套最大螺栓直径为 64mm,对于再大跨度的网壳结构,当需要配置大于 64mm 直径螺栓时,存在大直径螺栓加工工艺等问题,淬火工艺不能淬透到螺栓中心,无法保证螺栓的力学性能。因此近一段时间,干煤棚的主要跨度基本停滞在这个区间,没有进一步突破,直到《钢网架螺栓球节点用高强度螺栓》GB/T 16939—2016 技术规程颁布,才出现 M72-M85 直径螺栓设计参数。但由于担心工艺质量无法保证设计强度,目前设计人员对于大直径高强螺栓的应用还比较谨慎。当然,也可以采用三层网壳构造来解决杆件截面和螺栓直径过大的问题,但这必然导致用钢量的攀升和施工难度的增加,也非合理性方案,这也是螺栓球网壳干煤棚跨度没有进一步突破的重要原因。

图 1-5 干煤棚工程（单跨双层网壳结构）

双层网壳结构干煤棚工程   表 1-2

工程名称	建设年代	跨度
河南省鸭河口电厂干煤棚，跨度 108m，长度 90m	2004 年	108m
包头东华热电有限公司，跨度 110m，长度 365m	2014 年	110m
大同煤矿集团塔山坑口电厂，跨度 148m，长度 266m	2014 年	148m
内蒙古包头第三热电厂，跨度 110m，长度 220m	2015 年	110m
内蒙古包头第一热电厂，跨度 110m，长度 165m	2015 年	110m
包头铝业有限公司热电厂，跨度 106m，长度 315m	2016 年	106m
晋能离石大土河热电煤场，跨度 122m，长度 208m	2016 年	122m
内蒙古华电乌达热电有限公司，跨度 128m，长度 165m	2016 年	128m

同时，随着新材料、新工艺的出现，在干煤棚领域也出现了很多新的结构形式，其中充气膜结构是一种比较新颖的干煤棚形式，见图 1-6。其主要原理是利用气膜内的内外压力差，抵抗自重和风雪荷载。煤棚采用全封闭结构，通过泄压门进出人员和车辆，膜材具有一定的透光性，煤棚内部采光效果较好，同时这种结构现场施工效率高，工期短，经济性较好。但由于气膜结构不能采用过高压力差，而且气膜结构刚度较弱，在风雪荷载作用下变形较大，因此普遍跨度在 80～120m，再大跨度的煤棚采用气膜结构已经不合适。目前国内外一些典型气膜式干煤棚工程参数如表 1-3 所示。

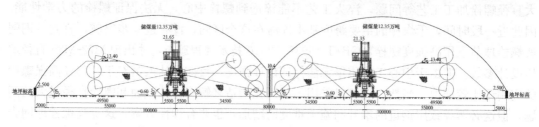

图 1-6 充气膜结构煤棚

典型气膜结构干煤棚工程   表 1-3

工程名称	建设年代	跨度
Elk Run Coal Company 气膜煤棚（美国、西弗吉尼亚），长 149m、宽 82m、高 34m	2004 年	82m
神华巴彦淖尔选煤厂气膜煤棚，长 400m，宽 110m，高 42m	2012 年	110m
神华太西洗煤厂气膜煤棚，汽车储煤场，长 130m、宽 90m	2013 年	90m
神华大武口洗煤厂气膜煤棚，长 130m、宽 90m、高 27m	2013 年	90m
招商港务（深圳）有限公司气膜仓库，长 160m、宽 50m、高 20m	2014 年	50m
新疆蓝山屯河能源公司气膜煤场，长 325m、宽 95m、高 32m	2016 年	95m

另一个问题是，对于大型煤场，往往一排具有多台斗轮机工作，当双台斗轮机并列时，则要采用双连跨煤棚布置（图 1-7）。这样在连跨位置需要布置立柱或者是中间采用双基础，也带来了一些严重的技术问题：首先立柱的存在会影响斗轮机的工作，导致立柱周围一定范围内无法储煤，储煤量降低；其次连跨位置的低点会造成积雪、积水或者是积雪冲击滑落撞击屋面板形成围护系统的破坏。

图 1-7 干煤棚工程（双跨双层网壳结构）

对于 120m 跨度以下干煤棚建造需求中，上述结构形式在一般情况下均能适合火电厂干煤棚的跨度及高度要求，但是在受力性能、技术经济指标等方面却有一定的差异。当跨度再进一步增大时，则这些结构的可行性就大幅度降低了。这种形式下，当网壳结构和气膜结构都在跨度应用上有所限制时，旧的结构形式也就逐渐被取代，新的干煤棚结构体系不断出现。

新型干煤棚结构体系出现的另一个契机是随着我国钢材产量和新型高强钢应用越来越广泛，345 级和 390 级钢材开始在我国建筑行业占主要份额（图 1-8），而且 1670、1860 级以上的钢拉索也广泛应用在大跨空间结构设计中。这些新材料的出现和应用技术的成熟，使得在干煤棚设计和建造过程中应用高强度钢材成为可能。

因此从储量需求和工艺发展来看，储煤企业希望煤棚的跨度越大越好，而且中间不存在立柱

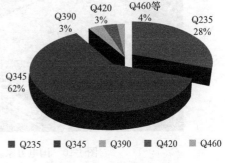

图 1-8 中国钢材应用比例

等结构影响存取料作业，如图 1-9 所示，这些需求也就体现为现代干煤棚结构建设的一个发展趋势，即跨度大、高度大、覆盖面积大。

所以当干煤棚的跨度超过 150m 以上时，采用新体系、新材料相结合的大跨度预应力拱形桁架或者预应力柱面网壳的优势就体现出来了，由于预应力拉索的引入，使得结构具

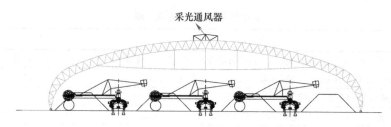

图 1-9 多台斗轮机布置示意及工艺包络线

有较好的竖向刚度,而且拉索能起到自平衡作用,抵消一部分推力,减小下部基础的设计难度。目前,国内已经建设了一批跨度接近 150m 的干煤棚工程(表 1-4),跨度超过 200m 的预应力拱形桁架煤棚也已经开工建设(图 1-10~图 1-11),一些企业已经筹划建设 300m 以上的超大跨度煤棚,而且长度超过 1000m,体量非常巨大。这些干煤棚的建造给设计和施工带来了巨大的挑战,在设计方法、设计精度以及施工工艺、施工组织等方面都要提出更高的要求。

拱形预应力桁架结构干煤棚工程
表 1-4

工程名称	建设年代	跨度
大唐王滩电厂煤场封闭改造工程-干煤棚	2016 年	209m
华电河西电厂干煤棚	2016 年	200m
华电土右电厂 2×660MW 机组工程-干煤棚	2015 年	192m
大唐托克托发电厂一期储煤场封闭改造工程-干煤棚	2017 年	182m
钦州电厂二期 2×1000MW 机组扩建工程-干煤棚	2015 年	197m
国电宁东方家庄电厂 2×1000MW 机组-干煤棚	2018 年	229m
焦作丹河电厂异地扩建 2×1000MW 机组-干煤棚	2018 年	219m
大唐托克托发电厂五期储煤场封闭改造工程-干煤棚	2018 年	188m
京海发电公司煤场封闭改造工程-干煤棚	2018 年	155m

图 1-10 国电方家庄干煤棚结构施工现场(229m 跨度)

预应力拱形桁架基本受力概念来源于张弦梁结构,而张弦梁体系的概念最早被认为是由斋藤公男教授提出,其基本原理是将上弦抗弯刚度较大的刚性受压构件通过撑杆与下弦高强度拉索组合在一起,形成自平衡的受力体系,自重较轻,可以跨越很大空间,是一种大跨度预应力空间结构体系,也是混合结构体系发展中一个成功的创造。张弦梁结构最初是由"将弦进行张拉,与梁组合"这一基本形式而得名。随着对张弦梁结构的深入理解及

图 1-11 焦作丹河电厂干煤棚结构施工现场（219m 跨度）

对其受力特点的探究，也出现了其他形式的张弦梁结构。但各种形式张弦梁结构在组成上具有共同点，那就是均通过撑杆连接受弯受压构件（如梁，拱）和受拉构件（如弦）。所以张弦梁结构暂定义为：用撑杆连接受弯受压构件和受拉构件，通过在受拉构件上施加预应力，减轻压弯构件负担的自平衡体系。

在张弦梁结构中，屋面荷载主要由各榀平面张弦梁结构单向传递，整体结构呈平面传力体系；预应力的施加和锚固都是在高空进行，有一定施工难度；相比传统平面屋盖体系，张弦的预应力使结构产生反挠度，故结构在荷载作用下的最终挠度减小；撑杆对受弯受压构件提供弹性支撑，改善后者的受力性能（图 1-12）；若压弯构件取为拱时，由下弦承受拱的水平推力，减轻拱对支座产生的负担；总之张弦梁结构，使压弯构件和受拉构件（弦）取长补短，协同工作，成为受力合理、制造运输方便、施工简单的空间结构体系。

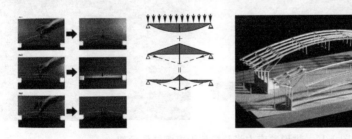

图 1-12 张弦梁受力概念及模型

作为一种性能优良的结构形式，近 20 年来预应力张弦桁架在大跨度会展建筑、机场航站楼建筑等领域得到越来越广泛的应用。2002 年建造的哈尔滨国际会展体育中心跨度达到 128m，曾是国内最大跨度张弦桁架结构，无柱的建筑空间取得了良好效果，见图 1-13；2006 年落成的德国柏林中央火车站，也是采用张弦梁形式（图 1-14），被誉为世界上最漂亮的火车站。目前，国内的大跨度空间结构设计中大量应用张弦桁架结构形式，如：广州国际会展中心、天津会展中心、新疆国际会展中心、成都国际会议展览中心、国家会议中心等。

这些工程经验表明，在超大跨度的煤场封闭设计和建造中，预应力张弦桁架结构的技术优势同样是特别突出的。当新技术和新材料都已经具有普适性时，新的结构形式开始由展馆、场馆类公共建筑向工业建筑领域转化，所以，近几年超大跨度的干煤棚也普遍开始采用此类结构模式（图 1-15）。

图 1-13　哈尔滨国际会展体育中心结构图
(*a*) 哈尔滨国际会展体育中心结构图；(*b*) 展馆内景；(*c*) 单榀张弦桁架图

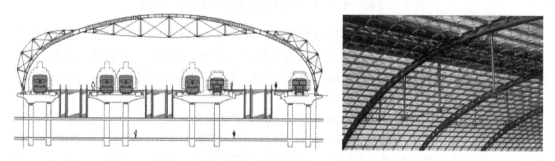

图 1-14　德国柏林中央火车站

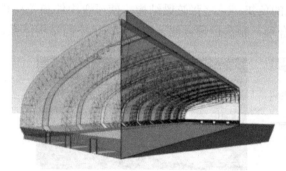

图 1-15　拱形预应力张弦桁架干煤棚结构骨架

1.3　存在的主要问题

干煤棚作为一类工业仓储类建筑，其结构的重要性一直得不到业内的重视，最近一些年，工程事故频发，给新型结构体系在干煤棚建筑中的推广和应用带来了很大阻力，这也和早期一些工程设计、施工的不完善、不合理有关，存在的安全隐患和容易被工程人员忽视的问题很多。本书针对目前干煤棚结构设计、施工以及运营状况，对其中存在的主要技术问题进行了总结，不一定全面，但希望能对设计和施工人员起到警示、提示作用。

1. 设计缺陷

大跨度煤棚结构与一般钢结构形式不同，具有跨度大、重量轻、屋面面积大、运行环境恶劣等系列特点，存在一些设计的特殊性，其中以下几个主要方面的问题，需要设计者特别注意。

（1）应力水平过高

对于一些大跨度，超大跨度的煤棚结构，建设单位为节约成本，往往对工程造价控制较为严格，导致设计单位为减轻用钢量，设计过程中使得结构杆件的整体应力水平较高。特别是一些网架、网壳结构煤棚的设计过程中采用满应力设计方法，如对于一些附加荷载，像节点重量、杆件自重等估计不足，施工过程又临时增加一些设备荷载，往往造成杆件的超应力使用，是设计中存在的主要问题。

（2）杆端弯矩效应

对于一些空间杆系结构，设计过程采用过于理想化的节点假设模型，例如钢管相贯节点（图 1-16）、焊接球节点按照光滑铰接节点设计，忽略了节点约束刚度引起的杆端弯矩，导致设计过程中按照轴心受力杆件计算的截面，在实际实施过程中却同时要承担局部弯矩的影响，造成截面设计不足。

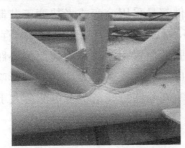

图 1-16　相贯节点

（3）结构整体稳定性不足

一些跨度较大、结构厚度较薄的钢结构体系容易出现失稳破坏（图 11-7a），进行考虑几何非线性或者双重非线性的整体稳定性分析是非常重要的，但目前一些钢结构设计软件并未能提供双重非线性分析的功能，使得普通设计者无法进行相关计算。而这些工程的杆件截面往往是由整体稳定性控制的，缺乏必要的稳定性分析会导致结构安全度不足；或者是稳定性分析过程中荷载情况考虑不足，施工安装过程未进行整体稳定性验算都是结构可能出现失稳破坏的危险因素。

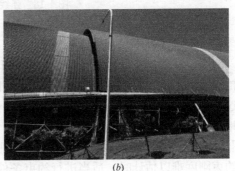

| (a) | (b) |

图 1-17　干煤棚事故

(a) 失稳倒塌；(b) 支座沉降

9

（4）支座沉降考虑不充分

对于大跨度、超长的干煤棚结构来说，支座之间的距离相对较大，土质的间断性变化也较为突出，因此可能造成支座的不均匀沉降，而不均匀沉降进一步带来上部结构各种响应的变化（图 1-17b）。同时跨度方向的水平推力也会造成支座水平移动，形成支座的水平变位，在设计过程中如果没有充分考虑支座强迫变位带来的影响，可能会造成在正常使用期间杆件的超应力等问题。

（5）未考虑施工工序影响

针对重要的大跨度空间钢结构，需要考虑施工顺序完成状态对于结构承载能力的影响。不同的施工顺序、不同的合拢时间可能会造成结构存在初始几何缺陷，导致结构的现场成形态与图纸理想状态有所偏差。因此，重要的大跨度钢结构体系在施工分析过程中或者设计过程中应重点考虑施工工序对于结构承载能力的影响，或者根据最终的施工状态进行结构的安全性校核。

（6）忽略弯曲杆件效应

对于柱面或者球面管桁架结构，弧形杆件都是采用冷弯或者热弯工艺制作的。而现有的大部分设计软件在分析过程中普遍采用多段杆件来拟合弧形杆件，则存在如图 1-18 所示分析模型与实际制作模型的差异，特别是弦杆位置存在一定的初始偏心距，在轴向力作用下引起附加弯矩，如在设计中没有充分考虑多段直线模拟弧形杆件的影响，则杆件的应力计算值明显小于实际受力值，这种偏差影响在一些特殊情况下可能会大于 10%，需要特别注意。

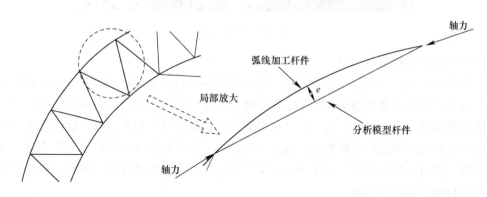

图 1-18　弧线型杆件的附加弯矩

（7）支承条件不清晰

对于一些大跨空间结构来说，特别是干煤棚结构，很多结构的支座是支承在基础短柱或挡煤墙上（图 1-19a），在水平推力的作用下，挡煤墙往往会产生一定的水平变形，实际上这样的支座是处在一个弹性状态。在设计过程中如把此类支座的形式看成是固定铰接于地面，未考虑支承条件的高度，则会放大约束的水平刚度，这也是一种不安全的做法（图 1-19b）。计算模型的约束条件有时往往很难判断具体为刚接、铰接，还是弹性支承，当约束刚度难以估计时，适当进行约束条件各种假设刚度的包络性设计是一种较为可靠的设计方法，或者在数值计算模型中精确模拟，准确判断实际约束刚度，才能保证上部干煤棚结构计算的准确性。

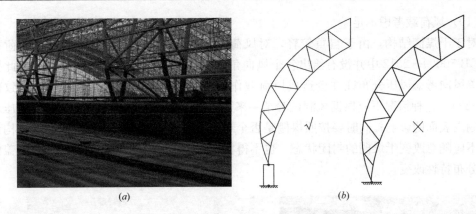

图 1-19　支承柱脚的形式及分析模型
(*a*) 柱脚构造；(*b*) 柱脚数值模型

（8）未考虑檩条积灰影响

对于一些干煤棚结构来说。采用冷弯薄壁开口截面的檩条设计是一种非常经济的做法。但是由于干煤棚内的煤粉、煤尘可能会造成在局部开口构件内积灰（图 1-20），导致檩条负荷增加或者檩条内积灰自燃，破坏漆面，带来严重危害，因此在设计过程中对于开口截面檩条应尽量保证开口向下，这也是需要特别注意的问题。

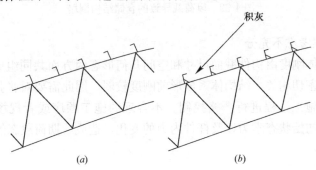

图 1-20　檩条布置方向
(*a*) 开口向下；(*b*) 开口向上

（9）未考虑积雪不均匀分布

对于大跨度干煤棚来说，由于大面积屋面在风荷载的作用下易形成积雪迁移，形成局部不均匀积雪现象，在设计过程中需要充分考虑不均匀积雪带来的影响。特别是对于一些双柱面连跨的结构，在两跨之间非常容易形成大体积积雪（图 1-21）、积水或者是积雪冲击、滑落等问题，会对主体结构或者檩条、屋面板形成局部冲击、压弯破坏，这也是目前干煤棚普遍采用超大跨度无柱设计的主要原因。

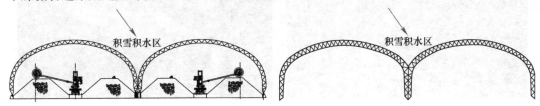

图 1-21　连跨干煤棚积雪区域

（10）风荷载考虑不足

对于干煤棚结构，由于自重较轻，对风荷载较为敏感，而且目前《建筑结构荷载规范》GB 50009—2012中并没有给出各个风向角下拱形结构的风荷载体型系数，因此按照传统单风向考虑风压分布往往会造成风荷载作用考虑不足，引起干煤棚结构的风致破坏（图1-22）。这种情况下应根据风洞试验结果来进行风荷载设计，而且要充分考虑负压对于干煤棚内表面的影响；同时要按照煤棚是否全封闭情况来酌情考虑，当按照封闭结构设计时，不应随意改变干煤棚的封闭状态，也不得将非封闭煤棚改为封闭状态，导致屋盖的风荷载分布特性改变。

图 1-22 风荷载导致的仓储结构倒塌

（11）施工方案考虑不充分

张弦结构的整体刚度由构件截面尺寸和空间几何形态两方面共同组成，整体刚度和几何形态与施工过程密切相关，结构体系成形前刚度较弱，因此需要对张弦结构的施工方案进行合理选择并对施工过程进行严格控制。不合理的施工顺序或者现场随意改变施工顺序，都有可能造成初始状态索力以及杆件内力的变化，造成后期荷载态的超载和失稳。

2. 结构腐蚀

（1）煤粉自燃

煤粉与空气接触，缓慢氧化后产生热量，若此时空气流通，热量就会很快散失，如不能及时散发，将导致温度升高，使煤的氧化加速而产生更多的热量，当温度升高到煤的燃点，就会引起煤粉的燃烧，这个现象称为煤粉的自燃（图1-23）。煤粉自燃产生的腐蚀性气体常会对钢结构漆面造成侵蚀，这种危害是长期存在的不利因素。

图 1-23 煤粉及自然现象

（2）堆煤侵蚀

目前储煤结构由于工艺的要求一般常采用两对边落地的柱面体形，如果储煤没能与煤棚边界保持一定的距离，堆煤有可能覆盖到结构的构件，造成对柱脚支座或者基础短柱的挤压（图1-24），形成支座强迫位移引起上部结构的内力变化，同时长期堆载也会造成支座附近的关键杆件和节点弯曲、破坏或者侵蚀，这些也都是造成煤棚倒塌的致命性因素。

图1-24　干煤棚煤压情况

（3）有害气体侵蚀

大气中的氧和水分是造成干煤棚腐蚀的重要因素，易在金属表面引起电化学腐蚀，而煤中有机质受热后会分解为含有氮、氢、甲烷、一氧化碳、二氧化碳和硫化氢以及一些复杂的有机化合物，这些成分虽然含量很小，但对钢结构工程的腐蚀危害都是不可忽视的。其中二氧化硫影响最大，当空气介质中存在硫化氢和硫醇等有机杂质时，这些气体溶于空气中的水分呈酸性体，加重金属表面的腐蚀，会使钢的腐蚀速度快速上升。因为干煤棚长期在这样气体侵蚀环境中运行，钢结构表面的防腐必须要高度重视。

3. 施工质量

（1）遗漏隐蔽焊缝

管桁架的一些相贯节点往往存在多根杆件汇交，正常情况下主管截面会远远大于支管截面，而且汇交节点杆件间留有间隙。但当一些支管由于长细比控制的原因会造成支管与主管杆件截面相近，这样在设计中会存在多根杆件相贯，出现部分隐蔽焊缝（图1-25a），如设计图纸中未对隐蔽焊缝是否焊接以及焊缝等级提出明确的要求，或者是施工过程中由于隐蔽焊缝焊接难度较大而未施焊，均会造成节点的承载力显著降低。这也是一些空间管结构从节点开始发生破坏的重要原因。如设计要求隐蔽焊缝必须施焊，则要采用在管节点根部开手孔或者截断杆件对隐蔽焊缝进行施焊，施焊后再填补手孔或者焊管补对接（图1-25b），如施工质量不能保证，将造成杆件截面削弱，会带来严重后果。

（2）支座定位不准

对于一些钢结构工程来说，由于下部混凝土结构和上部钢结构往往是两家施工单位进行施工，施工之前未进行有效的技术对接，会造成混凝土在浇筑过程中导致预埋件标高偏差，或者是水平位置偏差（图1-26），而在钢结构单位进行安装时，导致支座节点定位不准确，形成支座强迫就位，造成结构存在初始应力，甚至在外荷载联合作用下导致超应力。

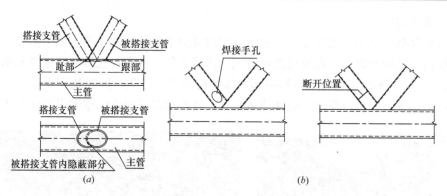

图 1-25　相贯节点隐蔽焊缝

(a) 隐蔽焊缝；(b) 施焊措施

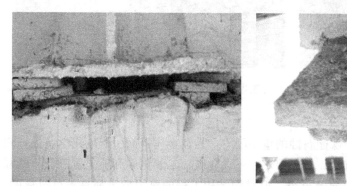

图 1-26　典型支座缺陷情况

（3）高强螺栓假拧

对于螺栓球网壳干煤棚结构来说，螺栓未拧入足够深度，安装不到位，强迫就位等问题也会造成结构安装偏差（图 1-27），节点承载力不足。螺栓往往会被拔出造成局部连接节点破坏，从而进一步导致全部结构的倒塌。特别是悬挑法施工，安装人员高空作业，不确定因素较多，经常存在假拧现象，也是造成很多螺栓球网壳倒塌的原因。

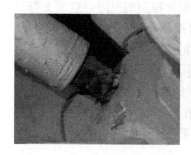

图 1-27　螺栓球节点缺陷

（4）支撑架稳定性不足

很多干煤棚工程采用原位拼装方法，需要搭设的支撑架高度普遍较高，对于超过 150m 跨度的干煤棚，支撑架的高度通常会达到 40~50m，这些格构式支撑架的整体稳定以及在风荷载、安装荷载作用下的局部稳定都需要进行严格的非线性稳定性验算（图 1-28），并充分考虑约束条件，杆件弯曲、节点偏差等初始缺陷问题，否则可能会发生因为局部区域杆件失稳或者整体失稳而带来施工阶段结构的垮塌。

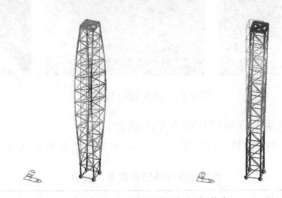

图 1-28　支撑架可能的失稳形式

（5）吊装验算不充分

对于大跨度钢结构，往往在原位安装时，采用分段吊装、高空拼接的方法，因此对于分段桁架需要进行脱胎、翻身、吊装阶段的承载力验算来选择合适的吊点和吊具，在吊装过程中要充分考虑吊钩起吊的动力放大效应，吊装各节点、杆件的强度、稳定性变化情况。吊点确定后不能随意改动，很多施工事故都是由于吊装验算不足，变化吊点等临时性变更导致的，吊装验算不充分容易造成局部杆件屈服、屈曲，甚至断裂（图 1-29），给结构造成不可修复的损伤。

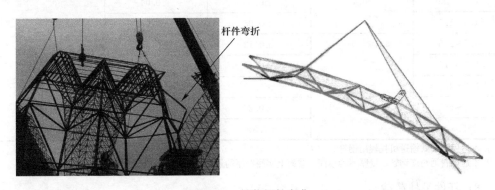

图 1-29　吊装杆件弯曲

（6）涂装不达标

对于干煤棚结构，工作环境较为恶劣，杆件的涂装厚度是保证结构耐久性的一个重要指标，如在涂装过程中形成局部涂装厚度不满足设计要求，局部漆膜脱落、爆皮、裂缝都会造成钢材暴露在酸性空气中，形成腐蚀破坏（图 1-30）。

（7）材料下差影响

目前对于市面上的无缝钢管普遍存在上差问题，而对于直缝焊管往往存在下差问题。现有国家规范及行业标准对于钢管制作上差、下差的要求比较宽松，因此造成在采购钢管的过程中依据规范（表 1-5～表 1-6）有可能会造成杆件的壁厚与设计的要求偏差较大，如选用与设计图纸偏差较大的钢管，则会造成局部杆件应力超出设计强度，因此在干煤棚设

图 1-30　涂装爆皮与裂纹

计过程中或图纸中应注明不宜采用具有下差的钢管。

《结构用直缝埋弧焊接钢管》GB/T 30063—2013 偏差要求见表 1-5。

直缝埋弧焊接钢管偏差（mm）　　　　表 1-5

公称壁厚 S	允许偏差
S≤20	±10％S
S≥20	±2

《直缝电焊钢管》GB/T 13793—2016 偏差要求见表 1-6。

直缝电焊钢管允许偏差（mm）　　　　表 1-6

壁厚 t	普通精度（PT. A）[①]	较高精度（PT. B）	高精度（PT. C）	厚度不均[②]
0.50～0.70		±0.04	±0.03	
＞0.70～1.0	±0.10	±0.05	±0.04	
＞1.0～1.5		±0.06	±0.05	
＞1.5～2.5		±0.12	±0.06	≤7.5％t
＞2.5～3.5		±0.16	±0.10	
＞3.5～4.5	±10％t	±0.22	±0.18	
＞4.5～5.5		±0.26	±0.21	
＞5.5		±7.5％t	±5.0％t	

① 不适用于带式输送机托辊用钢管。
② 不适用普通精度钢管。壁厚不均指同一截面上实测壁厚的最大值与最小值之差。

（8）杆件吊挂荷载

对于很多格构式钢构件，特别是大跨度拱形预应力钢桁架体系，往往按照杆系模型分析，计算的过程中杆件假只承受轴向力，杆件节间不允许承担外荷载。但现场施工过程中往往会在一些杆件中部吊挂一些灯具、设备等，导致杆件变成压弯构件，附加弯矩会使杆件超出容许应力。对于这样的问题，施工现场或运营管理中应该杜绝杆件节间承受附加荷载，如果一定要在节间吊挂时，在设计过程中应预先确定吊挂位置，杆件按照梁单元进行设计验算。

（9）钢结构材料不合格

目前，虽然我国的钢材产量不断攀升，但由于市场监管问题，钢材的质量仍然良莠不齐，特别是一些非正规出产的钢材和铸钢，往往存在含碳量超标、伸长率不足、冲击韧性不合格等问题，甚至在材料中出现夹杂、气泡等现象，造成钢材存在严重缺陷。而这些材料一旦流入建筑市场，在施工过程中造成构件开裂等问题（图 1-31），必然会对钢结构工程带来严重危害。

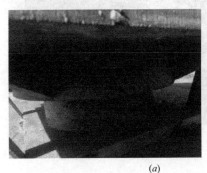

(a)   *(b)*

图 1-31   钢材质量不合格

（*a*）铸钢支座裂纹；（*b*）钢管杆件劈裂

4. 极端荷载

（1）极端积雪荷载

最近 10 年随着全球气候变化，我国多地经常出现极端天气，特别是降雪地区的极端雪荷载往往会超越 50 年荷载重现期的基本雪压，为此对于一些雪灾较为严重的省份，均出台一些特殊的雪荷载计算要求，一般对于雪荷载敏感的轻型钢结构，建议基本雪压按照 100 年重现期取值。预应力张弦桁架干煤棚结构就属于此类结构，特别是拱形干煤棚，对于半跨雪荷载也是非常敏感的，因此在积雪荷载设计时，如考虑不足，则可能导致结构抵抗极端雪荷载的承载能力不足而倒塌（图 1-32）。

图 1-32   雪荷载灾害

（2）极端风荷载

对于金属屋面结构，由于自重较轻，在风吸荷载作用下，容易造成局部屋面板脱落、撕裂现象（图 1-33），这主要是由于设计屋面围护结构时的极值风荷载考虑不足，风荷载取值偏小导致的。我国现行荷载规范中对于围护结构的风荷载取值虽有规定，但适用的建筑体型较少，对于一些非规则或者超大跨屋面，往往易在屋盖凸起、檐口等位置形成较大的极值风压，目前尚无可靠设计依据，因此有必要对于超大跨的建筑采取风洞试验的方法来获取不同风向角下的极值风压，以保证围护结构设计的安全性和可靠性。

图 1-33 风致金属屋面破坏

第 2 章 超大跨度储煤结构体系与配套设施

传统的干煤棚结构多采用三心圆断面，这种体型较为符合堆煤的外形需求和大跨度结构受力要求，因而比平板形和折拱形更适合用于干煤棚结构。当随着跨度的不断增大，三心圆构造则会导致煤棚跨中断面的高度过高而造成空间上的浪费，而且会增加侧向风荷载作用，因此跨度断面需要变得更加扁平，仅仅满足屋面排水需求即可。但过于扁平的屋面将使得结构利用形状将弯曲作用转化为拱面内受力的能力减弱，竖向刚度不足，这时如引入预应力拉索，利用撑杆与上部刚性桁架相连，提供弹性支承作用，将会显著改善竖向刚度，提高承载力，同时预应力拉索也将平衡一部分支座反力。在风荷载作用下，水平索也可以兼顾抗风索的作用，起到事半功倍的效果（图 2-1）。

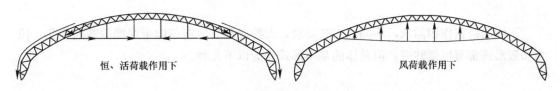

恒、活荷载作用下　　　　　　风荷载作用下

图 2-1　拱形张弦桁架传力路径

当干煤棚的水平抗侧刚度较弱，风荷载易占主导作用时，往往可以增加斜向的预应力拉索（图 2-2），拉索的布置方式很像翻绳游戏，施加了预应力的钢索，能够同时提高原结构在竖向和水平向的承载力。同时也可以将风荷载作用通过斜向预应力拉索传递给桁架柱，缩短力流的传递路径，使得结构受力更为简洁（图 2-3）。

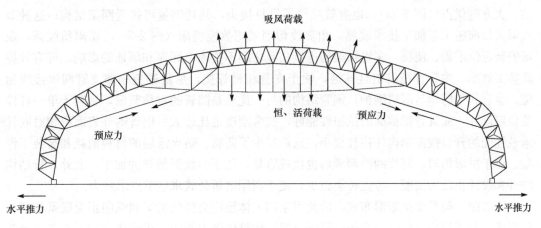

吸风荷载

恒、活荷载　　预应力

预应力

水平推力　　　　　　　　　　　　　　　　水平推力

图 2-2　带斜索的拱形张弦桁架传力路径

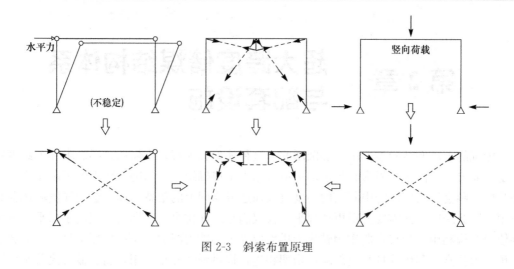

图 2-3 斜索布置原理

2.1 预应力钢结构储煤结构形式

不同的荷载作用需求，不同的工艺要求，大跨度预应力钢结构干煤棚的断面形状，拉索布置形式都有可能转变，但总体的基本形式分为以下几种。

2.1.1 拱形预应力张弦桁架结构

大跨度预应力钢结构干煤棚普遍采用钢管立体桁架结构＋预应力拉索的结构形式，拱形桁架结构可选用三角形或四边形立体空间桁架，或者两者的组合形式。在拱形桁架反弯点附近增加弧形或直线形预应力拉索，拉索与桁架间通过撑杆连接，如图2-4所示。

上部的拱形桁架由上、下层弦杆及腹杆组成，弦杆又称主管，腹杆又称支管，杆件一般采用圆管截面，在节点处采用钢管直接焊接的相贯节点，具有节点形式简单、外形简洁、大方等优点（图2-5a），也有效减少了管材接头，其耗钢量可接近网架结构；这种节点形式目前施工与加工技术成熟，相贯线切割采用数控机床（图2-5c），切割精度高，现场安装定位准确、便捷，多榀桁架的连接相互之间不受施工顺序和场地的影响，可有效提高施工效率。主管直径较粗且连通，便于支管相贯焊接，尽量避免相邻支管间焊接线相碰，也有利于防锈与清洁维护；钢管结构的另一优点是圆管的对称截面，有利于单一杆件的稳定设计，而且管形截面的抗扭性能好，抗弯刚度也比较大；钢管的外表面积相对同样承载性能的开口截面钢构件往往要小，这就减少了防腐、防火涂层的材料消耗和涂装工作量。对于拱形桁架，圆管的冷弯成形也比较容易，便于曲线形桁架的加工，此外，管结构的计算设计也较为简便，节点种类较少，便于利用解析公式求解节点承载力。

干煤棚一般平面呈矩形布置，因此可采用主体预应力张弦桁架和纵向正交联系桁架结构组成，两者均为主要受力系统，发挥空间结构整体受力作用。当煤棚内需要布置多台斗轮机同步工作，结构的跨度较大时，需要有更大的竖向刚度和水平刚度，而一味增加截面

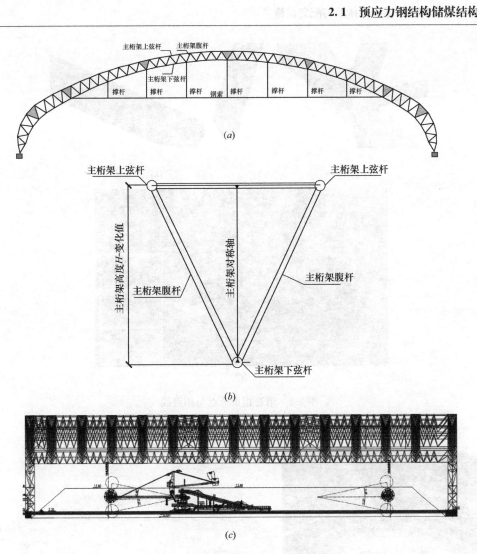

图 2-4　拱形预应力张弦桁架体系
(*a*) 煤棚横向剖面；(*b*) 桁架剖面；(*c*) 煤棚纵向剖面

高度和管件截面则非常不经济，此时，结构体系中除水平拉索外，也可以增加斜向拉索，如图 2-6 所示。

预应力钢管桁架结构也存在一些局限性：

（1）相贯节点弦杆方向宜尽量设计成外径一致，对于不同内力的杆件往往采用相同钢管外径和不同壁厚。但壁厚变化不宜太多，否则钢管间拼接量太大，这也导致杆件壁厚单一，用钢量增加，这也是管桁结构往往比用网架结构用钢量大的原因之一。

（2）相贯节点的加工与放样复杂，相贯线上的坡口曲线形状不规则，手工切割很难做到，因此对机械的要求很高，一旦现场发现加工错误，通常需要返厂重新切割，延误工期。

（3）钢管桁架结构均为焊接节点，需要控制焊接收缩量，对焊接质量要求较高，而且均为现场施焊，焊接工作量大。

（4）相贯节点当多管汇交时，容易造成焊缝重叠或存在隐蔽焊缝，增加施工难度，往

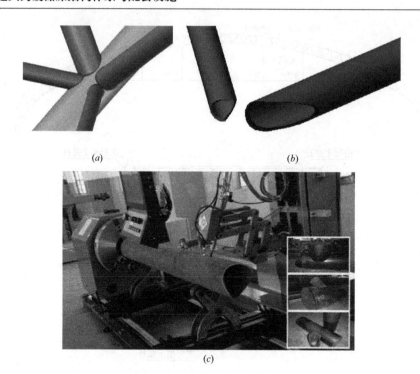

图 2-5　钢管相贯节点与相贯线

(*a*) 相贯节点；(*b*) 相贯线；(*c*) 相贯线切割机

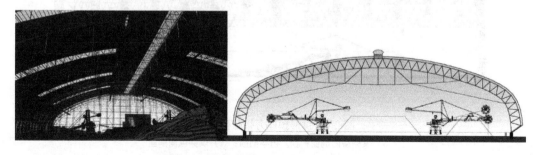

图 2-6　带斜索拱形张弦桁架内景及剖面

往需要采用增加焊接球或者局部增大主管截面来解决，重要结构通常采用铸钢节点来解决这一问题。

（5）预应力拉索结构的分析和计算涉及非线性问题，对于一般的设计人员来说，非线性分析基本概念的掌握和计算难度较大，需要较高的专业技术分析能力，目前只有一些大的设计机构才能准确、灵活运用预应力钢结构的分析技术。

（6）预应力钢结构的施工需要专业的张拉队伍和施工模拟分析，也需要较高的技术条件，国内目前还只有少数企业掌握预应力钢结构的张拉技术，普适性不高。

（7）预应力拉索的初始索力以及后续运营期间的索力监测一直是一个技术难题，特别是由于干煤棚结构属于仓储类建筑，重要性不高，很难在设计初期就采用全寿命健康监测技术和方案来实施现场测量设备的预布置，所以一旦工程施工出现问题，很难再次获得索力的准确值，对于结构安全性的评估带来不确定因素。

2.1.2 拱形预应力张弦网壳结构

大跨度预应力钢结构干煤棚的另一类主要形式是采用拱形双层网壳结构＋预应力拉索（图 2-7），上部双层网壳可以是螺栓球节点或焊接球节点连接（图 2-8），由于网壳结构兼有杆系结构和薄壳结构的主要特性，杆件比较单一，受力比较合理；空间交汇的杆件互为支撑，将受力杆件与支撑系统有机地结合起来，改变了一般平面桁架结构受力特点，结构的刚度大、跨越能力大，能承受来自各个方向的荷载，因而具有较高的安全储备，能较好地承受集中荷载、动力荷载和非对称荷载，抗震性能与整体稳定性好，受力合理，同时用料经济，而且配件标准化，现场施工安装比较简单，施工效率较高。

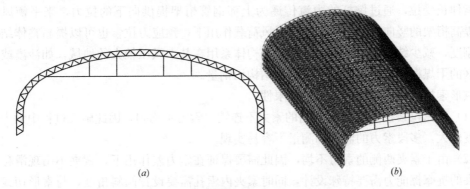

图 2-7　拱形张弦网壳结构示意图
(*a*) 横向剖面；(*b*) 整体结构

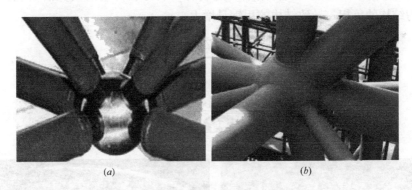

图 2-8　网壳节点类型
(*a*) 螺栓球节点；(*b*) 焊接球节点

拱形预应力网壳结构的杆件、节点构造形式与一般网架结构基本一致，小型构件和连接节点可以在工厂预制，安装简便，不需大型机具设备，综合经济指标较好。

预应力网壳结构的局限性表现为：

（1）当采用螺栓球网壳与预应力拉索相结合的结构体系时，由于螺栓球配件中的螺栓直径受到限制，目前大直径高强螺栓可以达到 M85 直径，受力进一步增大时则要采用焊接球节点，存在栓焊混合问题。

（2）网壳结构杆件联系紧密，整体性较强，但在预应力张拉时，相邻索张拉过程则通过密集杆件间传递，将对邻近索力影响较大，施工过程较为复杂，需要反复多次多级张拉。

（3）当干煤棚跨度较大时，需要采用焊接球节点网壳，现场的焊接节点数量多，对焊接质量要求较高，而且均为现场施焊，焊接工作量大。

2.1.3 拱形预应力索杆桁架结构

在风荷载较大的区域，为抵抗屋盖表面风吸荷载的作用，可以采用大跨度拱形索杆桁架结构，如图 2-9 所示，下弦拉索曲线形状与上部钢管桁架一致，通过 V 字形撑杆将两者紧密结合起来，下弦索起到抗风稳定索的作用，当风荷载导致结构受到向上的风吸力时，下弦索伸长受拉，通过撑杆的力流传递为上部钢管桁架提供向下的拉力，来平衡风吸荷载，提高桁架的竖向抗风刚度。在水平风荷载作用下，预应力拉索也可以提高整体结构的抗侧刚度，减少结构的水平变形。这种结构体系用在基本风压较大的地域，如沙漠或者戈壁地区的干煤棚，此类构造能有效降低结构用钢量。

拱形索杆桁架结构也存在一些局限性：

（1）下弦拉索在 V 字形撑杆间的索力不连续，索力不均匀，因此施工过程中索力的张拉难度较大，多段索力的监测和测量不容易实现。

（2）由于索夹两侧的索力不均，因此需要保证在索力差作用下，索夹不出现滑移，对于索夹的抗摩擦能力需要特殊设计，同时索夹内索孔需要设置倾斜角度，与索形切线方向一致。

（3）初始索力不宜过大，当初始索力过大时，索力和自重以及恒活荷载作用方向一致，会成为结构的负担，导致结构的用钢量增大。

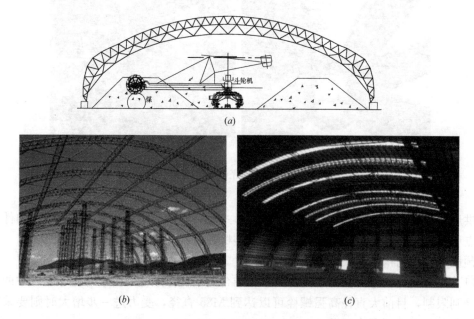

图 2-9 空间索杆桁架结构形式与工程应用

(a) 煤棚横向剖面；(b) 煤棚结构骨架；(c) 煤棚内部空间

2.1.4 门形预应力张弦桁架结构

针对布置有门式斗轮机的干煤棚建筑，采用拱形结构难以与斗轮机的工艺轮廓对应，此时采用的结构体系应以门形结构为主，类似门式刚架，例如建于 1998 年的韶关电厂干煤棚，跨度 66m，是当时国内跨度最大的门式结构干煤棚。

门形干煤棚的外形与电厂斗轮机工作平面吻合较好，空间利用率可达 80.1%。但当跨度超过 100m 时，传统门形干煤棚的用钢量会急剧增加，此时在结构选型时可采用三角形圆管桁架断面，在门形肩部施加预应力拉索，减小肩部弯矩效应，提高水平桁架梁的竖向刚度，减小支座水平推力，如图 2-10 所示。门形预应力桁架结构落地点可采用铰接布置，桁架断面根据弯矩图可采用逐渐变截面设置；当跨度较大时，也可以采用刚接柱脚，以提高结构的整体稳定性和抗侧刚度。例如，国电龙华吉林热电厂 1 号、2 号煤场封闭改造工程，建筑尺寸 237m×132m，高度 45.4m，结构采用了门式张弦桁架结构体系，桁架形式为立体圆管桁架，形式如图 2-11 所示。

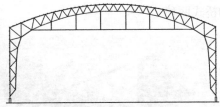

图 2-10 门式预应力桁架干煤棚

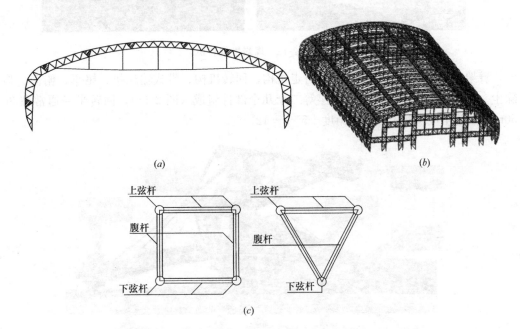

图 2-11 龙华吉林热电厂干煤棚形式

(a) 结构剖面；(b) 煤棚整体结构；(c) 上部桁架剖面形式

门形预应力桁架结构的局限性体现在：

（1）结构承受的局部弯矩较大，特别是肩部位置，会导致截面过高，腹杆过长，由于长细比控制，往往腹杆截面与弦杆截面在一个级别，节点相贯难以处理。

（2）结构承受的水平风荷载比拱形屋面大，结构的整体水平抗侧刚度较弱，结构自振周期偏大。

2.2　储煤结构的相关设备和工艺

2.2.1　斗轮机

斗轮机又叫斗轮堆取料机，是大宗散状物料连续装卸的高效设备，目前已经广泛应用于钢铁厂、焦化厂、储煤厂、发电厂等散料存储料场的堆取作业。斗轮机按照形式可以分为臂架型和桥架式两大类，如图 2-12 所示，其中桥架式斗轮堆取料机按桥架形式又分为门式和桥式两种。

图 2-12　煤炭堆取料机

臂架型斗轮堆取料机由斗轮、行走机构、回转机构、带式输送机、尾车、俯仰、喷水除尘、防风防雷接地、配重、门座等二十几个部件组成（图 2-13），回转半径通常在 30～50m，回转角度±110°，俯仰角度＋5°～－12°。

图 2-13　悬架型斗轮机主要部件示意

斗轮机运行范围形成工艺包络线，干煤棚形体可以根据工艺专业提供的堆煤线和斗轮机运行包络线确定（图2-14）。

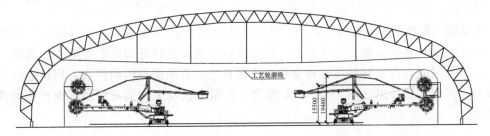

图 2-14 斗轮机工艺包络线

2.2.2 通风系统

干煤棚通常采用自然排风系统进行通风，屋顶布置通风器、天窗或者在煤棚挡煤墙上方设置通风百叶，通过储煤棚底部缝隙进风，依靠空气的热压从屋顶天窗、通风器排风，形成上下通风路径，使得煤棚内通风顺畅，形成良好的"烟囱效应"，其通风路径如图2-15所示。

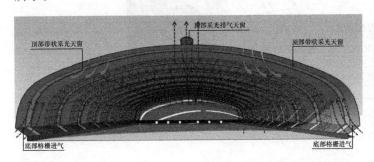

图 2-15 干煤棚自然通风路径

通风器按照外形特点及通风量大小分为球型通风器及条型通风器（图2-16），其工作是根据热空气向上汇聚的特性和流体热力学原理，以室内外的气压不同和温度的稍微差异，辅之以天然风，使通风器在天然状态下自动运行，保持自然通风状态。屋面通风器作为无动力自然通风设备，24小时无需人员操作、无需电力能源，安装后即可使工作环境中的污浊、潮湿、高温空气、可燃气体和粉尘通过屋顶天窗或条式通风器排至室外，新鲜空气源源不断补充入内，避免浓度过高发生爆炸事故，创造出良好的工作环境，并可以防止冬天室内结露，从而保护干煤棚内壁结构的防火涂料，使其免遭受潮剥落。

图 2-16 通风器类型

2.2.3　排水系统

干煤棚一般都处于室外较空旷处，排水方式宜采用自由排水，也可以采用有组织排水，防止汇水对基础及地面造成冲刷。设计过程中需要设计好雨雪汇集路径，如图 2-17 所示，保证屋面具有足够的坡度和金属板搭接长度。若采用有组织排水，均是通过天沟汇集后，经雨水管排出（图 2-18），天沟的一般做法以及天沟的尺寸由屋面面积和降水量决定。

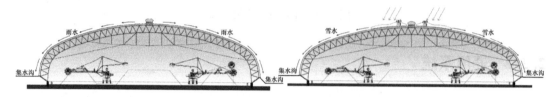

图 2-17　干煤棚屋面雨、雪汇集路径

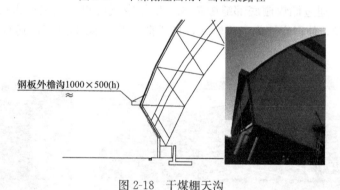

图 2-18　干煤棚天沟

2.2.4　消防、除尘系统

干煤棚主动防火通常采用布置消防炮的形式（图 2-19），消防炮的控制通常分为 3 种方式：就地控制、区域控制和远方控制。就地控制可实现消防炮的一对一控制，区域控制可以在区域控制箱上实现对任意一台消防炮的控制，远方控制可以在远方控制柜上实现对任意一台消防炮的控制。就地控制器和区域控制器都设置在封闭建筑内部，远方控制柜设置在远程控制室。

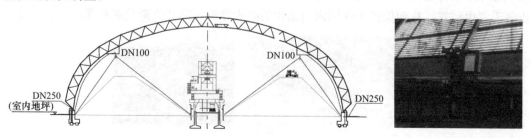

图 2-19　干煤棚消防水炮布置

干煤棚的堆煤自燃控制主要采用测温探头插入煤堆测量温度,一般可采用便携式煤堆测温仪用来检测煤堆内部温度,探头可深入煤堆以下 3m,能够满足煤堆内部测温管理需要。

通常情况下,封闭干煤棚内还设置有手动报警按钮,火、声、光报警器,感温电缆,火焰探测器等设备。为了防止瓦斯浓度过高造成爆炸,可设置瓦斯浓度传感器对瓦斯浓度进行实时监测。

干煤棚内需要抑制煤尘、防止煤的氧化,应在储煤棚内部设置喷洒、抑尘系统(图 2-20)。喷洒抑尘系统由喷洒水管网、管道过滤器、手动阀、电磁阀、喷洒水枪及对应控制系统等组成。储煤棚喷洒水枪可采用自动回转式喷洒水枪,喷洒水枪前电磁阀与粉尘监测报警装置点对点联动,以降低储煤棚内粉尘散发,改善储煤棚内工作环境。也可设置人工喷洒系统进行喷洒抑尘,依次对整个煤堆进行喷洒抑尘。喷洒水管网沿煤棚四周挡煤墙敷设,管材采用焊接钢管,为防止管道冻裂,管道在安装时采用岩棉管壳加铝板等方式进行防冻保温。

图 2-20 干煤棚内除尘雾炮形式

在煤场临时存储和皮带运输过程中,也需要通过喷洒抑尘来减小干煤棚内的煤尘浓度,喷洒抑尘方式如图 2-21 所示。

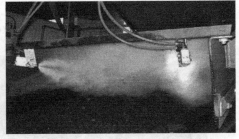

图 2-21 煤场及传送系统除尘措施

储煤棚运行一段时间后,因煤尘作用影响,煤棚内部将吸附一定量的粉尘及煤尘油泥,若不及时进行清洗,此部分粉尘及油泥将影响美观,也存在一定的安全隐患,可利用原煤场内部栈桥冲洗器和道路冲洗器定期对煤棚内部道路及煤棚内表面进行水力清洗。也可以利用绿化洒水车进行强力清洗,清洗周期一般 3~6 个月,具体可根据煤棚运行情况自行调整清洗周期。

2.2.5 采光系统

干煤棚采光可分为人工采光和自然采光。人工采光一般在马道下面吊设灯具；自然采光可以采用屋面采光带，上面铺设可以透光的采光板进行采光，也可以利用一些储煤结构不完全封闭这一特点进行采光（图 2-22），通常自然采光可以保证正常作业亮度（图 2-23）。在工作环境较差的储煤结构中，采光带一般容易积灰，进而影响采光效果，因此选择采光板时应注意其自洁性，并定时清理。

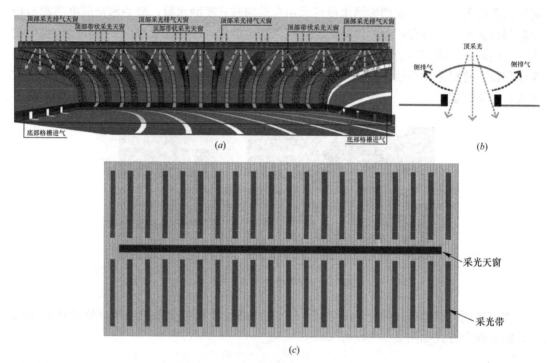

图 2-22　干煤棚采光带布置图
（a）干煤棚采光路径；（b）天窗采光；（c）屋面采光天窗布置

图 2-23　干煤棚内部采光效果

第 3 章　预应力钢结构干煤棚分析理论与方法

3.1　计算理论概述

通常的预应力钢结构设计理论认为索结构的非线性特征非常明显，结构的计算分析需要考虑几何非线性的影响，在整体结构分析过程中不能采用效应组合的方法进行求解，而应该首先进行荷载组合，然后将一组荷载组合转化为一个独立的非线性分析工况；但对于一般张弦桁架结构或者是含有刚性构件的预应力结构体系来说，整体结构的刚度还是非常接近于全刚性结构体系的，往往计算过程中可以忽略几何非线性效应，因此，实际上为了提高计算效率，通常是可以按照线性分析来计算的，与非线性分析虽有一定差异，但精度误差在可接受范围内，通常认为两者计算结果会有 5% 以内的偏差，所以采用线性分析往往也是一个高效率的选择。

采用线性分析计算，需要符合以下几点假定：

（1）假定在荷载作用下结构变形很小，符合小挠度理论。

（2）假定材料在弹性阶段工作，材料的应力-应变关系应服从虎克定律。

（3）线性叠加原理适用。

此外大跨度预应力钢结构在计算分析时所采用的模型主要与节点的刚度有关，根据杆端弯矩情况及节点刚度的大小不同可分为三种分析模型：

（1）假设所有杆件均为铰接，全部杆件只承受轴力。在大多数结构中，相贯节点仅作为铰接节点处理，原因在于细长杆件的端部约束弯矩不大，有些情况下则由于弦杆管壁抗弯刚度较小，所以忽略了杆端弯矩的影响，各杆件均为二力杆。铰接模型的前提是在设计施工时尽量保证各个杆件的中心线在节点处交于一点，或者偏心距保持在允许范围内。

（2）假设所有杆件均为刚接，杆件都按梁单元考虑，全部杆件均承受弯矩、剪力、轴力联合作用。该模型能够同时反映由于节点刚性、偏心以及杆件上横向荷载引起的弯矩影响。

（3）假设主管杆件都按梁单元考虑，主管为刚接梁单元，承受弯矩、剪力、轴力；支管与主管间为铰接，支管只承受轴力，该模型可将主管看作连续杆件而腹杆铰接在距主杆中心线的 $+e$ 或 $-e$ 处（e 为主管中心线到支管相交线的距离）。

大跨度预应力管桁架结构可以采用空间桁架位移法进行分析，也称为矩阵位移法，它是以大跨度拱形预应力钢桁架体系的各杆件作为基本单元，以节点的位移作为基本未知量，先对杆件单元进行分析，根据虎克定律建立单元杆件内力与位移之间的关系，形成单元刚度矩阵；然后再对结构进行整体分析，根据各节点的变形协调条件和静力平衡条件建立结构的节点荷载和节点位移之间的关系，形成结构的总刚度矩阵和总刚度方程；结构总刚度方程是一组以节点位移为未知量的线性代数方程组，引入给定的边界条件，并利用计

31

算机程序求解各节点的位移值，在求得各节点的位移值后，就可由单元杆件的内力和位移之间的关系求出杆件内力。这种方法可用于分析任意荷载作用下的各类型网架、网壳或立体管桁结构，处理不同的平面形状、边界条件以及支承方式，还可考虑与下部支承结构的共同工作。

3.2　设计原则与依据

3.2.1　设计原则

（1）大跨度预应力钢结构干煤棚的设计应结合工程的煤堆布置、斗轮机工艺包络线、支承情况、荷载大小等综合分析确定，结构布置和支承形式应保证结构具有合理的传力途径和整体稳定性。

（2）拱形预应力钢结构整体上应有可靠的防侧倾体系，应设置平面外的稳定支撑体系。应在上弦设置水平支撑体系（结合檩条）以保证立体桁架（拱架）平面外的稳定性。

（3）大跨度预应力钢结构应进行结构张拉形态分析，确定索或拉杆的预应力分布，不能因个别索的松弛导致结构失效。

（4）拱形、跨厚比较大的预应力钢结构整体抗侧刚度偏弱，易发生侧向整体失稳，故应进行非线性稳定分析。

（5）地震区的大跨度预应力钢结构干煤棚，应按抗震规范考虑水平及竖向地震作用效应。

（6）拱形预应力钢结构干煤棚的杆件截面最小尺寸应根据结构的重要性、跨度、网格大小按计算确定，根据相关规范要求和工程经验，建议钢管不宜小于 48×3.0；对中、大跨度的结构，钢管不宜小于 60×3.5；对于超过 120m 的超大跨度预应力钢结构干煤棚，钢管不宜小于 89×4.0。

（7）按拱形预应力钢结构计算时，两端下部结构除了可靠传递竖向反力外还应保证抵抗水平位移的约束条件，当拱架跨度较大时，应进行拱架平面内的整体稳定性验算。

（8）拱形预应力钢结构的外荷载可按静力等效原则将节点所辖区域内的荷载集中作用在该节点上。当杆件上作用有局部荷载时应另行考虑局部弯曲内力的影响。

（9）干煤棚形体应以堆取料机工作包络界面为主要参考依据，主体结构内边缘，包括拉索中心线应偏离工作包络面 $2 \sim 3m$ 以上，保证堆取料机工作时不与煤棚结构发生相碰。同时干煤棚形体屋面部分应保证足够的排水坡度。

（10）拱形预应力钢结构的垂度宜取张拉点间距离的 $1/10 \sim 1/14$。

（11）在任何荷载工况组合下，结构的内力和变形限制应满足设计要求，杆件的稳定应力比不宜大于 0.9，预应力拉索应保证具有 2.0 倍以上的安全系数，变形不宜大于跨度的 $1/300$。

（12）对大跨度拱形预应力钢结构体系进行分析时，可根据具体情况将预应力作为初始应力或外力来考虑。然后按空间杆系（或杆梁组合体系）有限元法进行分析，并应按预应力施加程序进行预应力施工全过程分析。

（13）采用有限元法分析大跨度预应力钢结构体系的节点位移和杆件内力时，宜采用整体分析；经过位移和内力分析后，应按内力设计调整杆件截面，并进行重分析，验算次数宜取 3～4 次。

（14）预应力拉索（或钢棒）应根据具体情况施加预应力，以确保在风荷载和地震作用下斜拉索不退出工作，必要时可增设稳定索。

（15）分析时宜考虑上、下部结构间的相互影响，结构的协同分析时应根据上、下部的影响设计结构体系的传力路线，并进行总装模型和单刚模型进行包络分析。

（16）预应力钢结构体系的支承必须保证结构在任意荷载作用下的几何不变性。应根据支座节点的位置、数量和构造情况以及支承结构的刚度，确定合理的边界约束条件。边界约束条件可分为自由、弹性约束、固定及强迫位移。

（17）预应力钢结构体系施工安装阶段与使用阶段支承情况不一致时，应区别不同支承条件来分析计算施工安装阶段和使用阶段在相应荷载作用下的结构内力和变位。

（18）应对施工过程复杂的大跨度预应力钢结构干煤棚进行施工全过程分析。

3.2.2 设计依据

大跨度拱形预应力桁架的设计主要是依据现行的国家标准和规范，同时对于一些无规范可循的设计条件，可以参照专项风洞实验、风振分析、节点实验、安评报告、超限审查技术要点等文件作为设计依据，同时地方建筑法规和地域设计惯例也是重要的参考。

同时需要特别强调的是，干煤棚的建造和设计很多都是属于电力系统工程类项目，对于一些特殊要求还需要参照电力行业规范和规程，其中很多涉及干煤棚的条款需要重点考虑。

《火力发电厂土建结构设计技术规定》DL 5022—2012

《火力发电厂与变电站设计防火规范》GB 50229—2006

《电力设施抗震设计规范》GB 50260—2013

《火力发电厂建筑设计规程》DL/T 5094—2012

3.2.3 安全等级

（1）对于人员密集的大跨空间结构场所，往往安全等级会相对较高，一般情况下取一级，《钢结构设计标准》GB 50017 中对跨度大于 60m 的大跨空间结构，建议按照安全等级一级考虑，见表 3-1。但对于一些工业用仓储结构，虽跨度较大，但非人员密集场所，所以也可按照安全等级二级考虑。

建筑安全等级分类   表 3-1

安全等级	破坏后果	建筑物类别	结构重要性系数
一级	很严重	重要的房屋	1.1
二级	严重	一般的房屋	1.0
三级	不严重	次要的房屋	0.9

参照《火力发电厂土建结构设计技术规定》DL 5022—2012，发电厂建（构）筑物应根据结构破坏可能产生后果的严重性采用不同的安全等级，按照其条文说明，贮煤筒仓的安全等级定义为二级；考虑到主厂房悬吊煤斗重量大的特点（其破坏会影响整个主厂房结构的安全），以及汽机房屋盖的破坏会危及汽轮发电机重要设备安全等因素，主厂房悬吊煤斗和汽机房屋架（面梁）的安全等级比主厂房框排架结构提高一级。按照安全等级不低于现行国家标准的相关规定，并与相关行业标准协调一致的原则，参照《火力发电厂土建结构设计技术规定》中表 3-2 的建议，大跨度拱形预应力钢结构干煤棚的安全等级可取为二级。

发电厂建（构）筑物的安全等级　　　　　　　　　　表 3-2

安全等级	破坏后果	建筑物类别	结构重要性系数	建（构）筑物类型
一级	很严重	重要的房屋	1.1	高度不小于 200m 且单机容量不小于 200MW 机组的烟囱、主厂房悬吊煤斗、汽机房屋盖的主要承重结构
二级	严重	一般的房屋	1.0	除一、三级以外的其他生产建筑、辅助及附属建筑物
三级	不严重	次要的房屋	0.9	围墙、自行车棚

（2）按照现行国家标准《建筑结构可靠度设计统一标准》GB 50068 的规定，设计使用年限是建（构）筑物地基基础和主体结构在正常设计、正常施工、正常使用和维护下所应达到的使用年限。《火力发电厂土建结构设计技术规定》DL 5022—2012 规定，除临时性结构外，发电厂建（构）筑物的结构和结构构件的设计使用年限均为 50 年，对于大跨度预应力钢结构干煤棚的设计使用年限，可按照普通房屋和构筑物选取，设计使用年限一般建议为 50 年，如表 3-3 所示。但一般金属屋面系统很难保证 50 年的使用期和耐久性，因为屋面板如为镀铝锌板，使用年限通常小于 25 年，而且主体结构要保证 50 年的使用期，也要定期对防腐漆面进行维护。

设计使用年限分类　　　　　　　　　　表 3-3

类别	设计使用年限	示例
1	5	临时性建筑
2	25	易于替换的结构构件
3	50	普通房屋和构筑物
4	100	纪念性的建筑和特别重要的建筑结构

3.3 设计指标

大跨度干煤棚主体结构的钢材宜采用 Q235、Q345、Q390、Q420、Q460 和 Q345GJ 钢，其质量应分别符合现行国家标准《碳素结构钢》GB/T 700、《低合金高强度结构钢》GB/T 1591 和《建筑结构用钢板》GB/T 19879 的规定。

结构用钢板、热轧工字钢、槽钢、角钢、H 型钢和钢管等型材产品的规格、外形、重量及允许偏差应符合国家现行相关标准的规定。

焊接承重结构为防止钢材的层状撕裂而采用 Z 向钢时，其质量应符合现行国家标准《厚度方向性能钢板》GB/T 5313 的规定。

承重结构所用的钢材应具有屈服强度、抗拉强度、断后伸长率和硫、磷含量的合格保证，对焊接结构尚应具有碳当量的合格保证。焊接承重结构以及重要的非焊接承重结构采用的钢材应具有冷弯试验的合格保证；对直接承受动力荷载或需验算疲劳的构件所用钢材尚应具有冲击韧性的合格保证。

对于地处高寒地区的干煤棚建筑，当工作温度不高于－20℃的受拉构件及承重构件的受拉板材应符合下列规定：

（1）所用钢材厚度或直径不宜大于 40mm，质量等级不宜低于 C 级；

（2）当钢材厚度或直径不小于 40mm 时，其质量等级不宜低于 D 级；

（3）重要承重结构的受拉板材宜满足现行国家标准《建筑结构用钢板》GB/T 19879 的要求。

3.3.1 设计强度

大跨度拱形预应力钢桁架体系中所用钢材的设计用强度指标，应根据钢材牌号、厚度按表 3-4 选用。

钢材的设计用强度指标（N/mm²）　　　　　　　　　　表 3-4

钢材牌号		钢材厚度或直径（mm）	强度设计值			钢材强度	
			抗拉、抗压、抗弯 f	抗剪 f_v	端面承压（刨平顶紧）f_{ce}	屈服强度 f_y	抗拉强度最小值 f_u
碳素结构钢	Q235	≤16	215	125	320	235	370
		＞16，≤40	205	120		225	
		＞40，≤100	200	115		215	
低合金高强度结构钢	Q345	≤16	300	175	400	345	470
		＞16，≤40	295	170		335	
		＞40，≤63	290	165		325	
		＞63，≤80	280	160		315	
		＞80，≤100	270	155		305	
	Q390	≤16	345	200	415	390	490
		＞16，≤40	330	190		370	
		＞40，≤63	310	180		350	
		＞63，≤100	295	170		330	

注：1. 表中直径指实芯棒材，厚度系指计算点的钢材或钢管壁厚度，对轴心受拉和轴心受压构件系指截面中较厚板件的厚度。

2. 冷弯型材和冷弯钢管，其强度设计值应按国家现行规范《冷弯型钢结构技术规范》GB 50018 的规定采用。

建筑结构用钢板的设计用强度指标，应根据钢材牌号和厚度按表 3-5 采用。

表 3-5

建筑结构用钢板的设计用强度指标（N/mm²）

建筑结构用钢板	钢材厚度或直径（mm）	强度设计值			钢材强度	
		抗拉、抗压、抗弯 f	抗剪 f_v	端面承压（刨平顶紧）f_{ce}	屈服强度 f_y	抗拉强度最小值 f_u
Q345GJ	>16，≤35	310	180	415	345	490
	>35，≤50	290	170		335	
	>50，≤100	285	165		325	

钢结构体系用焊缝的强度设计指标应按表 3-6 采用。

表 3-6

焊缝强度设计指标（N/mm²）

焊接方法和焊条型号	构件钢材		对接焊缝强度设计值				角焊缝强度设计值	对接焊缝抗拉强度 f_u^w	角焊缝抗拉、抗压和抗剪强度 f_u^f
	牌号	厚度（mm）	抗压 f_c^w	焊缝质量为下列等级时，抗拉 f_t^w		抗剪 f_v^w	抗拉、抗压和抗剪 f_f^w		
				一级、二级	三级				
自动焊、半自动焊和 E43 型焊条手工焊	Q235	≤16	215	215	185	125	160	415	240
		>16，≤40	205	205	175	120			
		>40，≤100	200	200	170	115			
自动焊、半自动焊和 E50、E55 型焊条手工焊	Q345	≤16	305	305	260	175	200	480（E50）540（E55）	280（E50）315（E55）
		>16，≤40	295	295	250	170			
		>40，≤63	290	290	245	165			
		>63，≤80	280	280	240	160			
		>80，≤100	270	270	230	155			
	Q390	≤16	345	345	295	200	200（E50）220（E55）		
		>16，≤40	330	330	280	190			
		>40，≤63	310	310	265	180			
		>63，≤100	295	295	250	170			

注：1. 手工焊用焊条、自动焊和半自动焊所采用的焊丝和焊剂，应保证其熔敷金属的力学性能不低于母材的性能。

2. 焊缝质量等级应符合现行国家标准《钢结构焊接规范》GB 50661 的规定，其检验方法应符合现行国家标准《钢结构工程施工质量验收规范》GB 50205 的规定。其中厚度小于 3.5mm 钢材的对接焊缝，不应采用超声波探伤确定焊缝质量等级。

3. 对接焊缝在受压区的抗弯强度设计值取 f_c^w，在受拉区的抗弯强度设计值取 f_t^w。

4. 表中厚度系指计算点的钢材厚度，对轴心受拉和轴心受压构件系指截面中较厚板件的厚度。

钢结构体系用螺栓连接的强度指标应按表 3-7 采用。

表 3-7

螺栓连接的强度指标（N/mm²）

螺栓的性能等级、锚栓和构件钢材的牌号		普通螺栓强度设计值						高强螺栓的抗拉强度最小值 f_u^b
		C 级螺栓			A 级、B 级螺栓			
		抗拉 f_t^b	抗剪 f_v^b	承压 f_c^b	抗拉 f_t^b	抗剪 f_v^b	承压 f_c^b	
普通螺栓	4.6 级、4.8 级	170	140	—	—	—	—	
	5.6 级	—	—	—	210	190	—	
	8.8 级	—	—	—	400	320	—	

续表

螺栓的性能等级、锚栓和构件钢材的牌号		普通螺栓强度设计值						高强螺栓的抗拉强度最小值 f_u^b
		C 级螺栓			A 级、B 级螺栓			
		抗拉 f_t^b	抗剪 f_v^b	承压 f_c^b	抗拉 f_t^b	抗剪 f_v^b	承压 f_c^b	
承压型连接高强螺栓	8.8 级	—	—	—	—	—	—	830
	10.9 级	—	—	—	—	—	—	1040
	10.9 级	—	—	—	—	—	—	—
构件钢材牌号	Q235	—	—	305	—	—	405	—
	Q345	—	—	385	—	—	510	—
	Q390	—	—	400	—	—	530	—

注：1. A 级螺栓用于 $d \leqslant 24mm$ 和 $L \leqslant 10d$、$L \leqslant 150mm$（按较小值）的螺栓；B 级螺栓用于 $d > 24mm$ 和 $L > 10d$ 或 $L > 150mm$（按较小值）的螺栓；d 为公称直径，L 为螺栓公称长度。

2. A、B 级螺栓孔的精度和孔壁表面粗糙度，C 级螺栓孔的允许偏差和孔壁表面粗糙度，均应符合现行国家标准《钢结构工程施工质量验收规范》GB 50205 的要求。

钢结构体系用钢材、铸钢的物理性能指标应符合表 3-8 的规定。

钢材、铸钢的物理性能指标　　　　　　　　表 3-8

弹性模量 E(N/mm^2)	剪切模量 G(N/mm^2)	线膨胀系数 α(/℃)	质量密度 ρ(kg/m^3)
2.06×10^5	0.79×10^5	1.2×10^{-5}	7.85×10^3

焊接结构的节点与构件宜选用牌号 ZG230-450H、ZG270-480H、ZG300-500H 和 ZG340-550H 的铸钢件，或选用牌号 G17Mn5QT、G20Mn5N 和 G20Mn5QT 的铸钢件，非焊接结构的节点与构件宜选用牌号 ZG230-450、ZG270-500、ZG310-570 和 ZG340-640 的铸钢件，其材料和性能应符合表 3-9 的规定。

铸钢件的强度设计值（N/mm^2）　　　　　　　　表 3-9

类型	铸钢件牌号	强度设计值			屈服强度 f_y	抗拉强度最小值 f_u
		抗拉、抗压和抗弯 f	抗剪 f_v	端面承压（刨平顶紧）f_{ce}		
非焊接结构用铸钢件	ZG230-450	180	105	290	230	450
	ZG270-500	210	120	325	270	500
	ZG310-570	240	140	370	310	570
	ZG340-640	265	150	415	340	640
焊接结构用铸钢件	ZG230-450H	180	105	290	230	450
	ZG270-480H	215	125	315	270	480
	ZG300-500H	235	135	325	300	500
	ZG340-550H	265	150	355	340	550
	G17Mn5QT	185	105	290	240	450
	G20Mn5N	235	135	310	300	480
	G20Mn5QT	235	135	325	300	500

注：表中各力学性能指标适用于厚度不超过 100mm 的铸件；当铸件壁厚超过 100mm 时，需要考虑各项性能指标因壁厚过大进行的折减，具体取值由供需双方商定。

大跨度预应力钢结构干煤棚中所用钢拉杆的强度指标应符合表 3-10 的规定。

结构钢拉杆力学性能 表 3-10

强度等级	杆体直径（mm）	屈服强度（MPa）	抗拉强度（MPa）	断后伸长率（%）
235	16～120	≥235	≥375	21
345	16～210	≥345	≥375	21
460	16～180	≥460	≥470	19
550	16～150	≥550	≥750	17
650	16～120	≥650	≥850	15

预应力钢结构索体材料的弹性模量、线膨胀系数参照表 3-11 的规定。

索体材料的弹性模量与线膨胀系数 表 3-11

索体类型		弹性模量（N/mm^2）	线膨胀系数
钢丝束		$(1.9～2.0)×10^5$	$1.84×10^{-5}$
钢丝绳	单股钢丝绳	$1.4×10^5$	$1.59×10^{-5}$
	多股钢丝绳	$1.1×10^5$	
钢绞线	镀锌钢绞线	$(1.85～1.95)×10^5$	$1.32×10^{-5}$
	高强度低松弛预应力钢绞线	$(1.85～1.95)×10^5$	
高钒拉索		$1.6×10^5$	$1.2×10^{-5}$
不锈钢拉索		$1.3×10^5$	$1.6×10^{-5}$
钢拉杆		$2.06×10^5$	$1.2×10^{-5}$

注：以上数据主要由拉索加工厂家提供，并参考《预应力钢结构技术规程》CECS 212：2006。

3.3.2 结构位移

大跨度预应力钢结构干煤棚的设计指标可以参照《钢结构设计标准》GB 50017—2017 中关于大跨钢结构屋盖的位移限值，宜符合下列规定：

（1）在永久荷载与可变荷载的标准组合下，结构挠度宜符合表 3-12 中下列规定：

① 结构的最大挠度值不宜超过表中的容许挠度值。

② 结构可预先起拱，起拱值可取不大于短向跨度的 1/300。当仅为改善外观条件时，结构挠度可取永久荷载与可变荷载标准值作用下的挠度计算值减去起拱值，但结构在可变荷载下的挠度不宜大于结构跨度的 1/400。

③ 对于设有悬挂起重设备的屋盖结构，其最大挠度值不宜大于结构跨度的 1/400，在可变荷载作用下的挠度不宜大于结构跨度的 1/500。

非抗震组合时大跨度钢结构容许挠度值 表 3-12

结构类型		跨中区域	悬挑结构
受弯为主的结构	桁架、网架、斜拉结构、张弦结构等	L/250（屋盖）	L/125（屋盖）
受压为主的结构	双层网壳	L/250	L/125
	拱架、单层网壳	L/400	—

结构类型		跨中区域	悬挑结构
受拉为主的结构	单层单索屋盖	$L/200$	
	单层索网、双层索系以及横向加劲索系的屋盖、索穹顶屋盖	$L/250$	

注：1. 表中 L 为短向跨度或者悬挑跨度。
　　2. 索网结构的挠度为施加预应力之后的挠度。

（2）在地震作用组合下的结构挠度宜符合表 3-13 中规定。

地震作用组合时大跨度钢结构容许挠度值　　　　表 3-13

结构类型		跨中区域	悬挑结构
受弯为主的结构	桁架、网架、斜拉结构、张弦结构等	$L/250$（屋盖）	$L/125$（屋盖）
受压为主的结构	双层网壳、弦支穹顶	$L/300$	$L/150$
	拱架、单层网壳	$L/400$	—

注：表中 L 为短向跨度或者悬挑跨度。

3.3.3　长细比

《钢结构设计标准》GB 50017 中规定，对于跨度等于或大于 60m 的桁架，其受压弦杆、端压杆和直接承受动力荷载的受压腹杆的长细比不宜大于 120。

轴心受压构件的长细比不宜超过表 3-14 规定的容许值，但当杆件内力设计值不大于承载能力的 50% 时，容许长细比值可取 200。

受压构件的长细比容许值　　　　表 3-14

构件名称	容许长细比
轴心受压柱、桁架和天窗架中的压杆	150
柱的缀条、吊车梁或吊车桁架以下的柱间支撑	150
支撑	200
用以减小受压构件计算长度的杆件	200

受拉构件的容许长细比宜符合下列规定：

（1）除对腹杆提供平面外支点的弦杆外，承受静力荷载的结构受拉构件，可仅计算竖向平面内的长细比。

（2）跨度等于或大于 60m 的桁架，其受拉弦杆和腹杆的长细比，承受静力荷载或间接承受动力荷载时不宜超过 300，直接承受动力荷载时，不宜超过 250。

（3）受拉构件在永久荷载与风荷载组合作用下受压时，其长细比不宜超过 250。

（4）受拉构件的长细比不宜超过表 3-15 规定的容许值。

受拉构件的容许长细比　　　　表 3-15

构件名称	承受静力荷载或间接承受动力荷载的结构		直接承受动力荷载的结构
	一般建筑结构	对腹杆提供平面外支点的弦杆	
桁架的构件	350	250	250
除张紧的圆钢外的其他拉杆、支撑、系杆等	400	—	—

《空间网格结构技术规程》JGJ 7—2010 确定杆件的长细比时，杆件的长细比不宜超过表 3-16 中规定的数值，相对宽松一些。

表 3-16

杆件的容许长细比

结构体系	杆件型式	杆件受拉	杆件受压	杆件受压与压弯	杆件受拉与抗弯
网架立体桁架	一般杆件	350	180	—	—
	支座附件杆件	250			
	直接承受动力荷载杆件	250			
双层网壳	一般杆件	300	180	—	—
	直接承受动力荷载杆件	250			

3.3.4 性能化指标

参照多项国内超过 120m 跨度大跨钢结构审查技术报告，依据《钢结构设计标准》GB 50017—2012《空间网格结构技术规程》JGJ 7—2010，并结合干煤棚建筑安全等级、使用年限的特殊性，对于常规大跨度拱形预应力钢桁架干煤棚的设计，建议参考表 3-17 中的性能化设计指标，如遇特殊情况，也可以根据专项论证意见确定具体的设计指标。为保证超大跨度干煤棚结构的安全性，对于跨度大于 120m 的干煤棚设计，建议对规程中的控制指标从严选取，对于跨度大于 200m 的干煤棚，应在此基础上进一步严格把控。

表 3-17

超大跨干煤棚结构建议的性能化设计指标

重要杆件应力比	$\leqslant 0.75 \sim 0.85$
一般杆件应力比	$\leqslant 0.90 \sim 0.95$
重要杆件压杆长细比	$\leqslant 150 \sim 180$
重要杆件拉杆长细比	$\leqslant 250$
一般杆件压杆长细比	$\leqslant 180$
一般杆件拉杆长细比	$\leqslant 300$
预应力钢拉索的安全系数	$\geqslant 2.0$
荷载标准值组合下结构挠度	$L/300$
风荷载作用下结构侧移	$\leqslant h/150$
结构设计阻尼比	0.02
杆件最小直径	88.5mm

3.4 计算假定与理论方法

3.4.1 分析模型

在现代有限元设计软件 SAP2000、MIDAS GEN、3D3S、ANSYS、ABAQUS 等建立大跨度预应力钢结构干煤棚的有限元分析模型，可以采用杆单元或梁单元模拟刚性构件，例如上下弦杆、腹杆和系杆以及撑杆、刚性支撑；轴心受力构件也可以采用梁单元释放两端转动刚度来模拟（图 3-1）；预应力拉索可以采用索单元模拟或者采用杆单元来模拟，如图 3-2 所示，也可以采用梁单元将抗弯刚度设置成非常小的数值来简化模拟。当采用非线性分析方法时，采用索单元可以较为准确地模拟索单元的悬垂线，但计算效率较低，而当忽略索单元悬垂效应时，采用杆单元模拟更为高效。

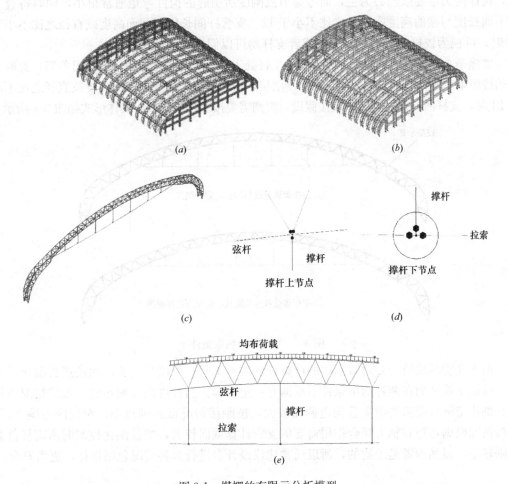

图 3-1　煤棚的有限元分析模型

a）MIDAS 数值模型；（*b*）3D3S 数值模型；（*c*）单榀桁架模型；（*d*）节点释放模型；（*e*）均布荷载施加

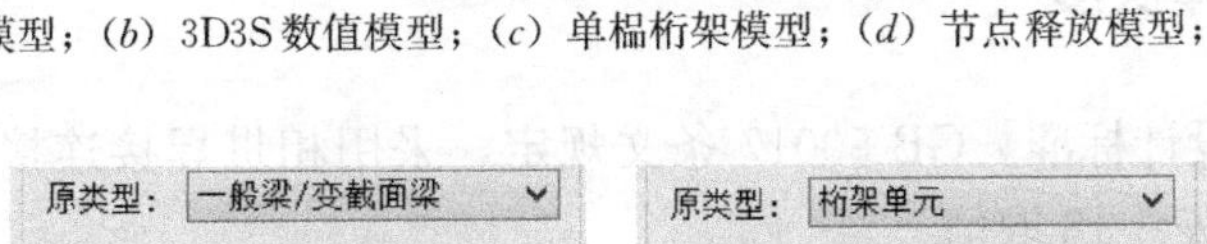

图 3-2　索单元模拟形式

　　采用上述杆件模拟方式，可以建立干煤棚的整体杆系模型如图 3-1 所示，其中图 3-1（*d*）为索杆相连节点的端部释放示意图，撑杆、索以及腹杆单元在汇交节点位置均释放了抗弯刚度。图 3-1（*e*）为上弦杆件施加均布荷载状态，需将上、下弦杆件设置成梁单元，考虑杆件受弯作用，以便于施工过程中在弦杆非节点区设置檩条托板，等间距布置檩条。

3.4.2　计算单元选取

用于储煤结构的大跨度拱形预应力钢结构，由于跨度较大，上部刚性结构一般情况下多采用桁架或者网壳结构，如果围护结构采用主次檩条布置，主檩均作用在主体结构节点上，构件内力主要以轴力为主，而考虑节点刚度所引起的构件弯矩通常很小，同时符合主管节间长度与截面高度或直径之比不小于12、支管杆间长度与截面高度或直径之比不小于24 时，可视为铰接节点，此时主杆或者支杆均可以假定为两端铰接。

如檩条直接等间距布置在主杆节间，主杆处于压弯状态，弯矩效应则不可忽略，此时主杆须按照梁单元考虑，节点均假定为两端刚接，而支管杆间长度与截面高度或直径之比不小于 24 时，支杆两端仍可以按照铰接假设，否则需要按照刚接假设，具体形式如图 3-3 所示。

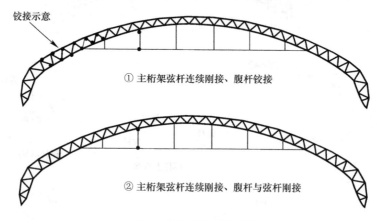

铰接示意

① 主桁架弦杆连续刚接、腹杆铰接

② 主桁架弦杆连续刚接、腹杆与弦杆刚接

图 3-3　结构杆件约束条件

由于支管两端铰接和两端刚接的计算长度系数不同，所以当支管截面按照长细比控制时，可能支管截面在两种约束条件下截面有一定差异。当杆件内力偏小时，铰接情况下按照长细比指标可能需要的支管构造截面较大，按刚接情况截面则较小；而当内力偏大时，刚接情况根据弯矩和轴力联合作用需要的支管计算截面较大，按长细比控制时所需杆件截面则较小，显然两者是矛盾的，所以通常建议设计者进行多种情况包络设计，更为安全。

3.4.3　杆件计算长度

按照《钢结构设计标准》GB 50017 条文规定，采用相贯焊接连接的钢管桁架，其构件计算长度 l_0 可按表 3-18 取值。

管桁架构件计算长度 l_0 　　　　　　　　　　表 3-18

桁架类别	弯曲方向	弦杆	腹杆	
			支座斜杆和支座竖杆	其他腹杆
平面桁架	平面内	$0.9l$	l	$0.8l$
	平面外	l_1	l	l
立体桁架		$0.9l$	l	$0.8l$

注：l_1 为平面外无支撑长度；l 为杆件的节间长度。对端部缩头或压扁的圆管腹杆，其计算长度取 l。对于立体桁架，弦杆平面外的计算长度取 $0.9l$，同时尚应以 $0.9l_1$ 按格构式压杆验算其稳定性。

当桁架弦杆侧向支承点之间的距离为节间长度的 2 倍（图 3-4）且两节间的弦杆轴心压力不相同时，则该弦杆在桁架平面外的计算长度，应按下式确定（但不应小于 $0.5l_1$）：

$$l_0 = l_1 \left(0.75 + 0.25 \frac{N_2}{N_1} \right) \tag{3-1}$$

式中　N_1——较大的压力，计算时取正值；

　　　N_2——较小的压力或拉力，计算时压力取正值，拉力取负值。

桁架再分式腹杆体系的受压主斜杆及 K 形腹杆体系的竖杆等，在桁架平面外的计算长度也应按式（3-1）确定（受拉主斜杆仍取 l_1）；在桁架平面内的计算长度则取节点中心间距离。

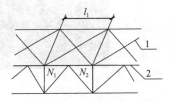

图 3-4　弦杆轴心压力在侧向支承点间有变化的桁架简图
1—支撑；2—桁架

按照《空间网格结构技术规程》JGJ 7—2010 确定杆件的长细比时，其计算长度 l_0 应按表 3-19 采用。

杆件的计算长度

表 3-19

结构体系	杆件形式	节点形式			
		螺栓球	焊接空心球	板节点	相贯节点
双层网壳	弦杆及支座腹杆	$1.0l$	$1.0l$	$1.0l$	—
	腹杆	$1.0l$	$0.9l$	$0.9l$	
立体桁架	弦杆及支座腹杆	$1.0l$	$1.0l$	—	$1.0l$
	腹杆	$1.0l$	$0.9l$		$0.9l$

注：l 为杆件的几何长度（节点中心间距离）。

3.4.4　支座约束假设

对于大跨度拱形预应力钢结构的落地桁架柱脚，通常情况宜设置成铰接，以减小支座弯矩效应，但设计过程必须保证节点构造与基本假设一致。铰接柱脚可采用销轴支座或者成品铸钢铰支座（图 3-5），保证节点具有充分的转动能力。而如果采用一些简易支座，支座构造难以判定应简化为刚接还是铰接，可对支座处进行实体建模，详细分析支座转动能力，以确定在整体杆系模型中的基本假设。例如半球加肋焊接于支座预埋件上的半球支座，可通过多尺度有限元建模来分析其杆系简化模型中刚接支座和铰接支座的反力，通过比较判定其节点刚度性质。其分析方法如下，可以在单榀拱形张弦桁架的单工况受力分析中采用多尺度有限元建模方法，将杆件靠近支座的一个节间的杆件和支座半球用实体单元建立精细化模型，其他杆件可以用简化杆单元替代（图 3-6）。进行整体分析后，可以将多尺度有限元模型支座的反力与支座刚接或者支座铰接的全杆系模型支座反力对比，当支座铰接模型结果与多尺度有限元模型一致时，可以认为节点为铰接。

本书以一工程支座为实例，通过上述方法的分析，获得了半球支座的变形和应力分布，如图 3-7 所示，从图中可以看出，节点处有应力集中现象，但球节点的变形较小，表明焊接加肋球支座的刚度还是比较大的。

 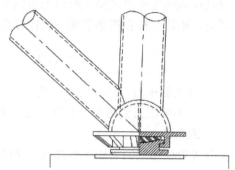

图 3-5   成品球铰支座

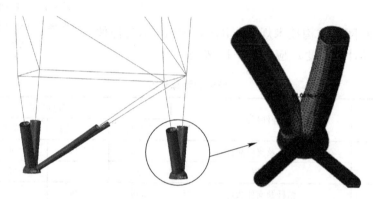

图 3-6   半球支座多尺度有限元模型

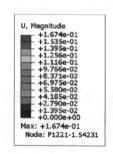  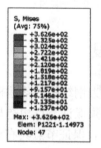 

球型支座变形(mm)   球型支座应力(N/mm²)

图 3-7   半球支座球节点响应

　　同时将三种情况的支座反力结果列于表 3-20 中，通过对结果的分析可以看出，半球支座的构造更接近于固接支座，所以当设计师采用简易的焊接半球支座时，采用刚接支座节点模拟整体结构的约束条件更为准确。

恒荷载＋活荷载＋温度＋预应力作用下支座反力　　　　　　表 3-20

支座约束形式	R_x(kN)	R_y(kN)	R_z(kN)	R_{M_1}(kN·m)	R_{M_2}(kN·m)	R_{M_3}(kN·m)
简化铰接	10.6	901	1147	0	0	0
简化固接	29.2	940	1166	678	90.7	10.1
实体支座	22.9	919	1143	628	14.8	17.7

同时，针对图 3-8 中下弦杆件位置的应力也进行三种情况下的比较分析，简化固接模型和多尺度有限元节点的支座主管应力最大值分别为 252MPa 和 243MPa，应力分布也非常接近，具体结果见图 3-9，这也证明了上文的推论。

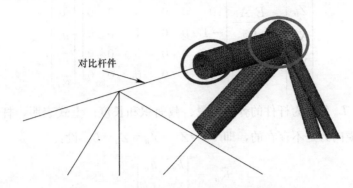

图 3-8　下弦杆件与支座节点有限元模型

简化铰接(144MPa)　　　　　简化固接(252MPa)　　　　　实体支座(243MPa)

图 3-9　支座杆件不同假设条件下的应力状态

同时考虑到半球支座的加肋形式以及球径、壁厚、支座杆件的直径和壁厚等影响节点刚度的因素较多，如支座杆件的壁厚较薄时，截面较小时，杆件与节点相交处的抗弯刚度就会变小，则更偏向于铰接状态，所以最佳的、最可靠的方法是采用固接和铰接假设进行两种约束条件下整体结构的包络设计。

3.4.5　杆单元分析

一般结构的空间杆单元在每个节点有 3 个自由度，即 3 个线位移，作用于每个节点有 3 个力。

设局部坐标系 $\bar{o}\,\bar{x}\,\bar{y}\,\bar{z}$，从网架结构中取出任一杆件 ij，其轴线与局部坐标系 $\bar{o}\,\bar{x}\,\bar{y}\,\bar{z}$ 的 $\bar{x}$ 轴重合，如图 3-10 所示。

杆的两端有杆端力 $\bar{F}_{ij} = (\bar{F}_{ij}^i, \bar{F}_{ij}^j)^{\mathrm{T}} = (\bar{X}_{ij}\bar{Y}_{ij}\bar{Z}_{ij}\bar{X}_{ji}\bar{Y}_{ji}\bar{Z}_{ji})^{\mathrm{T}}$ 和杆端位移 $\bar{U}_{ij} = (\bar{U}_i\bar{U}_j)^{\mathrm{T}} = (\bar{u}_i\bar{v}_i\bar{w}_i\bar{u}_j\bar{v}_j\bar{w}_j)^{\mathrm{T}}$。

由虎克定律可得杆端力与杆端位移的关系式为：

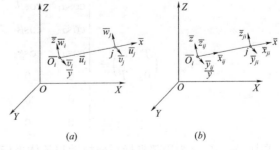

(a)　　　　　　　　(b)

图 3-10　局部坐标系杆件内力、位移示意

(a) 局部坐标下杆件位移；(b) 局部坐标下杆件内力

$$\begin{Bmatrix} \bar{X}_{ij} \\ \bar{Y}_{ij} \\ \bar{Z}_{ij} \\ \bar{X}_{ji} \\ \bar{Y}_{ji} \\ \bar{Y}_{ji} \end{Bmatrix} = \frac{E_{ij}A_{ij}}{L_{ij}} \begin{pmatrix} 1 & 0 & 0 & -1 & 0 & 0 \\ 0 & 0 & 0 & 0 & 0 & 0 \\ 0 & 0 & 0 & 0 & 0 & 0 \\ -1 & 0 & 0 & 1 & 0 & 0 \\ 0 & 0 & 0 & 0 & 0 & 0 \\ 0 & 0 & 0 & 0 & 0 & 0 \end{pmatrix} \begin{Bmatrix} \bar{u}_i \\ \bar{v}_i \\ \bar{w}_i \\ \bar{u}_j \\ \bar{v}_j \\ \bar{w}_j \end{Bmatrix} \tag{3-2}$$

式中，E_{ij}、A_{ij}、L_{ij} 分别为杆件的弹性模量、截面积和长度。上式表明，杆件只有轴向力 $\bar{X}_{ij} = -\bar{X}_{ji}$，而横向力是不存在的，即 $\bar{Y}_{ij} = \bar{Z}_{ij} = \bar{Y}_{ji} = \bar{Z}_{ji} = 0$。设：

$$\bar{K}_{ij} = \begin{bmatrix} \bar{k}_{ii} & \bar{k}_{ij} \\ \bar{k}_{ji} & \bar{k}_{jj} \end{bmatrix} \tag{3-3}$$

$$\bar{k}_{ii} = -\bar{k}_{ij} = -\bar{k}_{ji} = \bar{k}_{jj} = \frac{E_{ij}A_{ij}}{L_{ij}} \begin{pmatrix} 1 & 0 & 0 \\ 0 & 0 & 0 \\ 0 & 0 & 0 \end{pmatrix} \tag{3-4}$$

式中，$\bar{K}_{ij}$ 为杆件在局部坐标系下的刚度矩阵。此时局部坐标系下的单元刚度矩阵方程为：

$$\bar{F}_{ij} = \bar{K}_{ij}\bar{U}_{ij} \tag{3-5}$$

网格体系中的所有杆件都可建立局部坐标系的单刚矩阵方程，但由于杆件在网架中的位置不同，各杆件 $\bar{x}$ 轴方向也不同。为便于各杆件内力和位移叠加，设结构的整体坐标系 $oxyz$。整体坐标系下杆端力 $F_{ij} = (F_{ij}^i \quad F_{ij}^j)^T = (X_{ij} \quad Y_{ij} \quad Z_{ij} \quad X_{ji} \quad Y_{ji} \quad Z_{ji})$ 和杆端位 $U_{ij} = (U_i \quad U_j)^T = (u_i \quad v_i \quad w_i \quad u_j \quad v_j \quad w_j)^T$，如图 3-11 所示，$F_{ij}$ 和 U_{ij} 与局部坐标系下的 $\bar{F}_{ij}$ 和 $\bar{U}_{ij}$ 可分别建立下列关系式：

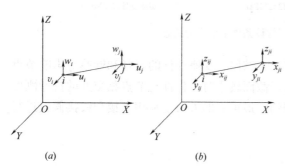

图 3-11 整体坐标系杆件内力、位移示意

(a) 整体坐标下杆件位移；(b) 整体坐标下杆件内力

$$\bar{F}_{ij} = T_{ij}F_{ij} \qquad \bar{U}_{ij} = T_{ij}U_{ij} \tag{3-6}$$

式中，T_{ij} 为坐标变换矩阵。

$$T_{ij} = \begin{pmatrix} T & 0 \\ 0 & T \end{pmatrix} = \begin{bmatrix} \cos\alpha_1 & \cos\beta_1 & \cos\gamma_1 & 0 & 0 & 0 \\ \cos\alpha_2 & \cos\beta_2 & \cos\gamma_2 & 0 & 0 & 0 \\ \cos\alpha_3 & \cos\beta_3 & \cos\gamma_3 & 0 & 0 & 0 \\ 0 & 0 & 0 & \cos\alpha_1 & \cos\beta_1 & \cos\gamma_1 \\ 0 & 0 & 0 & \cos\alpha_2 & \cos\beta_2 & \cos\gamma_2 \\ 0 & 0 & 0 & \cos\alpha_3 & \cos\beta_3 & \cos\gamma_3 \end{bmatrix} \tag{3-7}$$

式中，α、β、γ 为局部坐标系坐标轴与整体坐标系坐标轴之间的方向夹角。

将式（3-6）代入式（3-5）可得：

$$T_{ij}F_{ij} = \bar{K}_{ij}T_{ij}U_{ij} \tag{3-8}$$

方程两边前乘 T_{ij}^{T} 后，得：

$$T_{ij}^{-1}T_{ij}F_{ij} = T_{ij}^{-1}\bar{K}_{ij}T_{ij}U_{ij} \tag{3-9}$$

$$T_{ij}^{\mathrm{T}} = T_{ij}^{-1} \tag{3-10}$$

$$F_{ij} = T_{ij}^{\mathrm{T}}\bar{K}_{ij}T_{ij}U_{ij} \tag{3-11}$$

式中：

$$K_{ij} = T_{ij}^{\mathrm{T}}\bar{K}_{ij}T_{ij} = \begin{pmatrix} T^{\mathrm{T}} & 0 \\ 0 & T^{\mathrm{T}} \end{pmatrix}\begin{bmatrix} \bar{k}_{ii} & \bar{k}_{ij} \\ \bar{k}_{ji} & \bar{k}_{jj} \end{bmatrix}\begin{pmatrix} T & 0 \\ 0 & T \end{pmatrix} = \begin{Bmatrix} k_{ii} & k_{ij} \\ k_{ji} & k_{jj} \end{Bmatrix} \tag{3-12}$$

这里 K_{ij} 为杆件 ij 在整体坐标系下的刚度矩阵，而各 k 可表达为

$$
\begin{aligned}
k_{ii} = -k_{ij} = -k_{ji} = k_{jj} &= \frac{E_{ij}A_{ij}}{L_{ij}}T^{\mathrm{T}}\begin{bmatrix} 1 & 0 & 0 \\ 0 & 0 & 0 \\ 0 & 0 & 0 \end{bmatrix}T \\
&= \frac{E_{ij}A_{ij}}{L_{ij}}\begin{bmatrix} \cos^2\alpha_1 & \cos\alpha_1\cos\beta_1 & \cos\alpha_1\cos\gamma_1 \\ \cos\alpha_1\cos\beta_1 & \cos^2\beta_1 & \cos\beta_1\cos\gamma_1 \\ \cos\alpha_1\cos\gamma_1 & \cos\beta_1\cos\gamma_1 & \cos^2\gamma_1 \end{bmatrix} \\
&= \frac{E_{ij}A_{ij}}{L_{ij}}\begin{bmatrix} l^2 & l\cdot m & l\cdot n \\ l\cdot m & m^2 & m\cdot n \\ l\cdot n & m\cdot n & n^2 \end{bmatrix}
\end{aligned} \tag{3-13}
$$

式（3-13）可以写为：

$$K_{ij} = \begin{bmatrix} l^2 & & & & & \\ l\cdot m & m^2 & & & & \\ l\cdot n & m\cdot n & n^2 & & & \\ -l^2 & -l\cdot m & -l\cdot n & l^2 & & \\ -l\cdot m & -m^2 & -m\cdot n & l\cdot m & m^2 & \\ -l\cdot n & -m\cdot n & -n^2 & l\cdot n & m\cdot n & n^2 \end{bmatrix}\frac{E_{ij}A_{ij}}{L_{ij}} \tag{3-14}$$

则整体坐标系下的单元刚度方程为：

$$F_{ij} = K_{ij}U_{ij} \tag{3-15}$$

3.4.6 梁单元分析

空间梁单元在每个节点有 6 个自由度，即 3 个线位移和 3 个角位移，作用于每个节点有 3 个力和 3 个力矩。

单元节点力：

$$(F)^{\mathrm{e}} = (U_i \quad V_i \quad W_i \quad M_{xi} \quad M_{yi} \quad M_{zi} \quad U_j \quad V_j \quad W_j \quad M_{xj} \quad M_{yj} \quad M_{zj})^{\mathrm{T}}$$

单元节点位移：

$$(\delta)^{\mathrm{e}} = (u_i \quad v_i \quad w_i \quad \phi_{xi} \quad \phi_{yi} \quad \phi_{zi} \quad u_j \quad v_j \quad w_j \quad \phi_{xj} \quad \phi_{yj} \quad \phi_{zj})^{\mathrm{T}}$$

不考虑剪切变形的空间梁单元的刚度矩阵如下式所示：

$$K^e = \begin{pmatrix}
\dfrac{EA}{l} & 0 & 0 & 0 & 0 & 0 & -\dfrac{EA}{l} & 0 & 0 & 0 & 0 & 0 \\[2mm]
 & \dfrac{12EI_z}{l^3} & 0 & 0 & 0 & \dfrac{6EI_z}{l^2} & 0 & -\dfrac{12EI_z}{l^3} & 0 & 0 & 0 & \dfrac{6EI_z}{l^2} \\[2mm]
 & & \dfrac{12EI_y}{l^3} & 0 & -\dfrac{6EI_y}{l^2} & 0 & 0 & 0 & -\dfrac{12EI_y}{l^3} & 0 & -\dfrac{6EI_y}{l^2} & 0 \\[2mm]
 & & & \dfrac{GJ}{l} & 0 & 0 & 0 & 0 & 0 & -\dfrac{GJ}{l} & 0 & 0 \\[2mm]
 & & & & \dfrac{4EI_y}{l} & 0 & 0 & 0 & \dfrac{6EI_y}{l^2} & 0 & \dfrac{2EI_y}{l} & 0 \\[2mm]
 & & & & & \dfrac{4EI_z}{l} & 0 & -\dfrac{6EI_z}{l^2} & 0 & 0 & 0 & \dfrac{2EI_z}{l} \\[2mm]
 & & & & & & \dfrac{EA}{l} & 0 & 0 & 0 & 0 & 0 \\[2mm]
 & & & & & & & \dfrac{12EI_z}{l^3} & 0 & 0 & 0 & -\dfrac{6EI_z}{l^2} \\[2mm]
 & & & & & & & & \dfrac{12EI_y}{l^3} & 0 & \dfrac{6EI_y}{l^2} & 0 \\[2mm]
 & & & & & & & & & \dfrac{GJ}{l} & 0 & 0 \\[2mm]
 & & & & & & & & & & \dfrac{4EI_y}{l} & 0 \\[2mm]
 & & & & & & & & & & & \dfrac{4EI_z}{l}
\end{pmatrix}$$

$$\tag{3-16}$$

式中，A 为梁截面面积；I_y、I_z 分别为在 xz、xy 面内截面惯性矩；J 为截面扭转惯性矩；E、G 分别为弹性模量和剪切模量；l 为梁单元几何长度。

3.4.7 索单元分析

　　基于初始态，大跨预应力拱形张弦桁架在其他各种荷载作用下的分析，与一般刚性结构一致，可以采用线性分析方法，也可以采用非线性分析方法。对于刚性杆件，其刚度与内力无关，所以其分析过程中刚度矩阵只与结构自身几何参数有关；而对于柔性拉索构件，其几何刚度与预应力大小有直接关系，其求解过程中的刚度求解理论与刚性构件不同，如从初始态到荷载态的受力过程，同样可以用一个三杆单位体系为例，如图 3-12 所示，设与 q 点相连的任意索段 i 的另一端是节点 p；x_q、y_q、z_q 为节点 q 的坐标，x_p、y_p、z_p 为节点 p 的坐标，T_{0i} 为索段 i 内的初始张力，l_{0i} 为索段初始长度，T_i 为荷载态索段 i 内的张力，l_i 为荷载态索段长度。

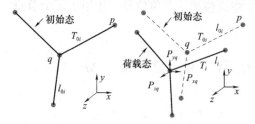

图 3-12　节点的初始态到荷载态过程

　　初始态时节点 q 的平衡条件：

$$\sum^i \frac{T_{0i}}{l_{0i}}(x_p - x_q) = 0$$

$$\left.\sum^i \frac{T_{0i}}{l_{0i}}(y_p - y_q) = 0\right\} \qquad (3\text{-}17)$$

$$\sum^i \frac{T_{0i}}{l_{0i}}(z_p - z_q) = 0$$

$$\sum^i \left[\frac{T_i}{l_i}(x_p + u_p - x_q - u_q)\right] + P_{xq} = 0$$

$$\sum^i \left[\frac{T_i}{l_i}(y_p + v_p - y_q - v_q)\right] + P_{yq} = 0 \qquad (3\text{-}18)$$

$$\sum^i \left[\frac{T_i}{l_i}(z_p + w_p - z_q - w_q)\right] + P_{zq} = 0$$

u_q、v_q、w_q 为节点 q 产生的三个方向的位移；u_p、v_p、w_p 为节点 q 产生的三个方向的位移。初始长度 l_{0i} 为：

$$l_{0i} = \sqrt{(x_p - x_q)^2 + (y_p - y_q)^2 + (z_p - z_q)^2} \qquad (3\text{-}19)$$

荷载态长度 l_i 为：

$$\begin{aligned}
l_i &= \sqrt{(x'_p - x'_q)^2 + (y'_p - y'_q)^2 + (z'_p - z'_q)^2} \\
&= \sqrt{(x_p + u_p - x_q - u_q)^2 + (y_p + v_p - y_q - v_q)^2 + (z_p + w_p - z_q - w_q)^2} \\
&= \sqrt{[(x_p - x_q) + (u_p - u_q)]^2 + [(y_p - y_q) + (v_p - v_q)]^2 + [\cdots]^2} \quad (3\text{-}20)
\end{aligned}$$

$$l_i = l_{0i}\sqrt{1 + 2a_i + b_i} \qquad (3\text{-}21)$$

$$a_i = \frac{1}{l_{0i}^2}[(x_p - x_q)(u_p - u_q) + (y_p - y_q)(v_p - v_q) + (z_p - z_q)(w_p - w_q)]$$

$$b_i = \frac{1}{l_{0i}^2}[(u_p - u_q)^2 + (v_p - v_q)^2 + (w_p - w_q)^2]$$

右边的根式按无穷级数展开：

$$l_i = l_{0i}\left(1 + a_i + \frac{1}{2}b_i - \frac{1}{2}a_i^2 - \frac{1}{2}a_ib_i + \frac{1}{2}a_i^3 + \cdots\right) \qquad (3\text{-}22)$$

$$\frac{l_i}{l_{0i}} - 1 = a_i + \frac{1}{2}b_i - \frac{1}{2}a_i^2 - \frac{1}{2}a_ib_i + \frac{1}{2}a_i^3 + \cdots \qquad (3\text{-}23)$$

$$\frac{1}{l_i} = \frac{1}{l_{0i}}(1 + 2a_i + b_i)^{-\frac{1}{2}} \qquad (3\text{-}24)$$

$$\frac{1}{l_i} = \frac{1}{l_{0i}}\left(1 - a_i - \frac{1}{2}b_i + \frac{3}{2}a_i^2 + \frac{3}{2}a_ib_i - \frac{5}{2}a_i^3 + \cdots\right) \qquad (3\text{-}25)$$

$$l_i - l_{0i} = \frac{T_i - T_{0i}}{EA_i}l_{0i} \qquad (3\text{-}26)$$

$$T_i - T_{0i} = EA_i\left(\frac{l_i}{l_{0i}} - 1\right) \qquad (3\text{-}27)$$

$$T_i \approx T_{0i} + EA_i\left(a_i + \frac{1}{2}b_i - \frac{1}{2}a_i^2\right) \qquad (3\text{-}28)$$

$$\sum^{i}\left[\frac{T_{0i}}{l_{0i}}(u_p-u_q)+\frac{EA_i-T_{0i}}{l_{0i}}(x_p-x_q)a_i\right]=-P_{xq}+R_{xq}$$
$$\sum^{i}\left[\frac{T_{0i}}{l_{0i}}(v_p-v_q)+\frac{EA_i-T_{0i}}{l_{0i}}(y_p-y_q)a_i\right]=-P_{yq}+R_{yq}$$
$$\sum^{i}\left[\frac{T_{0i}}{l_{0i}}(w_p-w_q)+\frac{EA_i-T_{0i}}{l_{0i}}(z_p-z_q)a_i\right]=-P_{zq}+R_{zq}$$

(3-29)

$$[k]_i=$$

$$\begin{bmatrix} \frac{T_{0i}}{l_{0i}}+\frac{EA_i-T_{0i}}{l_{0i}^3}(x_p-x_q)^2 & \frac{EA_i-T_{0i}}{l_{0i}^3}(x_p-x_q)(y_p-y_q) & \frac{EA_i-T_{0i}}{l_{0i}^3}(x_p-x_q)(z_p-z_q) \\ & \frac{T_{0i}}{l_{0i}}+\frac{EA_i-T_{0i}}{l_{0i}^3}(y_p-y_q)^2 & \frac{EA_i-T_{0i}}{l_{0i}^3}(y_p-y_q)(z_p-z_q) \\ \text{对称} & & \frac{T_{0i}}{l_{0i}}+\frac{EA_i-T_{0i}}{l_{0i}^3}(z_p-z_q)^2 \end{bmatrix}$$

(3-30)

$$\cos\alpha=\frac{x_p-x_q}{l_{0i}}, \quad \cos\beta=\frac{y_p-y_q}{l_{0i}}, \quad \cos\gamma=\frac{z_p-z_q}{l_{0i}}$$

(3-31)

分别代表索轴线的三个方向余弦，代入式（3-30）并整理，得：

$$[k]_i=[k]_i^E+[k]_i^G$$

(3-32)

$$[k]_i^E=\frac{EA_i}{l_{0i}}\begin{bmatrix} \cos^2\alpha & \cos\alpha\cos\beta & \cos\alpha\cos\gamma \\ & \cos^2\beta & \cos\beta\cos\gamma \\ \text{对称} & & \cos^2\gamma \end{bmatrix}$$

(3-33)

$$[k]_i^G=\frac{T_{0i}}{l_{0i}}\begin{bmatrix} 1-\cos^2\alpha & -\cos\alpha\cos\beta & -\cos\alpha\cos\gamma \\ & 1-\cos^2\beta & -\cos\beta\cos\gamma \\ \text{对称} & & 1-\cos^2\gamma \end{bmatrix}$$

(3-34)

可以看出索的线性刚度包括两部分，一部分与 EA/l 有关，代表了单元抵抗轴向伸长的能力；另一部分与 T/l 有关，代表了单元抵抗刚性转动的能力。

3.4.8 总刚度方程

建立了杆件整体坐标系的单元刚度矩阵之后，要进一步建立结构的总体刚度矩阵。总体刚度矩阵的建立应满足：

（1）变形协调条件；

（2）节点内外力平衡条件。

从大跨度拱形预应力钢结构体系中取出任一节点 i，与该节点相交的杆件有 ij、ik、…、im，作用在节点上的外荷载为 P_i。根据变形协调条件，连接在同一节点 i 上的所有杆件的 i 端位移都相等，均记为 U_i；由式（3-15）可知，交于 i 节点各杆端力的表达式为：

$$F_{ij}^i=k_{ii}^j U_i+k_{ij}U_j$$
$$F_{ik}^i=k_{ii}^k U_i+k_{ik}U_k$$
$$\cdots$$
$$F_{im}^i=k_{ii}^m U_i+k_{im}U_m$$

(3-35)

据 i 节点的内外力平衡条件即可列出：

$$P_i = F_{ij}^i + F_{ik}^i + \cdots + F_{im}^i = \left(\sum_{n_i} k_{ii}^{n_i}\right)U_i + k_{ij}U_j + k_{ik}U_k + \cdots + k_{im}U_m \quad (3\text{-}36)$$

对大跨度拱形预应力钢结构体系的每一节点都可建立类似的平衡方程，经整理可得：

$$
\begin{bmatrix}
\sum_{n_1} k_{ii}^{n_1} & k_{12} & k_{13} & \cdots & \cdots & k_{1i} & k_{1j} & k_{1k} & \cdots & k_{1m} \\
 & \sum_{n_2} k_{ii}^{n_2} & k_{23} & \cdots & \cdots & k_{2i} & k_{2j} & k_{2k} & \cdots & k_{2m} \\
 & & \cdots & & & & & & & k_{3m} \\
 & & & \cdots & & & & & & \vdots \\
 & & & & \sum_{n_i} k_{ii}^{n_i} & k_{ij} & k_{ik} & & \cdots & k_{im} \\
 & & & & & \cdots & & & & k_{jm} \\
 & 对 & 称 & & & & \cdots & & & k_{km} \\
 & & & & & & & \cdots & & \vdots \\
 & & & & & & & & \cdots & \sum_{n_m} k_{ii}^{n_m}
\end{bmatrix}
\begin{Bmatrix}
U_1 \\ U_2 \\ U_3 \\ \vdots \\ U_i \\ U_j \\ U_k \\ \vdots \\ U_m
\end{Bmatrix}
=
\begin{Bmatrix}
P_1 \\ P_2 \\ P_3 \\ \vdots \\ P_i \\ P_j \\ P_k \\ \vdots \\ P_m
\end{Bmatrix}
\quad (3\text{-}37)
$$

则可得到总刚度方程：

$$[K][U] = [P] \quad (3\text{-}38)$$

式中：$U = (U_1 \quad U_2 \quad \cdots \quad U_i \quad \cdots)^{\mathrm{T}}$ $\quad U_i = (u_i \quad v_i \quad w_i)^{\mathrm{T}}$

$\qquad P = (P_1 \quad P_2 \quad \cdots \quad P_i \quad \cdots)^{\mathrm{T}}$ $\quad P_i = (P_{xi} \quad P_{yi} \quad P_{zi})^{\mathrm{T}}$

3.4.9 边界条件处理

对于边界条件的处理，可以采用置 0 置 1 法，引入刚性支座 $\Delta_i = 0$，把整体刚度矩阵的主对角元素 K_{ii} 改为 1，相应第 i 行第 i 列其余元素为 0，荷载项也修改为 $P_i = 0$。

$$
\begin{bmatrix}
K_{11} & K_{12} & & 0 & & K_{1n} \\
K_{21} & K_{22} & \cdots & 0 & \cdots & K_{2n} \\
\vdots & \vdots & \ddots & \vdots & \ddots & \vdots \\
0 & 0 & \cdots & 1 & \cdots & 0 \\
\vdots & \vdots & \ddots & \vdots & \ddots & \vdots \\
K_{n1} & K_{n2} & \cdots & 0 & \cdots & K_{m}
\end{bmatrix}
\begin{Bmatrix}
\Delta_1 \\ \Delta_2 \\ \vdots \\ \Delta_i \\ \vdots \\ \Delta_n
\end{Bmatrix}
=
\begin{Bmatrix}
P_1 \\ P_2 \\ \vdots \\ 0 \\ \vdots \\ P_n
\end{Bmatrix}
\quad (3\text{-}39)
$$

置大数法，把整体刚度矩阵的主对角元素 K_{ii} 乘一个很大的数 G（G 通常比 K_{ii} 大 6 个数量级以上），其他各元素皆不变。

$$
\begin{bmatrix}
K_{11} & K_{12} & & K_{1i} & & K_{1n} \\
K_{21} & K_{22} & \cdots & K_{2i} & \cdots & K_{2n} \\
\vdots & \vdots & \ddots & \vdots & & \vdots \\
K_{i1} & K_{i2} & \cdots & \underline{\underline{GK_{ii}}} & \cdots & 0 \\
\vdots & \vdots & & \vdots & \ddots & \vdots \\
K_{n1} & K_{n2} & \cdots & K_{ni} & \cdots & K_{m}
\end{bmatrix}
\begin{Bmatrix}
\Delta_1 \\ \Delta_2 \\ \vdots \\ \Delta_i \\ \vdots \\ \Delta_n
\end{Bmatrix}
=
\begin{Bmatrix}
P_1 \\ P_2 \\ \vdots \\ P_i \\ \vdots \\ P_n
\end{Bmatrix}
\quad (3\text{-}40)
$$

当发生支座沉降类非荷载作用时，可引入已知支座位移值 $\Delta_i = b$

$$\begin{bmatrix} K_{11} & K_{12} & & 0 & & K_{1n} \\ K_{21} & K_{22} & \cdots & 0 & \cdots & K_{2n} \\ \vdots & \vdots & \ddots & \vdots & & \vdots \\ 0 & 0 & \cdots & 1 & \cdots & 0 \\ \vdots & \vdots & & \vdots & \ddots & \vdots \\ K_{n1} & K_{n2} & \cdots & 0 & \cdots & K_{nn} \end{bmatrix} \begin{Bmatrix} \Delta_1 \\ \Delta_2 \\ \vdots \\ \Delta_i \\ \vdots \\ \Delta_n \end{Bmatrix} = \begin{Bmatrix} P_1 - K_{1i}b \\ P_2 - K_{2i}b \\ \vdots \\ b \\ \vdots \\ P_n - K_{ni}b \end{Bmatrix} \tag{3-41}$$

置大数法

$$\begin{bmatrix} K_{11} & K_{12} & & K_{1i} & & K_{1n} \\ K_{21} & K_{22} & \cdots & K_{2i} & \cdots & K_{2n} \\ \vdots & \vdots & \ddots & & & \vdots \\ K_{i1} & K_{i2} & \cdots & GK_{ii} & \cdots & K_{in} \\ \vdots & \vdots & & & \ddots & \vdots \\ K_{n1} & K_{n2} & \cdots & K_{ni} & \cdots & K_{nn} \end{bmatrix} \begin{Bmatrix} \Delta_1 \\ \Delta_2 \\ \vdots \\ \Delta_i \\ \vdots \\ \Delta_n \end{Bmatrix} = \begin{Bmatrix} P_1 \\ P_2 \\ \vdots \\ GK_{ii}b \\ \vdots \\ P_n \end{Bmatrix} \tag{3-42}$$

置 0 置 1 法或置大数法引入支承条件，并不改变刚度方程的排列顺序，保证了刚度矩阵的对称性和带形特性，修改后的方程组与原方程组是同解的，且程序简单。

3.4.10 单元内力求解

按有限元法进行大跨度拱形预应力钢桁架体系静力计算时可采用下列统一的基本方程：

$$KU = F \tag{3-43}$$

式中 K——体系总弹性刚度矩阵；

U——体系结点位移向量；

F——体系结点荷载向量。

由前面的分析得到整体刚度矩阵和结点荷载列阵，形成关于结点位移的线性代数方程组；求解线性方程组可以得到结点位移列阵，然后，再利用结点位移列阵由式（3-43）和式（3-44）计算出杆件内力。

$$\{\overline{U}\}^e = [T]\{U\}^e \tag{3-44}$$

$$\{\overline{F}\}^e = [\overline{K}]^e\{\overline{U}\}^e \tag{3-45}$$

3.4.11 非线性过程求解

结构在荷载作用下产生较大的变形，小变形假定不成立，必须考虑几何非线性影响，也就是需要考虑杆端位移引起 $P\text{-}\Delta$ 效应和杆件本身弦线侧移的 $P\text{-}\delta$ 效应，平衡取变形后位置，考虑内力二阶效应，几何方程包括位移高阶项。

对于非线性效应特征明显的结构，一次计算是难以得到精确结果的，只能采用分步逐次迭代的方法进行分析。经典的非线性分析方法是牛顿-拉夫逊迭代法，一般地，把结构的整个荷载历程分成若干个子步，每个子步中采用迭代求解。如图 3-13（a）所示的是 Newton-Raphson 法一个子步的迭代求解过程，每次迭代计算时，根据当前的内力、位移关系重新生成单元切线刚度矩阵。图 3-13（b）是修正的 Newton-Raphson 法，与 Newton-Raphson 方法不同的是，在子步的迭代过程中采用子步开始时的单元切线刚度矩阵。Newton-Raphson 法因每次计算都要重新形成切线刚度，所以每次迭代的计算量大，但收敛快；而修正的 Newton-Raphson 法因每次计算都用子步初始的切线刚度，所以每次迭代的计算量相对较小，但收敛较慢。

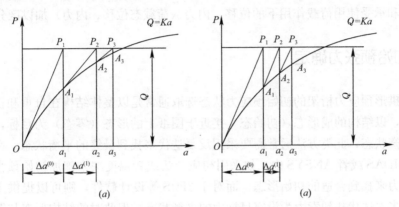

图 3-13 Newton-Raphson 法
（a）Newton-Raphson 法；（b）修正 Newton-Raphson 法

在线性分析中，首先计算各种工况的内力，如恒载、风载、温度等，然后采用叠加原理，将各工况内力和位移进行线性组合，如恒＋活、恒＋风等。而非线性分析中力和位移的非线性关系，叠加原理失效，因此不能先进行工况分析再进行效应组合，在非线性分析中，需先组合荷载，再进行内力分析，比如计算恒＋活的组合效应，需要先将恒荷载和活荷载数值组合，然后再施加到结构上进行非线性分析计算。

另外对于支座位移与温度作用这几种工况，在线性分析时是按照分步施加的方式施加在结构上，与恒、活荷载是一致的。需要指出的是，由于地震分析的通用方法是振型分解反应谱法，因此含地震组合的效应按下面的方法处理：单独计算地震作用效应→组合除地震作用外的其他荷载→计算除地震效应外的组合效应→叠加地震效应。

3.5 预应力钢结构分析方法

在详细说明大跨度预应力钢结构的分析方法之前，首先必需明确预应力钢结构所要经历的三种状态。

（1）零状态（图纸态）：零状态是结构加工放样后的索段和构件集合体，零状态时不存在预应力，不承受外部荷载和自重的作用，为体系在无自重、无边界、无预应力作用时的放样状态，此时所有构件内力均为零，零状态对应了结构的制作几何和零应力状态，该状态下的几何参数就是工厂加工制作构件的依据。

（2）初始状态：初始状态是指索内预应力施加完毕，结构仅在预应力和自重作用下的自平衡状态。不考虑外部荷载的作用，结构的初始状态提供了分析结构在外部效应作用下所必需的所有初始条件：包括节点几何、构件预应力值等；该状态确定结构的预应力分布、结构形状，是结构成形后受力分析的初始条件。

（3）荷载状态：荷载状态是指结构在预应力和自重作用下的平衡状态基础上受各种外部荷载因素和非荷载因素作用后的受力状态。对应结构在设计几何及预张力分布基础上在外部荷载作用下的应力和位移状态。

所以正确理解该结构的力学性能，必须对预应力张拉过程中的位移、内力（初始态位移、内力）和承受使用荷载作用下的位移、内力（荷载态位移、内力）加以区分。

3.5.1 初始预张力确定

大跨度拱形预应力桁架的初始预应力状态选取通常是以整体结构在自重和初始预应力联合作用下，以结构的成形态（初始态）接近于图纸上的形态（零态）为目标，找到合适的、力的平衡状态，此类方法通常需要采用反复迭代来找到最终的平衡状态。在通用有限元软件如 MIDAS 或者 ANSYS 中，如采用初应变法或者温度法来施加初始预张力，需要反复调整索力来找到合适的初始形态。而对于 3D3S 等设计软件，则可以提供主动索力要求，即通过多次迭代找到索力为设定目标力的平衡状态，但此时的结构形态与图纸态可能有一定偏差。所以无论是形态分析还是力的状态分析，都是寻找一个平衡状态，最终还是要看设计者的预期目标是一个与图纸状态一致的初始位移形态，还是根据施工条件以及张拉设备条件等技术要求确定的一个预期的索力平衡状态。

以一个简单的二维结构为例，如图 3-14 所示来说明逆迭代法分析过程。分析的目标状态是使结构在平衡状态时节点 m 位于图 3-14 中虚线位置（下称虚线位置为目标位置）。首先给定图 3-14（a）中各索一组预应力，称为给定预应力，一般情况结构在给定预应力、索段自重及上部子结构自重的作用下，处于不平衡状态，经过第一次有限元计算，平衡状态时节点 m 偏离平衡位置 d_1 距离，见图 3-14（b），下一步将偏离位移 d_1 反向加于初始状态（即改变索的初始计算长度），得到图 3-14（c），同样给定预应力和结构自重其处于不平衡状态，经过计算结构在平衡状态时节点 m 偏离平衡状态距离为 d_2，重复上述方法，将 d_2 反向加在初始状态图 3-14（c），由于 d_i 越来越小，结构最终能够在满足精度的范围内到达目标状态——平衡状态。

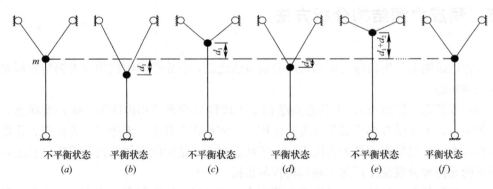

图 3-14 逆迭代法示意图

通过初张力的确定，使得预期目标是在自重与索初拉力共同作用时的结构形态接近于图纸态，索力达到其破断拉力的 20％左右为宜；在后续的荷载态分析中，结构在最不利荷载组合下的最大索力不应超过索破断拉力的 40％～55％，同时结构变形满足相关规范要求。结构在正常使用情况下最小索力不宜小于 10～50kN，以杜绝索力退出工作状态的可能性。

3.5.2 初始预张力施加

1. 初应变法

对张弦桁架下弦的钢索施加一定初应变 ε 使之收缩，产生的初始收缩力大小 P_N 可以按照式（3-46）计算，结构对这种收缩力进行限制从而产生了下弦受拉、上弦受到压弯作用的效果，于是便可有效地模拟施加预应力的张拉过程。在进行有限元分析时可以先粗略取定一个初应变值进行求解，根据由此得到的下弦索拉力来调整初应变的数值进行第二次运算，然后再进行调整再运算，一直到下弦索拉力恰好达到设计预定的张拉力值为止。

$$P_N = EA\varepsilon \tag{3-46}$$

2. 温度法

等效降温法是根据物体的热胀冷缩特性，将张弦桁架下弦的钢索（整条钢索或最外边的一个索段）降温使之收缩，结构将约束这种收缩，对这种收缩进行限制，从而起到下弦受拉、上弦受到压弯作用的效果，有效地模拟预应力张拉过程。在进行有限元分析时可以先较为粗略地取定一个温差进行求解，换算出输入的初始索内力 P_N 按式（3-47）计算，根据由此得到的下弦索拉力来调整温度荷载的数值进行第二次运算，然后再进行调整再运算，一直到下弦索拉力恰好达到预期索力为止。该方法能够很好地模拟预应力张拉过程，实现多次张拉预应力，并且能够保持结构的完整性。

$$P_N = E\Delta t\alpha A \tag{3-47}$$

式中，α 为拉索的线膨胀系数。

3. 初始内力法

通常情况下，可以给索单元输入初始内力值，内力值大小建议按照拉索破断力的 15％～20％左右输入，拉索内力主要输入的依据是基于初始态找形和支座反力大小来衡量，以设计者能接受的标准为宜。一般在初始态分析过程中，通用有限元软件例如 ANSYS、ABAQUS 等输入的是被动索力，即初始内力根据结构在初始索力作用下的位移变化而引起索力变化，所以在平衡迭代后得到索力与初始输入索力会不一致，通常得到的索内力会小于初始内力值 P_N，这种分析以找形为主，找力为辅。而对于 3D3S 等设计分析软件，通常具有找力功能，即按照主动力输入，在平衡迭代过程中，始终以初始内力值为迭代目标，在平衡迭代后得到索力与初始输入索力 P_N 一致，与式（3-48）保持一致，但初始变形可能与零态（图纸态）相差较大，这主要是找力为主，找形为辅。不同的初始内力法具有不同的优势和劣势，需要设计者根据设计需要确定。

$$P_{主动力} = P_N \ 或 \ P_{被动力} \leqslant P_N \tag{3-48}$$

3.5.3　初始态分析

初始状态对应了结构的设计几何状态及预张力分布，该状态确定结构的预应力分布、结构形状，是结构成形后受力分析的初始条件，对于预应力拱形张弦桁架结构体系，初始态分析主要是找到一套合理的索力，使得结构满足受力需求，又保证结构的初始成形态不会偏离图纸状态过大。以一个三杆单位体系为例，首先希望结构的平衡状态在图 3-15（a）位置，同时索力 T_1、T_2 又使得结构约束点的反力在一个合理预期范围，这样基于零态图 3-15（a）位置，施加设定的初始预张力 T_1、T_2；此时体系是不平衡的，其不平衡节点力相当于在点 p 施加了外荷载；通过反复迭代调整 T_1、T_2，使得 p 点达到预期平衡位置，此时索力分别为 T_1'、T_2'，见图 3-15（b），此种找形或者找力的方法较为方便直观，利用一般静力计算程序即可求解。

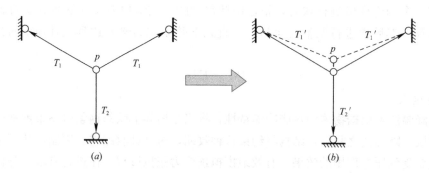

图 3-15　三杆结构初始态分析
（a）零态；（b）初始态

对于大跨度拱形预应力张弦桁架来说，施加初始预应力后，通常上弦桁架会发生一定的反拱，如图 3-16 所示，此反拱值预期能在檩条和屋面板荷载作用下消除，使得结构在恒载作用下与零态几何位置最为接近，则是非常理想的。

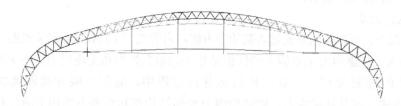

图 3-16　预应力拱形张弦桁架初始态（位移放大 100 倍）

3.5.4　模态分析

大跨空间结构在地震作用下的振动反应规律不仅与地震作用有关，还与结构自振特性紧密相关。当结构受到某种外界干扰后产生了受迫振动，但外界干扰消失后结构将在平衡位置附近继续振动，这种振动称为结构的自由振动，结构自由振动时的频率称为结构的自振频率。模态分析即为自振特性分析，属于线性分析的类型，对于含有预应力拉索在内的钢结构进行模态分析，首先需要基于预应力状态建立初始几何刚度，在成形的几何刚度基础上进行自振特性分析，通常这需要一个分析过程，即先通过预应力施加方法在结构中建立初始预应力，然后进行非线性求解，获得结构在预应力和自重联合作用下的初始位移形态和几何刚度，基于这一状态的几何形态和几何刚度再进行线性模态分析。

以某 200m 跨度的预应力钢结构干煤棚为例，其一阶振型通常为跨度方向的水平振动，因为受预应力刚化作用的影响较小，一阶周期通常会大于 1s，甚至接近 2s；二阶振型一般为纵向平动，其他阶振型一般如图 3-17 所示，振动周期列于表 3-21 中，可供参考。显然，预应力拱形桁架结构水平向振动的频率控制更为重要；而其竖向刚度通常情况下均可以得到有效保证。

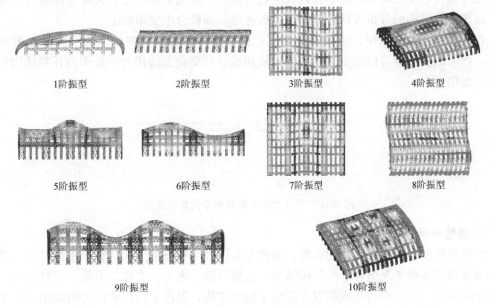

1阶振型　　　2阶振型　　　3阶振型　　　4阶振型

5阶振型　　　6阶振型　　　7阶振型　　　8阶振型

9阶振型　　　　　　　　10阶振型

图 3-17　预应力拱形张弦桁架振型图

某干煤棚结构周期汇总　　　　　　　　　　　表 3-21

模态	频率（Hz）	周期（s）	振动描述
1	0.59	1.71	跨向振动
2	0.65	1.53	纵向振动
3	0.82	1.22	跨向振动
4	0.85	1.18	竖向振动
5	0.91	1.09	竖向振动
6	1.02	0.97	竖向振动
7	1.13	0.89	竖向振动
8	1.34	0.74	纵向振动
9	1.49	0.67	竖向振动
10	1.54	0.65	竖向振动

3.5.5　荷载态分析

一般情况下，大跨度预应力桁架结构在外荷载作用下，考虑几何非线性和不考虑几何非线性影响的结构响应比较接近，计算结果的偏差可以控制在 5% 以内。当结构整体强度指标控制得较低，例如杆件应力比控制在 0.85～0.9 之间时，通常可以用线性计算来代替非线性计算，以提高计算效率。但同时也要特别注意，一些超长的构件，例如交叉支撑等柔性构件，线性计算和非线性计算时的结果通常会差别较大，在计算分析中如按照线性分析，并按照只受轴向力的杆单元模拟，则无法反映构件的挠曲变形，而如果按照多段梁单元模拟，则会夸大构件的变形而无法体现非线性效应对于挠曲变形的影响。因此对于超长柔性支撑构件，建议充分考虑非线性效应进行分析。而通常情况下，大跨度预应力桁架结构干煤棚整体结构的分析可以按照线性分析考虑，即符合小变形假定。

在荷载态下，例如恒、活荷载作用下，拱形预应力桁架会发生竖向变形，如图 3-18 所示，此时的变形值应以初始态为基准，从初始态到荷载态的相对变形作为评判结构位移大小的数值。

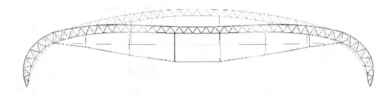

图 3-18　预应力拱形张弦桁架荷载态变形

1. 线性分析

线性分析是一种荷载效应的叠加，也就是每一种结构分析工况计算出来的结果，进行线性叠加得到各种工况组合下的分析结果，包括位移、内力、支座反力等。线性分析一般是基于线弹性、小变形的基本假设，适用于刚性结构；但由于拱形预应力桁架结构上部刚性桁架的整体刚度比较大，属于一种刚-柔结合的体系，整体结构在荷载作用下的响应并没有呈现出特别强烈的大变形、非线性效应，所以根据经验，这种结构体系也可以进行线性分析计算。线性分析计算效率高，总体与非线性计算结果的误差应在 5%～10% 以内，所以只要适当控制杆件的应力比，是可以利用线性分析来代替非线性分析计算的。

2. 非线性分析

目前的分析技术中，非线性分析通常是指两个层面，一是几何非线性的影响，结构在荷载作用下产生较大的变形，几何非线性效应显著，小变形假定不成立，必须考虑杆端位移引起 P-Δ 效应和杆件本身弦线侧移的 P-δ 效应；另一个层面是指荷载作用的先后次序，考虑非线性分析后，荷载的施加顺序也会对计算结果有一定影响，通常对于非线性效应明显的结构，需要在求解前先将荷载进行组合，然后施加到结构上进行求解计算，有些软件具有将荷载组合转化为非线性分析工况的功能，也就是将荷载组合中的荷载工况进行预叠加，然后变成一种工况来进行非线性求解，但对于反应谱分析方法，由于自身是一种线性分析方法，所以当有地震工况组合时，需要将非地震荷载进行预叠加，计算出来的结构响应再与反应谱法分析得到的地震响应进行二次组合。

3.6 荷载作用

干煤棚设计过程中的荷载作用，主要有恒荷载、活荷载、地震作用、风荷载、雪荷载、温度作用等，但由于干煤棚建筑形体受工艺要求较多，外部形状差异较大，此类结构的风荷载、雪荷载以及日照产生的温度作用均有较大的特异性，在现行《建筑结构荷载规范》GB 50009—2012 中并无相关依据可循，因此在设计中需要特别关注并宜开展专项的分析或实验研究。

3.6.1 荷载分类

1. 恒荷载

干煤棚一般采用非保温类的金属屋面，金属板厚度通常在 0.6～1.0mm 之间，檩条一般为冷弯薄壁构件，整体重量较轻，通常情况下恒荷载一般不会超过 0.25～0.3kN/m²。值得注意的是，并不是荷载取值越大越安全，主要原因是工况组合时过多地考虑恒荷载反而会抵消其他荷载（特别是风荷载）的不利影响；若此时的恒荷载取值偏大，则降低了实际的风吸力效应；设计时恒载应合理取值，同时注意区分恒载有利和恒载不利的情况，以便在工况组合时合理选取组合系数。

2. 屋面活荷载

大跨度干煤棚金属屋面为非上人屋面，按照《建筑结构荷载规范》GB 50009 规定，不上人屋面活荷载按照 0.5kN/m² 考虑；而《火力发电厂土建结构设计技术规定》DL 5022 则规定对于电厂干煤棚不上人金属屋面活荷载可按 0.3kN/m² 考虑。

3. 杆件自重和节点自重

通用性设计软件一般会自动考虑杆件重量，但节点重量需要单独考虑，网架或者管桁架节点的重量可按照杆件自重的 20%～30%考虑。

4. 马道自重

马道是结构用来悬挂和检修灯具、设备的通道，可按实际情况换算成节点荷载施加在结构下弦层上，取值 2.0kN/m²；马道活荷载标准值为 1.0kN/m。

5. 设备自重

灯具、喷淋等设备的自重可按实际情况换算成节点荷载施加在其实际作用位置上，具体总量由厂家选型确定，但应确定此类荷载的准确位置。

6. 雪荷载

雪荷载为储煤结构的重要荷载之一，通常，储煤结构跨度较大，对雪荷载比较敏感。在有雪地区，进行储煤结构设计时须考虑雪荷载作用并按照《建筑结构荷载规范》GB 50009 规定执行。但需要注意的是，超大跨度、超大面积的屋面存在风致积雪迁移现象，易造成不均匀雪荷载分布，所以需要按照积雪全跨均匀分布、不均匀分布和半跨均匀分布的情况采用，雪荷载与屋面活荷载不必同时考虑，取两者中的较大值。

干煤棚屋面水平投影面上的雪荷载标准值，可按下式计算：

$$s_k = \mu_r s_0 \tag{3-49}$$

式中　s_k——雪荷载标准值（kN/m^2）；

　　　s_0——基本雪压（kN/m^2）；

　　　μ_r——屋面积雪分布系数。

基本雪压 s_0 可根据地区的不同，查阅《建筑结构荷载规范》GB 50009—2012 确定，对于大跨度拱形预应力钢结构，属于对雪荷载敏感型轻型屋盖体系，建议基本雪压按照 100 年荷载重现期取值。

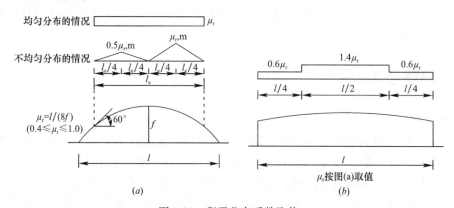

图 3-19　积雪分布系数取值

（a）落地拱积雪分布系数；（b）$l>100m$ 大跨屋盖积雪分布系数

屋面积雪分布系数 μ_r 是屋面水平投影面积上的雪荷载 s_k 与基本雪压 s_0 的比值，实际也就是地面基本雪压换算为屋面雪荷载的换算系数。它与屋面形式、朝向及风力等有关。当屋面坡度 $\alpha \geqslant 50°$ 时，取 $\mu_r = 0$；当屋面坡度 $\alpha \leqslant 25°$ 时，取 $\mu_r = 1$。一般对于拱形储煤结构的 μ_r 取值具体可参照图 3-19 选取，且两种不均匀分布情况都应该考虑。

屋面板和檩条的计算应按积雪不均匀分布的最不利情况采用。

7. 风荷载

干煤棚屋面、墙面所受风荷载作用及其设计要求，参见 3.10 节，作为专门一节来详细阐述。

8. 地震作用

地震作用及其设计要求，参见 3.9 节，作为专门一节来详细阐述。

9. 积灰荷载

对于电厂类的干煤棚工作区，一般工作环境比较整洁（图 3-20），积灰荷载并不严重，通常不需要考虑积灰荷载，当有特殊要求时，可以根据建设单位提供的数据作为设计依据。

图 3-20　发电厂及干煤棚周边环境

3.6.2 荷载组合

对于干煤棚设计过程中的承载能力极限状态，应按荷载的基本组合或偶然组合计算荷载组合的效应设计值，并应采用下列设计表达式进行设计：

1. 对持久或短暂设计状况：

$$\gamma_0 S \leqslant R \tag{3-50}$$

2. 对地震设计状况：

（1）多遇地震

$$S \leqslant R/\gamma_{RE} \tag{3-51}$$

（2）设防地震

$$S \leqslant R_k \tag{3-52}$$

式中 γ_0——结构重要性系数，应按各有关建筑结构设计规范的规定采用；

S——承载能力极限状况下作用组合的效应设计值，对持久或短暂设计状况应按作用的基本组合计算；对地震设计状况应按作用的地震组合计算；

R——结构构件的承载力设计值；

R_k——结构构件的承载力标准值；

γ_{RE}——承载力抗震调整系数，应按现行国家标准《建筑抗震设计规范》GB 50011 的规定取值。

由可变荷载控制的效应设计值，应按下式进行计算：

$$S_d = \sum_{j=1}^{m} \gamma_{G_j} S_{G_j k} + \gamma_{Q_1} \gamma_{L_1} S_{Q_1 k} + \sum_{i=2}^{n} \gamma_{Q_i} \gamma_{L_i} \psi_{c_i} S_{Q_i k} \tag{3-53}$$

由永久荷载控制的效应设计值，应按下式进行计算：

$$S_d = \sum_{j=1}^{m} \gamma_{G_j} S_{G_j k} + \sum_{i=1}^{n} \gamma_{Q_i} \gamma_{L_i} \psi_{c_i} S_{Q_i k} \tag{3-54}$$

式中各分项系数和组合系数参照《建筑结构荷载规范》GB 50009—2012 取值。

荷载标准组合的效应设计值 S_d 应按下式进行计算：

$$S_d = \sum_{j=1}^{m} S_{G_j k} + S_{Q_1 k} + \sum_{i=2}^{n} \psi_{c_i} S_{Q_i k} \tag{3-55}$$

在地震设计状况时，多遇地震作用组合的效应设计值应按下式确定：

$$S_E = \gamma_G S_{GE} + \gamma_{Eh} S_{Ehk} \tag{3-56}$$

式中 S_{Ehk}——多遇地震时水平地震作用标准值的效应；

S_{GE}——考虑地震作用时重力荷载代表值的效应；

γ_{Eh}——水平地震作用分项系数；

γ_G——重力荷载分项系数。

常用的非抗震组合可参照表 3-22 选取，常遇地震组合可参照表 3-23 选取。

非抗震荷载组合 表 3-22

序号	组合名	恒	活	风	EXY	EZ	温度	备注
1	恒＋活（恒载控制）	1.35	0.98					表中系数为组合值系数×分项系数，具体取值如下：
2	恒＋活（活载控制）	1.20	1.40					
3	恒＋风（恒载不利）	1.20		1.40				永久荷载控制时，永久荷载分项系数为 1.35；
4	恒＋风（恒载有利）	0.90		1.40				
5	恒＋温度（恒载不利）	1.20					1.20	可变荷载控制时，永久荷载分项系数为 1.2；永久荷载对结构有利时，分项系数取 0.9；
6	恒＋温度（恒载有利）	0.90					1.20	
7	恒＋活＋风（活荷载为主）	1.20	1.40	0.84				
8	恒＋活＋风（风荷载为主）	1.20	0.98	1.40				活荷载、风荷载的分项系数为 1.4；
9	恒＋活＋温度（活荷载为主）	1.20	1.40				0.72	温度作用的分项系数为 1.2；
10	恒＋活＋温度（温度荷载为主）	1.20	0.98				1.20	活荷载的组合值系数为 0.7；
11	恒＋风＋温度（风荷载为主，恒载不利）	1.20		1.40			0.72	风荷载组合值系数为 0.6；
12	恒＋风＋温度（风荷载为主，恒载有利）	0.90		1.40			0.72	温度作用组合值系数为 0.6。
13	恒＋风＋温度（温度为主，恒载不利）	1.20		0.84			1.20	
14	恒＋风＋温度（温度为主，恒载有利）	0.90		0.84			1.20	
15	恒＋活＋风＋温度（活荷载为主）	1.20	1.40	0.84			0.72	
16	恒＋活＋风＋温度（风荷载为主）	1.20	0.98	1.40			0.72	
17	恒＋活＋风＋温度（温度荷载为主）	1.20	0.98	0.84			1.20	

常遇地震组合 表 3-23

类型	序号	组合名	恒	活	风	EXY	EZ	温度	备注
竖向地震组合	18	等效重力荷载＋竖向地震（恒活不利）	1.20	0.60			1.30		仅考虑竖向地震的荷载组合不考虑抗震承载力调整系数，其他地震组合考虑抗震承载力调整系数。仅考虑竖向地震时，表中竖向地震作用取反应谱计算结果和 10%重力荷载代表值的大值。风荷载、温度荷载的组合值系数取 0.2。
	19	等效重力荷载＋竖向地震（恒活有利）	1.00	0.50			1.30		
	20	等效重力荷载＋风＋竖向地震（恒活不利）	1.20	0.60	0.28		1.30		
	21	等效重力荷载＋风＋竖向地震（恒活有利）	1.00	0.50	0.28		1.30		
	22	等效重力荷载＋竖向地震＋温度（恒活不利）	1.20	0.60			1.30	0.24	
	23	等效重力荷载＋竖向地震＋温度（恒活有利）	1.00	0.50			1.30	0.24	
	24	等效重力荷载＋风＋竖向地震＋温度（恒活不利）	1.20	0.60	0.28		1.30	0.24	
	25	等效重力荷载＋风＋竖向地震＋温度（恒活有利）	1.00	0.50	0.28		1.30	0.24	
水平地震组合	26	等效重力荷载＋水平地震（恒活不利）	1.20	0.60		1.30			
	27	等效重力荷载＋水平地震（恒活有利）	1.00	0.50		1.30			
	28	等效重力荷载＋风＋水平地震（恒活不利）	1.20	0.60	0.28	1.30			
	29	等效重力荷载＋风＋水平地震（恒活有利）	1.00	0.50	0.28	1.30			
	30	等效重力荷载＋水平地震＋温度（恒活不利）	1.20	0.60		1.30		0.24	

类型	序号	组合名	恒	活	风	EXY	EZ	温度	备注
水平地震组合	31	等效重力荷载＋水平地震＋温度（恒活有利）	1.00	0.50		1.30		0.24	
	32	等效重力荷载＋风＋水平地震＋温度（恒活不利）	1.20	0.60	0.28	1.30		0.24	
	33	等效重力荷载＋风＋水平地震＋温度（恒活有利）	1.00	0.50	0.28	1.30		0.24	
水平地震为主竖向地震为辅	34	恒＋活＋水平地震＋竖向地震（恒活不利）	1.20	0.60		1.30	0.50		
	35	恒＋活＋水平地震＋竖向地震（恒活有利）	1.00	0.50		1.30	0.50		
	36	恒＋活＋风＋水平地震＋竖向地震（恒活不利）	1.20	0.60	0.28	1.30	0.50		
	37	恒＋活＋风＋水平地震＋竖向地震（恒活有利）	1.00	0.50	0.28	1.30	0.50		
	38	恒＋活＋水平地震＋竖向地震＋温度（恒活不利）	1.20	0.60		1.30	0.50	0.24	
	39	恒＋活＋水平地震＋竖向地震＋温度（恒活有利）	1.00	0.50		1.30	0.50	0.24	
	40	恒＋活＋风＋水平地震＋竖向地震＋温度（恒活不利）	1.20	0.60	0.28	1.30	0.50	0.24	
	41	恒＋活＋风＋水平地震＋竖向地震＋温度（恒活有利）	1.00	0.50	0.28	1.30	0.50	0.24	
竖向地震为主水平地震为辅	42	恒＋活＋水平地震＋竖向地震（恒活不利）	1.20	0.60		0.50	1.30		
	43	恒＋活＋水平地震＋竖向地震（恒活有利）	1.00	0.50		0.50	1.30		
	44	恒＋活＋风＋水平地震＋竖向地震（恒活不利）	1.20	0.60	0.28	0.50	1.30		
	45	恒＋活＋风＋水平地震＋竖向地震（恒活有利）	1.00	0.50	0.28	0.50	1.30		
	46	恒＋活＋水平地震＋竖向地震＋温度（恒活不利）	1.20	0.60		0.50	1.30	0.24	
	47	恒＋活＋水平地震＋竖向地震＋温度（恒活有利）	1.00	0.50		0.50	1.30	0.24	
	48	恒＋活＋风＋水平地震＋竖向地震＋温度（恒活不利）	1.20	0.60	0.28	0.50	1.30	0.24	
	49	恒＋活＋风＋水平地震＋竖向地震＋温度（恒活有利）	1.00	0.50	0.28	0.50	1.30	0.24	

索结构设计应采用以概率理论为基础的极限状态设计方法，以分项系数设计表达式进行计算。对承载能力极限状态，当预应力作用对结构有利时预应力分项系数 γ_{Gj} 应取 1.0，对结构不利时预应力分项系数 γ_{Gj} 应取 1.2。对正常使用极限状态，预应力分项系数 γ_{Gj} 应取 1.0。

由于干煤棚屋面一般采用压型钢板，属于轻型屋面，在风荷载作用下，过大估计恒荷载可能会导致恒＋风作用下的计算结果过小，导致结构不安全，在无法准确估计恒荷载重量时，建议增加恒荷载分项系数为 1.0 的组合。

3.7　非地震组合分析

大跨空间结构体系单位面积上的整体质量分布都比较轻，所以对于一些轻盈的结构，往往进行非抗震设计就能满足设计要求，但要充分考虑恒、活、风、温度等荷载的组合作用。但往往大跨度空间结构在地震作用不起控制作用的同时，就表明结构的整体质量和刚度都比较小，此时，风荷载往往就会成为控制荷载，所以要特别注意恒风荷载的非抗震组合。此外对于超长结构，温度作用的作用效应也会非常明显，这时考虑温度作用的组合往往会是起到决定性作用的非抗震组合。

对非抗震设计，体系的内力和位移可按弹性阶段进行计算；荷载及荷载效应组合应按现行国家标准《建筑结构荷载规范》GB 50009 进行计算，在杆件截面及节点设计中，应按照荷载的基本组合确定内力设计值；在位移计算中应按照标准效应组合确定其挠度。

3.8　地震作用分析

地震是一种自然灾害，严重威胁着人类生命和财产的安全，如 1999 年 9 月 21 日凌晨发生的台湾集集大地震，死亡两千余人，伤亡上万人；2005 年 10 月发生的南亚 7.6 级地震瞬间夺去了四万余人的生命；同时，随着社会经济的高速发展，地震所造成的经济损失极其严重，我国又是处于地震多发地区，正确的建筑物抗震设计对于保证人民的生命及财产安全具有更为重要的意义。

传统的抗震设计思想是以保证人的生命安全为原则的设计思想，依此思想设计的各种建筑物在地震作用下基本能够保证生命安全。但对于类似干煤棚这样的构筑物，在现有抗震设计思想和应用方法上尚存在很多不足，例如大跨干煤棚等不属于人员密集场所，但其施工难度大，建设费用和震后修复费用相对较高，往往修复费用与重建费用接近甚至超过重建，经济因素不可忽略。

基于性态的抗震设计也称为基于功能的抗震设计，能在结构抗震性能和震后修复费用之间寻找到最佳的平衡点，基于性态的抗震设计时经济因素起到不可忽略的重要作用，因此，这种抗震设计思想更加先进和完善。根据地震作用响应的特点以及结构的力学性能，结合抗震规范，可制定大跨预应力钢结构干煤棚地震破坏等级如表 3-24 所示，可作为此类结构体系抗震性能化设计的参考。

干煤棚结构地震损坏等级划分   表 3-24

损坏等级	干煤棚响应描述	判别界限	震后措施
完好	杆件完好；非承重构件和附属构件有轻微破坏	构件材料屈服之前	一般不需修理干煤棚即可继续使用
轻微损坏	一些杆件材料屈服，但杆件塑性发展不深；非承重构件和附属构件有不同程度破坏	出现全截面屈服杆件之前	不需修理或需稍加修理，干煤棚仍可继续使用
中等损坏	杆件屈服较严重；非承重构件明显破坏	结构力学性质发生明显变化之前	需一般修理，采取加固安全措施后可适当使用
严重损坏	杆件塑性发展严重，结构刚度急剧削弱，不能承担继续增加的荷载强度或余震作用	结构失效之前	应排险大修，局部拆除
倒塌破坏	整体倒塌	结构失效之后	干煤棚需拆除

对于大跨预应力钢结构干煤棚体系的抗震设计，荷载及荷载效应组合应按现行国家标准《建筑抗震设计规范》GB 50011 确定内力设计值。《建筑抗震设计规范》中规定，对于网壳结构，在抗震设防烈度为 6 度或 7 度地区，可不进行竖向抗震验算，但必须进行水平抗震验算；在抗震设防烈度为 8 度或 9 度地区，必须进行网壳结构水平与竖向抗震验算。大跨预应力钢结构干煤棚相对一般网架、网壳结构更具有跨度大、刚度弱等特点，除应符合上述规定外，应从严设计。

3.8.1 抗震设防类别

《建筑工程抗震设防分类标准》GB 50223—2008 将建筑工程分为以下四个抗震设防类别：

（1）特殊设防类（甲类）：指使用上有特殊设施，涉及国家公共安全的重大建筑工程和地震时可能发生严重次生灾害等特别重大灾害后果，需要进行特殊设防的建筑。

（2）重点设防类（乙类）：指地震时使用功能不能中断或需尽快恢复的生命线相关建筑，以及地震时可能导致大量人员伤亡等重大灾害后果，需要提高设防标准的建筑。

（3）标准设防类（丙类）：指大量的除 1、2、4 款以外按标准要求进行设防的建筑。

（4）适度设防类（丁类）：指使用上人员稀少且震损不致产生次生灾害，允许在一定条件下适度降低要求的建筑。

《建筑工程抗震设防分类标准》GB 50223—2008 规定中涉及发电厂构、建筑物的规定如下，其中单机容量为 300MW 及以上或规划容量为 800MW 及以上的火力发电厂和地震时必须维持正常供电的重要电力设施的主厂房、烟囱、碎煤机室、输煤转运站和输煤栈桥、燃油和燃气机组电厂的燃料供应设施等建筑的抗震设防类别划为重点设防类，其中并未包含干煤棚结构，而根据国内多数电厂的实际生产情况，大部分煤场都采用火车倒运，通过卸煤沟输煤转运站和输煤栈桥直接将燃煤输送到主厂房中，因此干煤棚的震后灾害后果与主厂房等相比并不特别突出，所以可以定级为标准设防类。

《火力发电厂土建结构设计技术规定》DL 5022 对于发电厂建（构）筑物抗震设防分类规定如表 3-25 所示，按照其分类标准，干煤棚抗震设防定级也可以取为标准设防类。

	发电厂建（构）筑物抗震设防分类　　　　　　　　　　表 3-25
类别	建（构）筑物名称
重点设防类（简称乙类）	重要电力设施的主厂房、集中控制楼、空冷器支架、烟囱、烟道、网控通信楼、屋内配电装置室、碎煤机室、运煤转运站、运煤栈桥、圆形封闭煤场、热网首站、氢气站；燃油和燃气机组发电厂的燃料供应设施；发电厂的消防站或消防车库
标准设防类（简称丙类）	除乙、丁类以外的其他建（构）筑物
适度设防类（简称丁类）	一般材料库、自行车棚

3.8.2　自振特性分析

大跨预应力钢结构干煤棚体系往往跨度非常大，抗侧刚度较弱，但又很难通过结构构造提高其水平向刚度，因此结构的自振周期都比较长，通常会接近 $1.8\sim2.0\mathrm{s}$，因此分析结构的自振特性是进行抗震分析的基础。

结构的自振属于自身特性，其自由振动动力方程为式（3-57），假设结构振动的位移形式为式（3-58），带入式（3-57）得到式（3-59），确定 X_i 为非零解，可以求得结构的自身频率，进而得到结构的振型向量。

$$\ddot{y}(t) = \omega^2(t) = 0 \tag{3-57}$$

$$y_i = X_i \sin(\omega t + \alpha) \tag{3-58}$$

$$
\begin{aligned}
k_{11}X_1 + k_{12}X_2 + \cdots + k_{1n}X_n &= m_1\omega^2 X_1 \\
k_{21}X_1 + k_{22}X_2 + \cdots + k_{2n}X_n &= m_2\omega^2 X_2 \\
&\cdots \\
k_{n1}X_1 + k_{n2}X_2 + \cdots + k_{nn}X_n &= m_n\omega^2 X_n
\end{aligned}
\tag{3-59}
$$

$$
[k] = \begin{bmatrix} k_{11} & k_{12} & \cdots & k_{1n} \\ k_{21} & k_{22} & \cdots & k_{2n} \\ \cdots & \cdots & \cdots & \cdots \\ k_{n1} & k_{n2} & \cdots & k_{nn} \end{bmatrix} [m] = \begin{bmatrix} m_1 & & & \\ & m_2 & & \\ & & \ddots & \\ & & & m_n \end{bmatrix} \{X\} = \begin{Bmatrix} X_1 \\ X_2 \\ \vdots \\ X_n \end{Bmatrix} \tag{3-60}
$$

$$([k] - \omega^2[m])\{X\} = \{0\} \tag{3-61}$$

解频率方程得方程的 n 个正根 ω_1，ω_2，$\cdots$，ω_n，将 ω_1，ω_2，$\cdots$，ω_n 代入振型方程式（3-61）求得振型向量：

$$\{X\}_1, \{X\}_2, \cdots, \{X\}_n \tag{3-62}$$

3.8.3　反应谱方法

对大跨度拱形预应力钢结构进行多遇地震作用下效应计算时，弹性反应谱理论仍是现阶段抗震设计的最基本理论，并可采用振型分解反应谱法；选取振型个数的多少关系到结构计算精度和计算工作量，按《建筑抗震设计规范》GB 50011 规定，要求参与振型个数一般亦可取振型参与质量达到总质量 90% 所需的振型数。应通过分析确定结构振动的固有振型，包括各振型的周期、振型向量、振型参与系数和振型质量。分析应包括足够数目的振型，使两个正交方向均获得至少 90% 实际质量的组合，如果振型参与质量小于 90%，会导致计算地震作用偏小。对于大跨度拱形预应力钢结构通常振型参与数量要取到 100 阶以上，对于体型复杂或重要的大跨度结构需要取更多振型进行效应组合，而非前几阶，故设计者在采用反应谱法分析时需要特别注意。

采用振型分解反应谱法进行单维地震效应分析时，结构 j 振型、i 质点的水平或竖向地震作用标准值应按下式确定：

$$\left.\begin{array}{l} F_{Exji} = \alpha_j \gamma_j X_{ji} G_i \\ F_{Eyji} = \alpha_j \gamma_j Y_{ji} G_i \\ F_{Ezji} = \alpha_j \gamma_j Z_{ji} G_i \end{array}\right\} \tag{3-63}$$

式中 F_{Exji}、F_{Eyji}、F_{Ezji}——j 振型、i 质点分别沿 X、Y、Z 方向地震作用标准值；

α_j——相应于 j 振型自振周期的水平地震影响系数，按国家标准《建筑抗震设计规范》GB 50011 确定，竖向地震影响系数取 $0.65\alpha_j$；

X_{ji}、Y_{ji}、Z_{ji}——分别为 j 振型、i 质点的 X、Y、Z 方向的相对位移；

G_i——第 i 节点的重力荷载代表值，其中恒载取 100%；活载取 50%；

γ_j——j 振型参与系数。

其中水平地震影响系数按图 3-21 并参照表 3-26、表 3-27 计算得到。

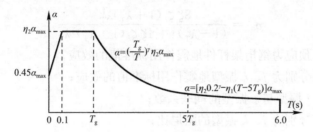

图 3-21   规范规定的反应谱（阻尼比 0.05）

水平地震影响系数最大值   表 3-26

地震影响	6 度	7 度	8 度	9 度
多遇地震	0.04	0.08 (0.12)	0.16 (0.24)	0.32
罕遇地震	0.28	0.50 (0.72)	0.90 (1.20)	1.40

注：括号中数值分别用于设计基本地震加速度为 $0.15g$ 和 $0.30g$ 的地区。

特征周期值（s）   表 3-27

设计地震分组	场地类别				
	I_0	II_1	II	III	IV
第一组	0.20	0.25	0.35	0.45	0.65
第二组	0.25	0.30	0.40	0.55	0.75
第三组	0.30	0.35	0.45	0.65	0.90

当仅取 X 方向水平地震作用时，j 振型参与系数按下式计算：

$$\gamma_j = \frac{\sum_{i=1}^{n} X_{ji} G_i}{\sum_{i=1}^{n} (X_{ji}^2 + Y_{ji}^2 + Z_{ji}^2) G_i} \tag{3-64}$$

当仅取 Y 方向水平地震作用时，j 振型参与系数按下式计算：

$$\gamma_j = \frac{\sum_{i=1}^{n} Y_{ji} G_i}{\sum_{i=1}^{n} (X_{ji}^2 + Y_{ji}^2 + Z_{ji}^2) G_i} \tag{3-65}$$

当仅取 Z 方向竖向地震作用时，j 振型参与系数按下式计算：

$$\gamma_j = \frac{\sum_{i=1}^{n} Z_{ji} G_i}{\sum_{i=1}^{n} (X_{ji}^2 + Y_{ji}^2 + Z_{ji}^2) G_i} \tag{3-66}$$

式中　n——体系节点数。

按振型分解反应谱法进行在多遇地震作用下单维地震作用效应分析时，地震作用效应可按下式确定：

$$S_{Ek} = \sqrt{\sum_{j=1}^{m} S_j^2} \tag{3-67}$$

杆件地震作用效应宜按下式确定：

$$S_{Ek} = \sqrt{\sum_{j=1}^{m} \sum_{k=1}^{m} \rho_{jk} S_j S_k} \tag{3-68}$$

$$\rho_{jk} = \frac{8\zeta_j \zeta_k (1 + \lambda_T) \lambda_T^{1.5}}{(1 - \lambda_T^2)^2 + 4\zeta_j \zeta_k (1 + \lambda_T)^2 \lambda_T} \tag{3-69}$$

式中　　　S_{Ek}——预应力钢桁架杆件地震作用标准值的效应；

S_j、S_k——分别为 j、k 振型地震作用标准值的效应；

ρ_{jk}——j 振型与 k 振型的耦联系数；

ζ_j、ζ_k——分别为 j、k 振型的阻尼比；

λ_T——k 振型与 j 振型的自振周期比；

m——计算中考虑的振型数。

考虑支承体系与上部钢结构体系共同工作，当两者的材料不同时，结构的阻尼比 ζ 可采用下式计算：

$$\zeta = \frac{\sum_{s=1}^{n} \zeta_s W_s}{\sum_{s=1}^{n} W_s} \tag{3-70}$$

式中　ζ——考虑支承体系与大跨度拱形预应力钢桁架体系共同工作时，整体结构阻尼比；

ζ_s——第 s 个单元阻尼比，对钢结构取 0.02；

n——单元数；

W_s——第 s 个单元的位能。

梁元位能为：

$$W_s = \frac{L_s}{6(EI)_s} (M_{as}^2 + M_{bs}^2 - M_{as} M_{bs}) \tag{3-71}$$

杆元位能为：

$$W_s = \frac{N_s^2 L_s}{2(EA)_s} \qquad (3-72)$$

式中　L_s、$(EI)_s$、$(EA)_s$——分别为第 s 杆的计算长度、抗弯刚度和抗拉刚度；

　　　　M_{as}、M_{bs}、N_s——分别取第 s 杆两端静弯矩和静轴力。

　　通常在大跨空间结构体系的设计目标确定过程中，需要对结构的关键杆件和关键节点特别关注，避免因为关键杆件失效而引起的结构破坏，《建筑抗震设计规范》对于大跨度屋盖体系中的关键构件截面抗震验算做了具体规定，需要符合下列要求：

　　（1）对于空间传力体系，关键杆件指临支座杆件，即：临支座 2 个区（网）格内的弦、腹杆；临支座 1/10 跨度范围内的弦、腹杆，两者取较小的范围。对于单向传力体系，关键杆件指与支座直接相临间的弦杆和腹杆的地震组合内力设计值应乘以增大系数；其取值，7、8、9 度宜分别按 1.1、1.15、1.2 采用。

　　（2）关键节点为与关键杆件连接的节点的地震作用效应组合设计值应乘以增大系数；其取值，7、8、9 度宜分别按 1.15、1.2、1.25 采用。

　　（3）预张拉结构中的拉索，在多遇地震作用下应不出现松弛。

3.8.4　时程分析法

　　《建筑抗震设计规范》GB 50011 中对于体型复杂或重要的大跨度结构，要求采用时程分析法进行补充计算，对于大跨度预应钢结构干煤棚也应遵循这一原则，采用时程分析法进行多遇地震下的补充计算。

　　采用时程分析法时，应按建筑场地类别和设计地震分组选用不少于二组的实际强震记录和一组人工模拟的加速度时程曲线，其中实际强震记录的数量不应少于总数的 2/3，多组时程曲线的平均地震影响系数曲线应与振型分解反应谱法所采用的地震影响系数曲线在统计意义上相符，加速度曲线幅值应根据与抗震设防烈度相应的多遇地震的加速度峰值进行调整，所选强震记录加速度时程曲线的卓越周期应尽量与设计特征周期值相接近，并应选择足够长的地震动持续时间。

　　实际强震记录的加速度峰值的调整公式为：

$$a'(t) = \frac{A'_{max}}{A_{max}} a(t) \qquad (3-73)$$

式中　$a'(t)$、A'_{max}——调整后地震加速度曲线及峰值；

　　　　$a(t)$、A_{max}——原记录的地震加速度曲线及峰值。

　　加速度时程的最大值 A'_{max} 可按表 3-28 采用。

时程分析所用的地震加速度时程曲线的最大值（cm/s²）　　　　表 3-28

地震影响	6 度	7 度	8 度	9 度
多遇地震	18	35（55）	70（110）	140
罕遇地震	125	220（310）	400（510）	620

注：括号内的数值分别用于设计基本地震加速度为 0.15g 和 0.30g 的地区。

　　按时程分析法计算大跨预应力钢结构体系地震效应时，其动力平衡方程为

$$[M]\{\ddot{U}\} + [C]\{\dot{U}\} + [K]\{U\} = -[M]\{\ddot{U}_g\} \qquad (3-74)$$

式中　　　　　$[M]$——结构质量矩阵；

　　　　　　　$[C]$——结构阻尼矩阵；

　　　　　　　$[K]$——结构刚度矩阵；

$\{\ddot{U}\}$、$\{\dot{U}\}$、$\{U\}$——体系节点相对加速度、相对速度和相对位移向量；

　　　　　$\{\ddot{U}_g\}$——地面运动加速度向量。

按照这一方法，实际在一些有限元分析软件中是对整体结构模型施加了一个加速度场，结构中各个节点均受到一致的加速度时程；另一种方法是将地震动的加速度时程积分为位移时程，在结构体系的约束位置输入位移时程，这一方法更接近于实际状态。

对于结构体系地震内力的统计结果，应综合考虑时程分析法和振型分解反应谱法的计算结果，当时程分析法取三组加速度时程曲线输入时，计算结果宜取时程法的包络值和振型分解反应谱法的较大值；当时程分析法取七组及七组以上的时程曲线时，计算结果可取时程法的平均值和振型分解反应谱法的较大值。

3.8.5　多点激励法

大跨预应力钢结构的动力性能与高层建筑具有明显不同特点，例如其频谱分布密集，各振型间耦合作用明显，竖向地震作用与水平地震作用处在同一个量级，而且对于超大跨度预应力钢结构体系，还必须考虑地震作用的空间相关性，即多点输入问题，宜进行多维地震作用下的效应分析，可采用多维虚拟激励随机振动分析方法或多维反应谱法进行多点输入地震响应分析，考虑空间变化的地震多点输入比一致输入更符合实际。

地震作用是其服役期内可能承受的主要动力作用之一，是一个复杂的时间-空间过程，由震源激起的地表运动至少受到震级和震中距的影响，经过不同的路径、不同的地形和不同的地质条件，传播至结构场地（或记录台站）时会存在空间上的变化。通常认为以下四种因素均可导致地震动的空间变化：①由于不同记录台站从震源传播来的地震波的叠加方式不同以及地震波在不均匀传播介质中的散射，引起不同位置地震动间相干性的损失，称之为部分相干效应；②地震动传播到达不同地点的时间存在差异，称之为行波效应；③由于在传播介质中的几何扩散和能量耗散导致的地震动波幅衰减，称之为衰减效应；④不同地点场地条件差异导致的地震动幅值和频率的变化，称之为局部场地效应。部分相干效应、行波效应、衰减效应和局部场地效应引起的地震动空间变化表现为不同位置地震动间相干性的损失，这 4 种效应统称为空间相干性，可用相干函数模型来衡量。但需要强调的是，在建筑结构的尺度范围内地震动的衰减很小，而对于非常重要的大跨空间结构在其选址时通常会避开不均匀场地，因此常常忽略局部场地效应和衰减效应的影响，仅考虑行波效应和部分相干效应。

在地震动的空间变化性中除了空间相干性外还有空间相关性。地震动空间相关性是指诸如峰值加速度和谱加速度等不同位置地震动峰值间的相关程度，可以用相关函数模型来衡量。不考虑地震空间变化性的一致输入是对实际地震输入的近似，当结构跨度较小时，这种近似是可以接受的。随着超大跨、超长干煤棚的建造不断增多，结构支座间距离的不断增大，地震空间变化性逐渐显著，不同支座接收到的地震动存在较大差异，采用考虑地震动空间变化性的多点输入成为不可忽略的问题，而且是非常必要的。

经过多年持续研究，地震动空间变化性对结构抗震设计的重要性已被结构工程师所接受，目前已纳入《建筑抗震设计规范》GB 50011—2010，其中规定：平面投影尺度很大的空间结构，应根据结构形式和支承条件，分别按单点一致、多点、多向单点或多向多点输入进行抗震计算，按多点输入计算时，应考虑地震行波效应和局部场地效应。换言之，如果拟建结构位于均匀场地，对于结构设计来说，仅考虑行波效应即可。

对于工程中常用的多点激励分析通常利用行波法处理实际地震记录-地震动场，就是利用地震动传播速度确定各个远近支座间地震动到达时间的差异，地表视波速是地震波"假想"在地表的传播速度，视波速与真速度之间的关系如下：

$$v_{\mathrm{app}} = \frac{v}{\cos(\theta)} \tag{3-75}$$

式中，v 为真速度；θ 为视波速与真速度间的夹角，即地震波到达地面时的入射角。视波速是频率的函数，由于影响因素多，建立精确的模型很困难，在实际计算中通常将视波速视为常数，通常计算中视波速可取值为 1000m/s。

例如一个超长的干煤棚结构，取其中 600m 做为分析对象，其支座布置如图 3-22 所示。

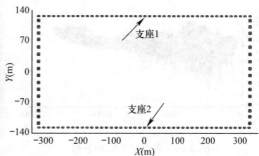

图 3-22 超长大跨度干煤棚及支座位置

地震动沿 X 方向传播，根据支座间在地震动传播方向上的距离和视波速，可以通过平移实际地震动记录来获得每个结构支座处的地震动输入。需要注意的是，两个支座间的时间差不一定恰好为地震动记录采样时间间隔的整数倍，即平移后的位移值（或加速度值）落在时间轴上 2 个相邻采样点之间，此时，采样点处的位移值可依据其左右相邻位移值采用线性内插法计算得到。假设地震记录选用 Northridge-01（1994 年）地震 LA-Univ. Hospital 台站记录（图 3-23）。保持三个方向幅值比例不变，按水平方向最大 PGA 调幅至 0.7m/s²，并二次积分得到位移时程（图 3-24）。

在结构每个支座处直接输入三维地震位移时

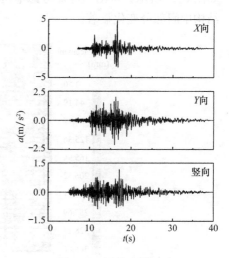

图 3-23 原始地震记录

程，地震动的传播方向与激励方向一致，采用时程分析法分析。提取结构每个节点的最大合位移，按一致输入下结构节点最大位移升序绘图，如图 3-25 所示，可见考虑地震动的空间变化性后，结构的位移响应有一定变化，需要注意的是，该位移响应包括由结构自重引起的静力响应。如仅比较由地震动引起的结构响应，二者差别将会更大。可以预见随着地震动幅值的增加地震动空间变化性对结构的影响将会更大。

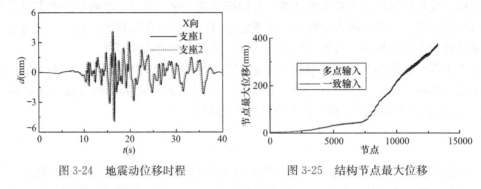

图 3-24　地震动位移时程　　　　　　图 3-25　结构节点最大位移

为考虑每个节点位移受地震动空间变化性的影响，可定义多点输入影响系数如下：

$$C = \frac{D_{\text{multiple}}^{i}}{D_{\text{uniform}}^{i}} \tag{3-76}$$

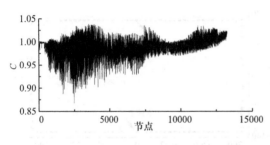

图 3-26　多点输入影响系数

式中，D_{multiple}^{i} 和 D_{uniform}^{i} 分别为多点输入下和一致输入下结构第 i 个节点的最大位移，C 反映了地震空间变化性对结构的影响程度，每个节点的多点输入影响系数见图 3-26。统计可知不考虑地震动空间变化性将会低估结构的位移响应，考虑地震动的空间变化性后，有 28% 的节点位移有所增加。多点输入和一致输入下结构的节点最大位移

如图 3-27 所示，从图中可知考虑地震动空间变化性后结构节点最大位移有一定变化，在结构中间部分变化显著。

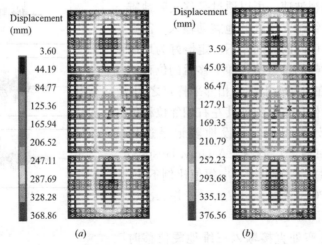

图 3-27　结构节点最大位移云图（mm）

（a）一致输入；（b）多点输入

提取结构每个支座在三个方向上的反力，支座 1 在 X 方向上的反力时程如图 3-28 所示。提取所有支座的最大反力，多点输入下 X、Y 向和竖向的最大支座反力分别为：374.1t、183.1t、1592.0t。一致输入下载 X、Y 向和竖向的最大支座反力分别为：379.4t、183.0t、1612.8t。可知地震动空间变化性对支座的竖向反力也有一定的影响。

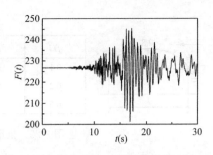

图 3-28　支座 1 反力时程

通过上述举例分析可知，对于超大跨度和宽度的干煤棚结构，多点输入下的地震响应分析对于其抗震设计是非常重要和必要的。

3.9　风荷载作用分析

3.9.1　风荷载作用

据联合国 20 世纪 90 年代的有关统计，人类所遭遇的各种自然灾害中，风灾造成的经济损失超过地震、水灾、火灾等其他灾害的总和。近年来，在我国沿海登陆的台风造成年平均约 260 亿元人民币的经济损失和约 570 人死亡。

目前，我国干煤棚建筑因风灾导致的破坏也屡屡发生，对大跨屋盖风荷载特性研究不足，风荷载设计参数取值不合理是导致事故发生的主要原因之一，而且我国现行《建筑结构荷载规范》不可能囊括所有的建筑形体的风压体型系数，往往会建议进行专项风洞试验研究。而针对具体工程如果缺乏相关试验研究，则可能造成干煤棚在强风作用下主体结构杆件的断裂、支座拔起、屋面板撕裂、甚至连续性倒塌等灾害。

根据《建筑结构荷载规范》GB 50009—2012 的规定，建筑物主体承重结构的风荷载标准值可按下述公式计算：

$$w_k = \beta_z \mu_s \mu_z w_0 \tag{3-77}$$

式中　w_k——风荷载标准值（kN/m²）；

β_z——整体风振系数；

μ_s——屋盖表面各区域的分区体型系数；

μ_z——高度变化系数；

w_0——建筑物所在地区的基本风压。

其中 μ_s 可以参照《建筑结构荷载规范》中规定取值，通常转换到干煤棚结构中则如图 3-29 所示。

本书综合对比分析了我国《火力发电厂土建结构设计技术规程》、《建筑结构荷载规范》、美国土木工程师学会 ASCE7-10 和风洞试验确定的拱形屋盖表面各区域的体型系数，其中屋盖分区如图 3-30 所示，分区体型系数如表 3-29 所示。通过对比发现，目前《火力发电厂土建结构设计技术规程》中规定的风荷载分区体型系数的最大值和最小值均与其他三类方法有一定差异。总体美国规范、中国规范和风洞试验的分区体型系数比较一致，但

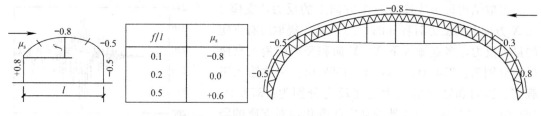

图 3-29　拱形干煤棚风荷载体型系数（荷载规范）

对于风荷载来说，规范给出的 0 度风向下的分区体型系数不一定是最不利的风向角，所以具有条件时，应尽量通过风洞试验来确定干煤棚的分区体型系数，如无风洞试验数据，显然中国规范也能较好地提供设计参考。

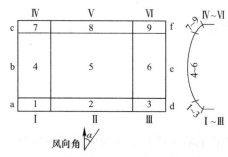

图 3-30　拱形干煤棚风荷载体型系数分区

不同规范及风洞试验 0°风向角风荷载体型系数　　　　　　　　　　表 3-29

规范编号	I	II	III	1	2	3	4	5	6	7	8	9	IV	V	VI
《火力发电厂土建结构设计技术规程》	1.2	1.2	1.2	−0.6	−0.6	−0.6	−0.8	−0.8	−0.8	−0.3	−0.3	−0.3	−0.1	−0.1	−0.1
《建筑结构荷载规范》	0.8	0.8	0.8	−0.6	−0.6	−0.6	−0.8	−0.8	−0.5	−0.5	−0.5	−0.5	−0.5	−0.5	−0.5
风洞试验	0.8	0.8	0.8	−0.4	−0.4	−0.4	−0.8	−0.8	−0.5	−0.5	−0.6	−0.6	−0.6	−0.6	−0.6
美国土木工程师学会 ASCE 7-10	0.8	0.8	0.8	−0.7	−0.7	−0.7	−0.7	−0.7	−0.7	−0.5	−0.5	−0.5	−0.5	−0.5	−0.5

注：当风向角为 0°时，山墙分区 a、b、c、d、e、f 体型系数为 −0.7；当风向角为 90°时，山墙区域 a、b、c 体型系数为 0.8，山墙 d、e、f 分区体型系数为 −0.6。

垂直于建筑物表面的，用于进行围护结构（檩条、屋面板）计算的风荷载可按《建筑结构荷载规范》GB 50009 的规定计算。

$$w_k = \beta_{gz} \mu_{sl} \mu_z w_0 \tag{3-78}$$

式中　μ_{sl}——风荷载分区局部体型系数；

β_{gz}——高度 z 处的阵风系数；

μ_z——风压高度变化系数。

其中对于屋盖结构分区局部体型系数 μ_{sl}，其他房屋和构筑物可按《建筑结构荷载规范》规定的体型系数的 1.25 倍取值，而矩形平面的墙面，屋面可以按照图 3-31 和表 3-30～表 3-31 取值。

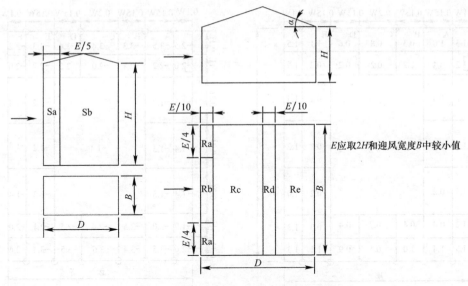

图 3-31 双坡屋面风荷载局部体型系数分区

建议墙面风压局部体型系数（荷载规范）		表 3-30	
迎风面			1.0
侧面	Sa		−1.4
	Sb		−1.0
背风面			−0.6

墙面风压局部体型系数（风洞试验）					表 3-31
α		≤5°	15°	30°	≥45°
Ra	H/D≤0.5	−1.8 +0	−1.4 +0.2	−1.5 +0.7	−0 +0.7
	H/D≥1.0	−2.5 +0	−2.0 +0.2		
Rb		−1.8 +0	−1.5 +0.2	−1.5 +0.7	−0 +0.7
Rc		−1.2 +0	−0.6 +0.2	−0.3 +0.4	−0 +0.6
Rd		−0.6 +0.2	−1.5 +0	−0.5 +0	−0.3 +0
Re		−0.6 +0	−0.4 +0	−0.4 +0	−0.2 +0

　　但是对于拱形干煤棚结构，其墙面、屋面的风压分区局部体型系数并没有与规范相对应可查询的直接数据，因此书中提供了某拱形干煤棚根据风洞试验数据得出的屋面、墙面分区局部体型系数，见图 3-32，可以作为一种与规范对比分析的数据。对于具体工程由于地貌、周边建筑以及结构自身形体、开洞等问题，可能会有差别，图中数据非对称就是因为周边建筑干扰所致，因此对于重要的干煤棚还是建议采用专项的风洞试验数据作为设计依据。

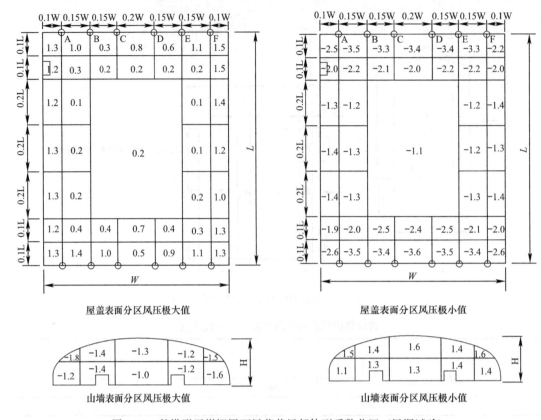

图 3-32　某拱形干煤棚屋面风荷载局部体型系数分区（风洞试验）

3.9.2　风洞试验方法

由于风荷载的破坏性最近几年越来越凸显出来，设计人员也越来越重视风荷载对建筑物的影响。而对于体型复杂空间结构的风荷载取值，无论是发达国家还是我国规范均尚无统一规定，《建筑结构荷载规范》中明确指出对于重要且体型复杂的房屋和构筑物，风荷载取值应由风洞试验确定。

风洞试验的对象是受风敏感建筑，或者是风力系数确定困难的，局部出现很大风压的特殊形状建筑物。风荷载作用在建筑物上而产生的种种现象，只能借助于试验的手段来进行预测。多数的基础规范中用于计算风荷载的风力系数原则上都是通过风洞试验来获得的。风洞试验可以准确地模拟复杂结构表面的风压分布，对结构设计提出合理的建议取值，使得结构设计更为经济、合理和安全。

大跨度干煤棚根据跨度、工艺包络线、临近建筑群、厂区地貌等条件决定其形状可能在《建筑结构荷载规范》中并无具体形式可以直接参照，因此进行风洞试验确定合理的风压分布是超大跨度干煤棚设计前期不可缺少的基础性工作之一，不采用风洞试验而凭借经验或者取极值的方法，即使在增加建造成本的基础上仍无法保证结构的安全性。

本书在编制过程中收集了大量的干煤棚风洞试验数据，并讨论了各种开敞、封闭形式以及堆煤方式对于干煤棚屋盖表面风荷载特性的影响。其中部分风洞试验模型如图 3-33～图 3-34 所示。

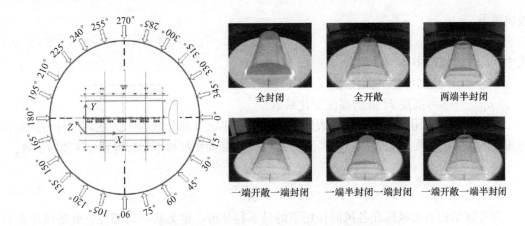

图 3-33 不同开敞方式干煤棚风洞试验模型

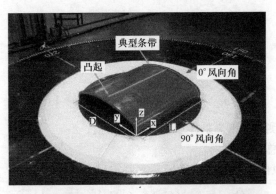

图 3-34 不同堆煤方式干煤棚风洞试验模型

风洞试验的原理和数据处理方式是利用刚性模型测压试验获得的风压数据，通常选取结构最高点为参考高度，得到建筑表面每个测压点 i 的平均风压系数，根据下式进行分析：

$$C_{pi} = \frac{P_{ai} - P_{\infty}}{P_0 - P_{\infty}} = \frac{P_{ai} - P_{\infty}}{\frac{1}{2}\rho V_H^2} \qquad (3-79)$$

式中　C_{pi}——测点 i 的风压系数；

　　　P_{ai}——测点 i 的压力平均值，根据风洞试验测量结果获得；

　　　P_0——参考高度处总压平均值；

　　　P_{∞}——参考高度处静压平均值；

$\frac{1}{2}\rho V_H^2$——参考高度处的来流风压平均值。

由上式获得的风压系数可利用下式转换成规范的体型系数，正号代表风压力，负号代表风吸力。

$$\mu_s = \mu_H C_P / \mu_z \qquad (3-80)$$

式中 μ_s——规范中体型系数；

$\quad\quad \mu_z$——规范中高度变化系数；

$\quad\quad \mu_H$——参考高度 H 处的高度变化系数。

为便于设计应用，根据体型系数分布规律将各建筑表面分成若干区域，将每个区域内的测点体型分布系数 μ_{si} 与该测点所属面积 A_i 的乘积经面积加权平均后得到分区体型系数：

$$\mu_s = \frac{\sum\limits_i \mu_{si} A_i}{A} \qquad (3-81)$$

为考察结构表面风压在各风向作用下的最不利分布，定义某一局部位置处的风压系数极值为极值风压系数，符号规定为风吸力为负值，风压力为正值。首先定义第 i 测点的风压系数均方根值 $\sigma_{C_{pi}}$：

$$\sigma_{C_{pi}} = \frac{\sigma_{Pi}}{P_0 - P_\infty} = \frac{\sigma_{Pi}}{\frac{1}{2}\rho V_H^2} \qquad (3-82)$$

$$\sigma_{Pi} = \sqrt{\sum_{j=1}^N (P_{ij} - \overline{P}_i)^2 / (N-1)} \qquad (3-83)$$

式中 P_{ij}——模型上测点 i 第 j 采样点的脉动压力值；

$\quad\quad N$——采样点总数。

则测点 i 在某一风向 θ 下的极值风压系数可定义为：

$$\hat{C}_{P\theta i} = \text{sign}(C_{pi}) \times (|C_{pi}| + |g\sigma_{C_{pi}}|) \qquad (3-84)$$

g 为结构响应的峰值因子，理论上可由平稳随机过程的极值穿越理论确定，一般取 3~5 之间。

测点 i 在各风向下的最大极值风压系数为：

$$\hat{C}_{Pimax} = \max(\hat{C}_{Pi}(\theta_1), \hat{C}_{Pi}(\theta_2), \cdots, \hat{C}_{Pi}(\theta_{24})) \qquad (3-85)$$

测点 i 在各风向下的最小极值风压系数为：

$$\hat{C}_{Pimin} = \min(\hat{C}_{Pi}(\theta_1), \hat{C}_{Pi}(\theta_2), \cdots, \hat{C}_{Pi}(\theta_{24})) \qquad (3-86)$$

式中 θ_i——第 i 个风向角。

将基于上述统计方法得到的风压极值，确定最不利的分区风压极值。

1. 当计算主要承重结构时

$$w_k = \beta_z \mu_s \mu_z w_0 \qquad (3-87)$$

式中 w_k——风荷载标准值（kN/m^2）；

$\quad\quad \beta_z$——风振系数，定义可参见《建筑结构荷载规范》，由于针对大跨度屋盖规范中未提供具体取值建议，该系数建议通过风振响应分析确定；

$\quad\quad \mu_s$——分区体型系数，由式（3-81）获得。

2. 当计算围护结构时

基于统计方法得到的用于围护结构计算的最不利正压和负压，计算方法如下：

$$w_k = \hat{C}_{Pi} w_{0H} \qquad (3-88)$$

式中 $\hat{C}_{Pi}$——极值风压系数，按式（3-85）及式（3-86）来确定。

w_{0H}——不同类地貌下参考高度处的风压（kN/m²），$w_{0H}=1.284[(H/10)^{0.12}]^2 \times w_0$。

图 3-35～图 3-36 给出了一个跨度为 229m、长 250m，拱高 50m 的拱形干煤棚屋面的风洞试验结果，给出了四个不利风向下屋盖表面的分区体型系数，可供类似设计者参考。但需要强调的是，不同干煤棚项目，周边建筑群不尽相同，所以这里只是给设计者提

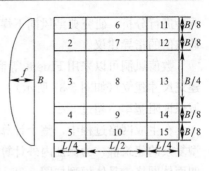

图 3-35 屋盖表面分区示意图

供一个拱形干煤棚屋面表面分区体型系数的大体分布规律和数值，对其风荷载特性及规律有一个初步的了解，具体工程的取值还是应以规范和试验数据为准。

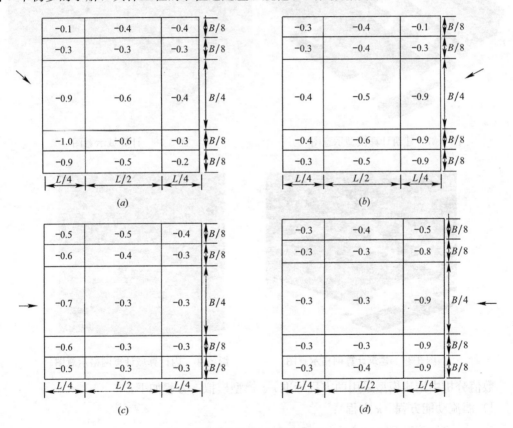

图 3-36 分区体型系数

（a）45°风向角分区体型系数；（b）150°风向角分区体型系数；

（c）0°风向角分区体型系数；（d）180°风向角分区体型系数

3.9.3 CFD 数值模拟

当不具备进行风洞试验的条件时，对于没有经验和规范可以参考的干煤棚结构的风荷载特性，可以基于计算流体动力学（Computational Fluid Dynamic，CFD）方法（数值风

洞）进行分析，研究典型风向下煤棚表面、内部、周边的流场情况，给出结构风压体型系数取值的指导建议。

数值风洞可以采用 Fluent 等商用流体力学分析软件进行模拟，计算模型通常按实际建筑尺寸建立（如图 3-37 所示），包括一个三心圆煤棚主体建筑物以及周围建筑等，计算域保证阻塞率不超过 3%。

在生成网格过程中，整个计算模型内部的计算域采用非结构化四面体网格，以适应体型复杂的建筑群，为保证内外计算域交界圆柱面的光滑过渡，外计算域同样采用非结构化四面体网格，具体模型如图 3-38～图 3-40 所示。

图 3-37　建筑计算模型示意图

图 3-38　计算域示意图

图 3-39　建筑计算网格示意图

图 3-40　内计算域计算网格示意图

数值分析中湍流模型采用两方程标准 $\kappa\text{-}\varepsilon$ 模型模拟，方程如下：

1）湍流动能方程（κ 方程）：

$$\frac{\partial(\rho\kappa)}{\partial t}+\frac{\partial(\rho\kappa\mu_1)}{\partial x_1}=\frac{\partial}{\partial x_j}\Big[\Big(\mu+\frac{\mu_t}{\sigma_\kappa}\Big)\frac{\partial\kappa}{\partial x_j}\Big]+G_\kappa+G_b-\rho\varepsilon-Y_M+S_\kappa \tag{3-89}$$

2）耗散方程（ε 方程）

$$\frac{\partial(\rho\varepsilon)}{\partial t}+\frac{\partial(\rho\varepsilon\mu_1)}{\partial x_1}=\frac{\partial}{\partial x_j}\Big[\Big(\mu+\frac{\mu_t}{\sigma_\varepsilon}\Big)\frac{\partial\varepsilon}{\partial x_j}\Big]+C_{1\varepsilon}\frac{\varepsilon}{\kappa}(G_\kappa+C_{3\varepsilon}G_b)-C_{2\varepsilon}\rho\frac{\varepsilon^2}{\kappa}+S_\varepsilon \tag{3-90}$$

式中　$C_{1\varepsilon}$、$C_{2\varepsilon}$、$C_{3\varepsilon}$——经验常数，$C_{1\varepsilon}=1.44$；$C_{2\varepsilon}=1.92$；$C_{3\varepsilon}=0.09$；

　　　　σ_κ、σ_ε——湍动能 κ 和耗散率 ε 对应的 Prandtl 数，$\sigma_\kappa=1.0$；$\sigma_\varepsilon=1.3$；

　　　　S_κ、S_ε——用户定义源项。可根据不同情况而定；

μ_t——湍流涡黏系数，$\mu_t = \rho C_\mu \kappa^2 / \varepsilon$；

G_b——由于浮力而引起的湍动能 κ 的产生项；

Y_M——可压湍流中脉动扩张项；

G_κ——由于速度梯度引起的应力源项，$G_\kappa = -\rho \overline{u_i' u_j'} u_j / \partial x_i$。

在满足计算精度的条件下，两方程标准 $\kappa\varepsilon$ 模型具有较好的收敛速度，并且能够模拟出建筑周围及内部风流场，表征漩涡间的相互影响。

为验证 CFD 数值模拟结果的正确性，以某 229m 跨干煤棚为例（图 3-41），取 0°、45°、150°和 180°四个最不利风向角，对比了风洞试验与 CFD 数值模拟结果。

图 3-41　三心圆煤棚示意图

为便于对比分析，选取建筑屋面平均风压系数 C_p 与升力系数 C_l 两个关键参数随风向角变化的规律进行研究。

下面给出以 45°风向角为代表的风洞试验与数值模拟的屋面平均风压分布图，并进行对比分析（图 3-42）。

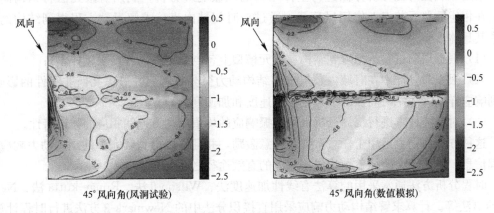

图 3-42　建筑表面平均风压分布对比

可见干煤棚结构在 45°风向角下来流风处有风吸力极大值区，平均风压系数可达到 2.2，屋面的平均风压系数大多在 0.2～0.4 之间变化，屋盖整体受风吸力作用。在屋顶设置的天窗阻碍了风的流动，故在天窗处附近有平均风压值的局部增大，符合实际情况。

选取距地面 20m 高截面，煤棚横截面两个剖面为基准面，在基准面上绘制煤棚及周边建筑的流场图来表现风经过厂房地区时的流动特点，选取最具代表性的 0°风向角下煤棚及周边建筑流场示意图来分析风的流动特点，如图 3-43 所示。

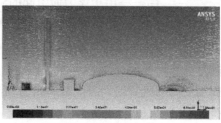

0°风向角下 H=20m 处流场　　　　　　　0°风向角下煤棚横截面流场

图 3-43　数值模拟 0°风向角下煤棚及周边建筑流场示意图

由流场示意图可见，干煤棚周围各建筑物间存在明显的气流干扰作用，通常在下风向的建筑受到上风向建筑的遮挡作用，风力减小。在迎风面和背风面均形成较大的漩涡，相邻较近的建筑之间风速会相应增大。此外，在建筑拐角处往往存在较明显的气流分离作用，导致建筑拐角区的风吸力增大，这是值得设计者关注的，也是围护结构设计需要重点考虑的。

3.9.4　风振响应分析

《建筑结构荷载规范》规定对于风敏感的或跨度大于 36m 的屋盖结构，应考虑风压脉动对结构产生风振的影响。屋盖结构的风振响应，宜依据风洞试验结果按随机振动理论计算确定。

1. 分析方法

采用非线性时程分析方法进行主体结构的风振响应分析，利用有限元法将结构离散化，在相应的单元节点上作用风荷载，通过在时间域内直接求解运动方程得到结构的响应，其具体步骤为：

（1）根据风洞试验结果得到结构有限元模型上各点的风压时程（激励样本）；

（2）根据激励样本在时域内数值求解结构动力微分方程，并考虑几何非线性的影响，得到响应样本（每一时间步的节点位移、速度和加速度值）；

（3）对响应样本进行统计分析求得风振响应的均值、均方差和相应的频谱特性。

这种方法原则上适用于任意系统和任意激励，并且可以得到较完整的结构动力响应全过程信息，是分析大跨屋盖结构风振响应的有效途径之一。

时程分析方法通常采用的算法有线性加速度法、Wilson-θ 法、Runge-kutta 法、Newmark-β 法等。计算求解结构动力响应采用直接积分法中的 Newmark-β 方法进行时程计算。根据动力学方程，引进某些假设，建立由 t 时刻到 $t+\Delta t$ 时刻的结构状态向量的递推关系，从 $t=0$ 出发，逐步求出各时刻的状态向量。

在 $t+\Delta t$ 时刻有三组未知量 $\{q_{t+\Delta t}\}$、$\{\dot{q}_{t+\Delta t}\}$ 和 $\{\ddot{q}_{t+\Delta t}\}$，满足结构运动方程，即

$$[M]\{\ddot{q}_{t+\Delta t}\} + [C]\{\dot{q}_{t+\Delta t}\} + [K]\{q_{t+\Delta t}\} = \{F_{t+\Delta t}\} \tag{3-91}$$

设在 $(t, t+\Delta t)$ 时段的速度和位移可表示为

$$\{\dot{q}_{t+\Delta t}\} = \{\dot{q}_t\} + [(1-\gamma)\{\ddot{q}_t\} + \gamma\{\ddot{q}_{t+\Delta t}\}]\Delta t \tag{3-92}$$

$$\{q_{t+\Delta t}\} = \{q_t\} + \{\dot{q}_t\}\Delta t + \left(\left(\frac{1}{2} - \beta\right)\{\ddot{q}_t\} + \beta\{\ddot{q}_{t+\Delta t}\}\right)\Delta t^2 \tag{3-93}$$

式中，γ 和 β 是按积分的精度和稳定性要求可以调整的参数。由式（3-92）、式（3-93）可得到用 $\{q_{t+\Delta t}\}$、$\{\ddot{q}_t\}$、$\{\dot{q}_t\}$ 和 $\{q_t\}$ 表示的 $\{\ddot{q}_{t+\Delta t}\}$ 和 $\{\dot{q}_{t+\Delta t}\}$：

$$\{\ddot{q}_{t+\Delta t}\} = \frac{1}{\beta\Delta t^2}(\{q_{t+\Delta t}\} - \{q_t\}) - \frac{1}{\beta\Delta t}\{\dot{q}_t\} - \left(\frac{1}{2\beta} - 1\right)\{\ddot{q}_t\} \tag{3-94}$$

$$\{\dot{q}_{t+\Delta t}\} = \frac{\gamma}{\beta\Delta t}(\{q_{t+\Delta t}\} - \{q_t\}) + \left(1 - \frac{\gamma}{\beta}\right)\{\dot{q}_t\} + \left(1 - \frac{\gamma}{2\beta}\right)\Delta t\{\ddot{q}_t\} \tag{3-95}$$

将式（3-94）、式（3-95）代入 $t+\Delta t$ 时刻的结构运动方程（3-91），得

$$[K^*]\{q_{t+\Delta t}\} = \{Q^*_{t+\Delta t}\} \tag{3-96}$$

式中

$$[K^*] = [K] + \frac{1}{\beta\Delta t^2}[M] + \frac{\gamma}{\beta\Delta t}[C] \tag{3-97}$$

$$\{Q^*_{t+\Delta t}\} = \{Q_{t+\Delta t}\} + [M]\left[\frac{1}{\beta\Delta t^2}\{q_t\} + \frac{1}{\beta\Delta t}\{\dot{q}_t\} + \left(\frac{1}{2\beta} - 1\right)\{\ddot{q}_t\}\right] +$$
$$[C]\left[\frac{\gamma}{\beta\Delta t}\{q_t\} + \left(\frac{\gamma}{\beta} - 1\right)\{\dot{q}_t\} + \left(\frac{\gamma}{2\beta} - 1\right)\Delta t\{\ddot{q}_t\}\right] \tag{3-98}$$

由公式（3-98）的递推式可由 $\{q_t\}$ 求得 $\{q_{t+\Delta t}\}$。

对于结构的顺风向响应，要确定如下两个关键参数：

（1）风荷载的确定

计算结构表面的脉动风荷载时程取自风洞试验，再根据相似比之间的关系确定作用在实际结构上的加载步长及脉动风荷载时程。

风洞试验的相似比关系为：

$$(fL/V)_m = (fL/V)_p \tag{3-99}$$

式中，f 为频率；L 为几何尺寸；V 为风速；下标 m 表示模型；p 表示原型。

根据风洞试验的测点，采用空间插值加密确定作用在结构上的风荷载作用位置及脉动风压系数时程。然后利用脉动风压系数乘以参考高度处的风压值得到实际结构的脉动风压时程。有限元模型加载示意见图 3-44。

（2）阻尼的确定

风振分析采用的是瑞利结构阻尼，其式如下：

$$C = \alpha M + \beta K \tag{3-100}$$

式中，C 为体系的总阻尼矩阵；M 为结构的质量矩阵；K 为结构的刚度矩阵；α 和 β 为瑞利阻尼中的常量。

α 和 β 不能从实际结构中直接得到，

图 3-44 有限元模型加载示意图

但可以从结构的阻尼比计算得到。ξ_i 为相对于结构第 i 阶振型的阻尼比，如果 ω_i 为结构第 i 阶振型的圆频率，ξ_i 和 α 及 β 的关系可表示为：

$$\xi_i = \frac{\alpha}{2\omega_i} + \frac{\beta\omega_i}{2} \tag{3-101}$$

通常认为在一定结构自振频率范围内结构阻尼比 ξ 取定值，因而给定结构阻尼比和一个频率范围内的两频率就可由以下两个方程求出 α 和 β，其表达式如下：

$$\text{刚度阻尼系数}:\beta = \frac{2\xi}{\omega_1 + \omega_2} \tag{3-102}$$

$$\text{质量阻尼系数}:\alpha = \omega_1\omega_2\beta \tag{3-103}$$

对于钢结构的结构阻尼比一般取 0.02，混凝土结构一般取 0.05。

2. 风振系数

根据规范定义，在工程应用中将风荷载的动力效应以风振系数 β 的形式等效为静力荷载，即风振系数为：

$$\beta = \frac{P_e}{\bar{P}} = \frac{\bar{P} + P_d}{\bar{P}} = 1 + \frac{P_d}{\bar{P}} \tag{3-104}$$

式中，β 为风振系数；P_e 为等效静风荷载；$\bar{P}$ 为静力风荷载；P_d 为动力风荷载。

目前规范中规定的荷载风振系数只是针对高层建筑等以一阶振型为主要振动的结构，采用了一阶模态位移响应来计算动力风荷载。对于空间结构采用规范所规定的这一定义计算荷载风振系数会遇到很多问题。首先，由于复杂空间结构有多振型参与结构振动，参振模态的选取是个难以解决的问题；其次由于风振系数最初是针对像高耸结构那种以第一振型为主的悬臂结构提出的，且其结构极值响应（顶端位移和基底剪力）明确；而对于大型复杂空间结构，结构的不同部位、不同构件之间的等效目标不同，因而较难确定荷载风振系数。为此应采用直接基于结构响应的风振系数，即采用位移风振系数、内力风振系数和支反力风振系数，其表达式如下：

$$\beta = \frac{D_y}{\bar{D}_y} \tag{3-105}$$

式中，$\bar{D}_y$ 表示静风荷载作用下的结构响应，包括结构的位移响应、内力响应和支反力响应；D_y 表示结构总的极值风振响应，其包括静风响应和动力响应，如下式所示：

$$D_y = \bar{D}_y \pm g \cdot \text{sign}(\bar{D}_y)\sigma_y \tag{3-106}$$

其中，sign 为符号函数；σ_y 为脉动风响应均方差；g 为峰值因子，其大小与 1h 平均时间内穿越荷载效应平均值的次数有关，当平均荷载效应的概率分布为正态分布时，g 按《建筑结构荷载规范》取为 2.5。

3. 整体风振系数

对于一个整体结构来说，采用位移响应、内力响应和支反力响应来进行风荷载分析，工作量会增大很多，往往设计者希望能有个包络的整体风振系数来简化计算，为此提出了整体风振系数的概念，也就是采用最大动力响应为控制指标的整体风振系数，其具体方法为：

$$\beta_s^* = \frac{\{\beta_{si} \times S_{wi}\}}{\{S_{wi}\}_{\max}} \tag{3-107}$$

式中，$\{S_{wi}\}_{\max}$ 和 $\{\beta_{si} \times S_{wi}\}$ 分别为静风荷载作用下的响应最大值和总风荷载作用下响应最大值，包括位移响应、内力响应和支反力响应。从统计的角度看，式（3-107）既包含了结构的最大动响应信息，又避免了对风振系数选取的过分保守，因而是比较合理的。

上节干煤棚典型算例的各风向角下屋盖结构各节点竖向位移响应极值分布如图 3-45 所示，可以看出，在各风向角下，屋盖竖向位移响应分布形式基本相同，以竖直向上的位移为主；跨中部分位移较大。在 0°和 180°风向，屋盖迎风端各跨响应较大，是由于迎风端风吸力平均值及脉动值较大；在斜向风作用下，45°风向，迎风部位为风压力，结构向内部变形，屋盖跨中受风吸力影响，位移较大。屋盖竖向最大极值位移为 443mm，出现在 180°风向迎风端跨中。

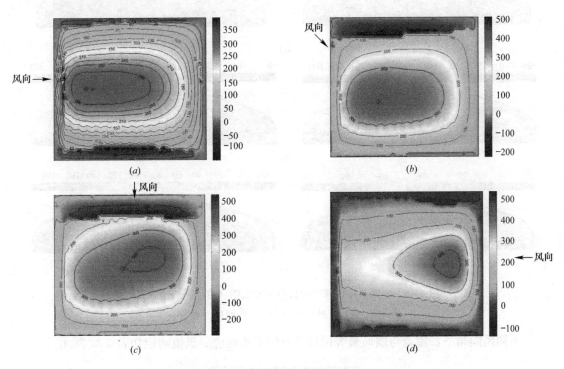

图 3-45 屋面节点竖向位移响应极值分布云图（单位：mm）
(a) 0°风向角；(b) 45°风向角；(c) 90°风向角；(d) 180°风向角

各风向角下墙面结构各节点位移响应极值分布如图 3-46 所示，可以看出，在各风向角下，墙面位移响应分布形式基本相同，水平向的位移为主；屋顶处位移最大。墙面最大极值位移为 318mm，出现在 180°风向迎风面顶部。

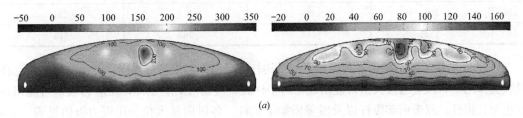

图 3-46 墙面节点位移响应极值分布云图（单位：mm）（一）
(a) 0°风向角

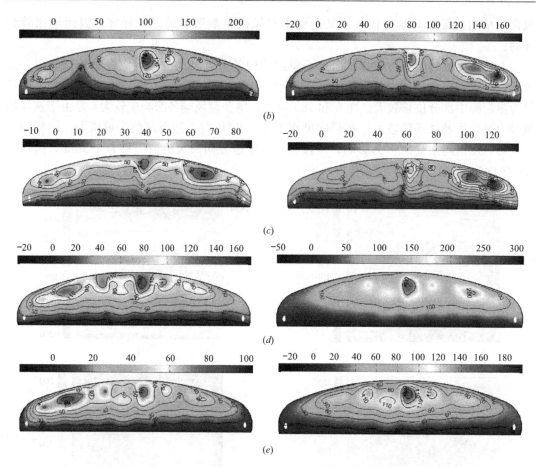

图 3-46 墙面节点位移响应极值分布云图（单位：mm）（二）
(*b*) 45°风向角；(*c*) 90°风向角；(*d*) 150°风向角；(*e*) 180°风向角

不同风向角下，屋盖与墙面最大位移节点的平均响应、极值响应如表 3-32 所示。

所有风向工况位移响应统计量　　　　　　　　　　　表 3-32

风向	屋面最大竖向位移响应		墙面最大位移响应	
	平均响应（mm）	极值响应（mm）	平均响应（mm）	极值响应（mm）
0	143	325	123	296
45	239	414	93	187
90	141	423	45	119
150	209	359	119	254
180	215	443	165	318

图 3-47 给出了各结构最不利风向下的结构杆件轴向应力极值分布图，计算结果表明，在风吸力作用下，拉应力极大值可能出现在跨中柱底、屋盖桁架上弦杆；压应力极值可能出现在桁架柱腹杆、屋盖桁架腹杆以及屋盖桁架下弦杆。各风向最大拉、压应力极值见表 3-33，可见，在风荷载作用下应力极值接近杆件设计强度，是平均响应的 2 倍左右，可见其风荷载作用的脉动影响还是非常显著的。

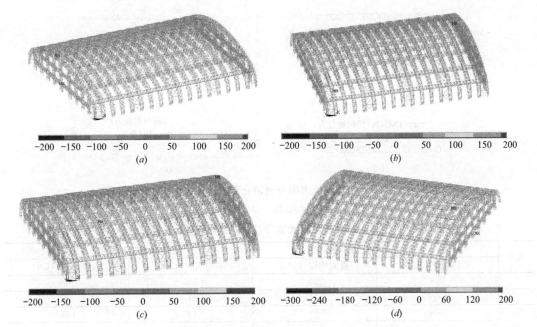

图 3-47 主体结构轴向应力响应极值分布云图（单位：MPa）

(*a*) 0°风向角；(*b*) 45°风向角；(*c*) 90°风向角；(*d*) 150°风向角

所有风向工况最大轴向应力响应统计量 表 3-33

风向	最不利拉应力		最不利压应力	
	平均响应（MPa）	极值响应（MPa）	平均响应（MPa）	极值响应（MPa）
0	100	221	−118	−227
45	130	228	−170	−213
90	136	225	−108	−226
150	139	230	−195	−267
180	132	233	−183	−324

　　在风荷载吸力的作用下，支座反力主要以竖向的拉力和跨向的侧拉力为主。图 3-48 给出了支座反力（合力）极值分布图，由图可知，支座反力最不利位置在结构墙面柱底，表现为拉力，沿墙轴线分布较均匀。拱桁架两端侧拉力值较小，在 0°、180°风向下迎风端较大，在斜风向 45°、150°风向下中间跨较大，两端较小。表 3-34 给出了各风向最大支反力响应平均值和极值。

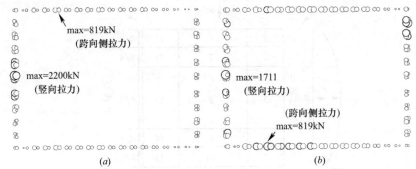

图 3-48 主体结构支座反力响应极值分布示意图（单位：kN）（一）

(*a*) 0°风向角；(*b*) 45°风向角

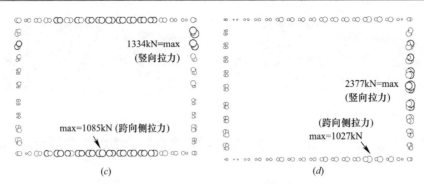

图 3-48 主体结构支座反力响应极值分布示意图（单位：kN）（二）

（c）90°风向角；（d）180°风向角

所有工况最大支座反力响应统计量 表 3-34

风向	墙柱底拉力		拱桁架侧拉力	
	平均响应（kN）	极值响应（kN）	平均响应（kN）	极值响应（kN）
0	998	2200	506	819
45	1026	1711	697	949
90	568	1334	497	1085
150	1259	2187	637	921
180	1424	2377	645	1027

根据风振响应时程分析结果和统计方法确定结构在各风向角下的极值响应及对应的风振系数如表 3-35 所示，其中综合各响应分析结果，考虑响应极值的绝对值大小，结合位移、内力和支反力的最不利情况，给出结构的综合风振系数。

所有风向工况下主体结构风振系数 表 3-35

风向	位移风振系数		内力风振系数	支反力风振系数	综合风振系数
	屋面	墙面			
0	2.39	2.12	2.45	2.10	2.4
45	1.78	2.16	1.70	1.97	2.0
90	3.00	2.82	2.54	2.36	3.0
150	2.08	2.02	2.06	1.88	2.0
180	2.12	2.00	1.79	1.87	2.0

此外，还给出根据节点位移等效的分区风振系数，供设计者参考，分区形式见图 3-49，分区风振系数结果见表 3-36。

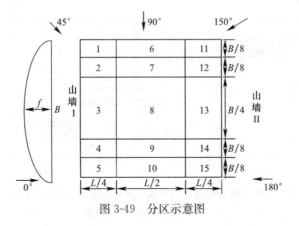

图 3-49 分区示意图

各风向主体结构分区风振系数 表 3-36

分区号	0°	45°	90°	150°	180°
1	2.50	1.77	3.00	2.50	2.50
2	2.18	1.95	3.00	2.50	2.35
3	2.15	1.43	3.00	2.11	2.50
4	2.09	1.50	3.00	1.97	1.66
5	2.50	1.51	3.00	2.50	2.50
6	2.50	2.34	3.00	2.50	2.50
7	2.50	2.37	3.00	2.50	2.31
8	2.43	1.47	3.00	1.78	2.06
9	2.50	1.68	3.00	1.86	1.84
10	2.50	2.18	3.00	2.22	2.50
11	2.50	2.50	2.60	1.71	2.18
12	1.79	1.46	3.00	2.34	1.91
13	2.50	1.63	3.00	1.70	1.79
14	2.09	1.93	2.82	1.73	1.60
15	2.50	2.50	3.00	2.04	2.36
山墙 I	2.40	2.50	3.00	1.91	2.08
山墙 II	1.84	1.57	2.65	2.14	1.92

3.9.5 等效静风荷载

由于结构在脉动风作用下的动力响应求解涉及随机振动理论，不易被工程设计人员掌握，因此人们自然想到，能否通过某种等效方式将复杂的动力分析问题转化为易于被设计人员理解和接受的静力分析问题。等效静风荷载（Equivalent static wind loading，ESWL）就是在这一背景下提出的。其基本思想是，将脉动风的动力效应用与其等效的静力形式表达出来。这里的"等效"是指针对某一结构设计关心的响应指标（如最大位移），使结构在某种假定的荷载模式作用下的静力响应与实际风荷载产生的最大动响应相等。

对于等效静风荷载，可从以下三方面理解：

（1）等效静风荷载并非是真实存在的荷载，而是出于设计需要假设的一种荷载形式。理论上，该荷载形式可以是任意的，但为了方便设计者应用且尽量接近实际风荷载的分布，通常假定其符合平均风荷载分布，或与结构的振型惯性力相等同，由此就形成了不同的等效静风荷载确定方法。

（2）等效静风荷载只能实现设计者所关心的一些响应指标等效，并不能保证结构的所有静响应均与最大动响应相等。这句话有两层引申含义：一是对于同一结构，不同响应指标对应的等效静风荷载可能是不一样的；二是等效静风荷载的形式与实际风荷载分布越接近，则结构整体响应越接近实际情况。

（3）等效静风荷载与前面介绍的风振响应分析方法之间是相互关联的，即其实质是对风振响应分析结果的一种等效化处理。目前，只有对一些形体简单的结构，可直接通过理论推导确定其等效静风荷载；而对于大多数形体复杂的工程结构，仍需要先进行风洞试验和风振响应分析，再通过某种方法来获得等效荷载，只不过这部分工作是由风工程技术人员来完成，设计者直接使用等效静风荷载来分析就可以了。

等效静风荷载是联系风工程师和结构工程师的纽带，是结构抗风设计理论的核心问题之一，其与理论研究和工程应用间的逻辑关系如图 3-50 所示。在这方面，国内外学者进行了大量研究，提出了多种方法。以下介绍两种较为常用的等效静风荷载确定方法。

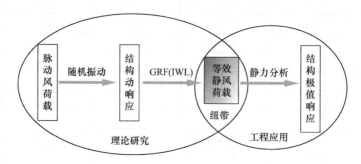

图 3-50　等效静风荷载应用概念

（1）阵风荷载因子法

阵风荷载因子法（Gust Loading Factor，GLF）是 20 世纪 60 年代 A. G. Davenport 率先针对高层结构提出的一种等效静风荷载分析方法。该方法是用结构最大位移（通常位于顶点）与平均响应的比值（阵风荷载因子）来反映结构对脉动风的动力放大作用，并假定等效静风荷载的分布与平均风荷载相同。由此得到结构的等效静风荷载表达式为：

$$\tilde{p}(z) = G_x \bar{p}(z) \tag{3-108}$$

式中，$\bar{p}(z)$ 表示平均风荷载；G_x 表示阵风荷载因子，可由下式确定：

$$G_x = \frac{x_{max}}{\bar{x}} = 1 + g\frac{\sigma_x}{\bar{x}} \tag{3-109}$$

式中，x_{max}、$\bar{x}$ 和 σ_x 分别表示结构风振最大响应、平均响应和脉动响应均方根；g 为结构响应的峰值因子，理论上可由平稳随机过程的极值穿越理论确定，一般取 3～5 之间。

阵风荷载因子法对推导过程包含了如下假定：①结构风振响应为平稳随机过程；②结构风振响应以一阶模态振动为主；③结构风振响应符合线弹性假定，即响应与荷载之间成正比关系；④等效静风荷载的分布与平均风荷载相同。

$\tilde{p}(z)$ 就成为可供设计单位直接使用的风荷载标准值。

针对上述假定的合理性，国内外学者进行了大量探讨，并提出了多种改进方法。但由于阵风荷载因子法的形式简单、概念清晰，目前已被绝大多数国家（如美国、加拿大、日本等）的荷载规范采用。

（2）惯性力法

惯性力法（Inertial Wind load，IWL）是我国荷载规范所采用的方法。其基本思路是，从结构动力方程出发，用结构的一阶振型惯性力来表示等效静风荷载。

根据结构动力学理论，脉动风荷载作用下的结构动力平衡方程可表示为

$$[K]\{x(t)\} = \{P(t)\} - ([M]\{\ddot{x}(t)\} + [C]\{\dot{x}(t)\}) \tag{3-110}$$

上式等号右端项称为广义外荷载，用 $\{P_{eq}\}$ 表示。则结构在脉动风作用下的动力响

应可看作是在广义外荷载作用下的静力响应。

$$[K]\{x(t)\}=\{P_{eq}\} \tag{3-111}$$

可以看出，广义外荷载相当于结构的恢复力，利用振型分解法，式（3-111）可进一步表示为：

$$\{P_{eq}\}=[K]\{x(t)\}=[K]\sum_{j=1}^{n}\{\phi\}_jq_j(t) \tag{3-112}$$

式中，$\{\phi\}_j$ 为第 j 振型向量；$q_j(t)$ 为第 j 振型广义坐标。

已知结构的特征值方程为：

$$[K]\{\phi\}_j = \omega_j^2[M]\{\phi\}_j \tag{3-113}$$

式中，ω_j 为结构的第 j 振型圆频率。

将式（3-113）代入式（3-112）得：

$$\{P_{eq}\}=[K]\sum_{j=1}^{n}\{\phi\}_jq_j(t)=[M]\sum_{j=1}^{n}\omega_j^2\{\phi\}_jq_j(t) \tag{3-114}$$

从上式可以看出，广义外荷载代表了各振型惯性力的组合，当仅考虑第一阶振型的影响时，广义外荷载可表示为：

$$P_{eq}(z) = g\omega_1^2\sigma_1[M]\{\phi\}_1 \tag{3-115}$$

其中，g 表示峰值因子；σ_1 表示第一阶振型广义坐标 q_1 的均方根。

则等效静风荷载可表示为：

$$\tilde{p}(z) = \bar{p}(z) + P_{eq}(z) = \bar{p}(z) + g\omega_1^2\sigma_1[M]\{\phi\}_1 \tag{3-116}$$

上式也可进一步表示为

$$\tilde{p}(z) = G_p\bar{p}(z) \tag{3-117}$$

式中，G_p 为风振系数，其表达式为

$$G_p(z) = 1 + g\frac{\omega_1^2\sigma_1[M]\{\phi\}_1}{\bar{p}(z)} \tag{3-118}$$

尽管式（3-117）在形式上与式（3-108）相似，但两者有本质的区别。首先，风振系数 G_p 与结构的质量分布和动力特性有关，其沿高度是变化的，而阵风荷载因子 G_x 由于仅关心结构顶点响应，因此是一个定值；其次，由 IWL 法所得的等效静风荷载是平均风荷载与结构振型惯性力的叠加，其分布显然与平均风荷载不同。相比 GLF 方法而言，IWL 方法更好地反映了结构在脉动风作用下动力响应放大的物理本质，而且其推导过程更为严密。但是该方法同样具有缺陷，即其在将共振响应用第一阶振型惯性力表示的同时，也将背景响应用第一阶振型惯性力表示，而实际上，背景响应作为一个准静力过程，仅用第一阶振型来表示是远远不够的。因此，当结构刚度较大，以背景响应为主时，根据式（3-117）计算的等效静风荷载与真实荷载分布会存在一定偏差。

3.10 积雪荷载作用分析

3.10.1 雪荷载作用

雪灾是高寒地区一种常见的自然灾害，作为世界十大灾害之一的雪灾，更是给人民造

成了重大的生命和财产损失（图 3-51）。2006 年，波兰卡托维茨（Katowice）国际博览会展厅因雪荷载超载发生坍塌，事故共导致 63 人死亡，140 人受伤。2010 年，美国明尼苏达州局部降雪达 61cm。积雪直接导致明尼苏达维京人体育场聚四氟乙烯充气顶棚凹陷，最后撕裂而发生破坏。2007 年，辽宁省雪灾，平均降雪厚度达 36cm，局部高达 200cm，降雪造成多地停水断电、建筑倒塌和交通事故。

图 3-51　不均匀积雪及积雪倒塌事故

我国现行的《建筑结构荷载规范》GB 50009—2012 统计了全国各台站 1995 年至 2008 年间的年最大基本雪压数据，基本雪压为雪荷载的基准压力，是按当地空旷平坦地面上积雪自重的观测数据，经概率统计得出 50 年一遇最大值。当气象台有雪压记录时，应直接以雪压数据作为计算基本雪压的基础；当气象台没有雪压记录时，则可采用积雪深度和密度，按 $s=\rho g d$ 计算雪压 s，其中 d 为积雪深度（m），ρ 为积雪密度（t/m³），g 为重力加速度，9.8m/s²。其中《建筑结构荷载规范》建议的地区平均积雪密度为：东北及新疆北部地区取 150kg/m³；华北及西北地区取 130kg/m³ 但青海取 120kg/m³；秦岭-淮河以南地区取 150kg/m³，但其中江西、浙江两省取 200kg/m³。

《建筑结构荷载规范》还特别指出，针对大跨度、轻质屋盖等雪荷载敏感的结构，应采用 100 年一遇最大雪压值进行设计，山区等复杂地形处的雪荷载应通过实际调查后确定，但如果没有实测资料，则可按附近空旷地面基本雪压的 1.2 倍采用。

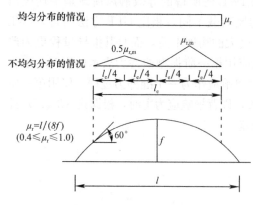

图 3-52　落地拱形屋面积雪分布系数

做为拱形屋面的干煤棚结构，雪荷载积雪分布系数应该主要参照《建筑结构荷载规范》，其中规范对于拱形屋面的积雪分布系数做了如图 3-52 所示的规定。

同时《建筑结构荷载规范》也补充增加了大跨屋面不均匀分布（$l>100$m）时的雪荷载分布系数，如图 3-53（a）所示。本书也整理了美国、加拿大、欧洲的雪荷载规范不均匀积雪系数取值。

其中，NBC 规范把拱形屋面也分为光滑和非光滑两种。这里只讨论针对更具广泛性的非光滑屋面的规定；同 ASCE 规范一样，NBC 规范也认为雪荷载在屋面切线角等于 30°时取得最大值，其值如图 3-53（b）所示。其中情况（Ⅱ）直接给定了峰值的具体数值，情况（Ⅲ）的峰值为地面雪荷载的两倍。

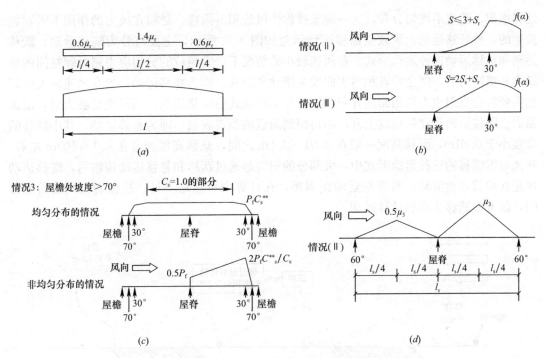

图 3-53　各国大跨屋面积雪分布系数

(*a*) 中国规范；(*b*) 加拿大规范（NBC）；(*c*) 美国规范（ASCE）；(*d*) 欧洲规范（EU）

ASCE 根据屋檐处的切线角不同，分为三种情况（图 3-53*c*），若以 A_e 表示屋檐处的切线角，则这三种情况分别为 $A_e < 30°$，$30° \leq A_e \leq 70°$ 和 $A_e > 70°$。ASCE 中确定堆雪荷载在屋面切线角等于 30° 时取最大值，其峰值为 $2P_f C_s^{**}/C_e$，其中 C_s^{**} 是指屋面切线角为 30° 时对应的倾斜系数，此峰值约为平屋面雪荷载的两倍。对于均匀分布的情况，其取值为 P_f，即将其看成平屋面；C_e 为遮挡系数，反映周围环境对建筑的遮挡效应；C_s 为倾斜系数，反映屋面坡度的影响，按照表 3-37 取值。

	ASCE 规范中 C_s 与屋面坡度 α 的关系		表 3-37
α	$\leq 30°$	$(30°, 70°)$	$\geq 70°$
C_s	1.0	$7/4 - \alpha/40$	0

EU 规范的取值如图 3-53 (*d*) 所示，两个三角形的荷载峰值分别为 $0.5\mu_3$ 和 μ_3，其中 μ_3 的计算公式为：

当 $b > 60°$ 时，$\mu_3 = 0$；

当 $b \leq 60°$ 时，$\mu_3 = 0.2 + 10h/l_s$，且 $m_3 \leq 2.0$。

其中 b 为屋面切线角，h 为矢高，l_s 为跨度，按常见矢跨比 1/8～1/5 计算，其雪荷载峰值约为 1.45～2 倍的基本雪压。

3.10.2　积雪迁移分析

大跨度干煤棚的屋面面积都非常巨大，积雪在风的作用下很难直接吹落，而容易形成迁移堆积，造成不均匀分布，这一现象被称作风致积雪漂移，是指在风力的作用下雪颗粒发生的一种迁移运动。风致雪漂移运动示意如图 3-54 所示，主要可分为蠕移运动、跃移运动和悬移运动三种运动形式。在风速较小的情况下，雪颗粒的剪切应力超过颗粒间的粘结力和惯性力后，便会沿着积雪表面发生滚动和滑移，称为蠕移运动；处在风速较大区域的雪颗粒会克服重力作用而离开积雪层，发生跳跃式的跃移运动；当风速足够大时，湍流漩涡使跃移层的雪颗粒继续上升，不再回到附近的积雪表面，即为悬移运动。其中蠕移的高度小于 0.01m，跃移高度一般在 0.01～0.1m 之间，悬移高度通常在 0.1～100m 左右。在风致雪漂移的三种运动形式中，大部分的积雪是通过跃移和悬移运动传输的，蠕移运动因是在积雪表面滚动，对颗粒运输距离短，在计算中可忽略不计。故在研究风致雪漂移时，仅考虑跃移运动和悬移运动。

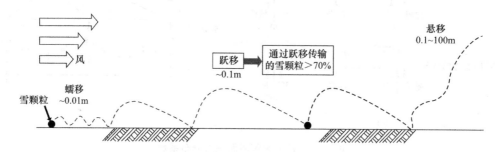

图 3-54　风致雪漂移运动示意图

在目前工程中，风致雪漂移的计算大多都采用风与雪单向耦合，不考虑积雪面对建筑附近的风场产生影响，积雪面对风场乃至积雪的最终分布形式的影响程度少有学者下定论，但考虑积雪面反馈作用的 CFD 分析有两种解决方法，可以在模型中改变积雪面的高度进而影响风场。

（1）动网格原理

Fluent 为用户提供了动网格技术来改变积雪面高度，通过 UDF 导入沉积侵蚀模型作为判别单位时间步长各节点的高度改变量，利用 Fluent 自带的光滑模型 Smoothing，局部重画模型 Remeshing 实现网格的调整。其中，光滑模型将网格中任意两个节点组成的边界理想化为一个弹簧。在初始状态下，弹簧系统处于平衡状态，在运动边界的节点发生变形后，弹簧产生与节点位移相应的弹簧力，以各个节点所受的合力为 0 的条件，对各个节点的位置重新进行布置，从而完成网格的更新。但是该模型只适用于四面体网格系统（3D）和三角形网格系统（2D），当运动边界的位移较大，甚至超过了网格单元尺寸时，网格将会出现严重的畸形甚至是负网格，从而导致计算无法进行。为此，Fluent 提供了局部重画模型，当网格中的单元畸变率或尺寸超过用户定义的限值时，就会在局部区域对网格进行重新划分。这种对风雪两相流系统的处理，在各个时间步之间由于积雪面的高度发生了变化，积雪对空气相是有影响的。

（2）准稳态方法

将风雪运动过程分成若干时间段，每个时间段内采用定常方法计算屋面风致积雪作用；利用本时段内积雪高度变化的计算结果重新建立建筑积雪边界，随后进行下一个时段的定常计算。虽整个过程均采用单向耦合，但在下一时间段内通过前段时间雪面外形的改变考虑了风雪过程对流场的影响。因此，一定程度上反映了积雪面对风场的反馈作用。

这里举例来说明积雪迁移的影响，取一拱形屋面跨度 $30m \times 60m$，其屋面在 $90°$ 风向角下剖面的风速矢量如图 3-55 所示，图 3-56 则列出了不同矢跨比下拱形剖面积雪分布系数与中美规范的对比曲线，结果表明试验值与美国规范结果十分相近，随着矢跨比增加，极值位置向圆柱壳中部靠近，虽然极值最多相差 30%，但规范结果皆包络模拟值。$90°$ 风向角下积雪沉积量最大的位置在活动屋盖的背风端试验和模拟结果皆与 ASCE 规范接近，而中国规范仅考虑了均布情况，显然过于简单。考察不同矢跨比下 $90°$ 风向角的积雪分布情况后发现：ASCE 规范取值依旧包络本书结果，故建议按照 ASCE 中拱形屋盖的规定考虑 $90°$ 风向角下的积雪分布情况，取值情况如图 3-56 所示，其中认为堆雪荷载在屋面切线角等于 $30°$ 时取最大值，其峰值约为平屋面雪荷载的 2 倍。

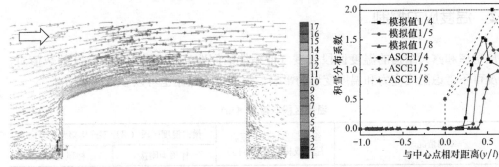

图 3-55　$90°$ 风向角中剖面风速矢图 （m/s）　　　　图 3-56　数值模拟结果与美国规范对比

3. 11　温度作用分析

3. 11. 1　温度场作用

目前对于超大尺寸的干煤棚结构，其温度作用在平面两个方向的影响都不可忽略，设计应充分考虑施工可能的合拢时段和气温状况，给出合理的建议合拢时间或充分考虑不确定合拢时间带来的最大温差效应。并根据当地的基本气温和合拢温度来确定最大温差。基本气温可取当地 50 年一遇的月平均最高气温 T_{max} 和月平均最低气温 T_{min}。温度作用应考虑气温变化、太阳辐射及使用热源等因素，作用在结构或构件上的温度作用应采用其温度的变化来表示。

对金属结构等对气温变化较敏感的结构，宜考虑极端气温变化的影响，基本气温 T_{max} 和 T_{min} 可根据当地气候条件适当增加或降低。

结构的最高初始平均温度 $T_{0,max}$ 和最低初始平均温度 $T_{0,min}$ 应根据结构的合拢或形成约束的时间确定，或根据施工时结构可能出现的温度按不利情况确定。结构最高平均温度 $T_{s,max}$ 和最低平均温度 $T_{s,min}$ 宜分别根据基本气温 T_{max} 和 T_{min} 按热工学的原理确定。

结构服役期的最大温差作用可以按照最高平均温度 $T_{s,max}$、最低平均温度 $T_{s,min}$ 和最高初始平均温度 $T_{0,max}$ 和最低初始平均温度 $T_{0,min}$ 之间的差值确定。

分析大跨度空间钢结构因温度变化而产生的内力，可将温差引起的杆件固端反力作为等效荷载反向作用在杆件两端节点上，然后按空间杆系（或梁系）有限元法分析，因温差引起的预应力钢结构体系杆件内力可由下式计算：

$$N_{ij} = \bar{N}_{ij} - E\Delta t\alpha A_{ij} \tag{3-119}$$

式中　$\bar{N}_{ij}$——温度变化等效荷载作用下的杆件内力；

$\quad\quad E$——材料的弹性模量；

$\quad\quad \alpha$——材料的线膨胀系数，对于钢材 $\alpha = 0.000012/℃$；

$\quad\quad A_{ij}$——杆件的截面面积；

$\quad\quad \Delta t$——温差（℃），以升温为正。

3.11.2　温度应力控制

单层房屋和露天结构的温度区段长度（伸缩缝的间距），当不超过表 3-38 的数值时，一般情况可不考虑温度应力和温度变形的影响，钢结构干煤棚也可以参照这一标准。

温度区段长度值（m）　　　　　　　　　　　　　　　　　　　表 3-38

结构情况	纵向温度区段（垂直屋架或构架跨度方向）	横向温度区段（沿屋架或构架跨度方向）	
		柱顶为刚接	柱顶为铰接
采暖房屋和非采暖地区的房屋	220	120	150
热车间和采暖地区的非采暖房屋	180	100	125
露天结构	120	—	—
围护构件为金属压型钢板的房屋	250	150	

温度应力的控制往往采用两类方法，一种是"抗"、一种是"放"。两类方法的具体处理措施有很多，这里举例说明几种常用方法。

1. 选择合理的合拢温度

选择合理的合拢温度是避免温度有较大的变化幅度而产生过大附加应力的一种施工控制手段，合拢温度也是设计参照的基准温度，以合拢温度为基准，升温和降温幅值是设计分析的温度作用，根据施工进度安排和当地的施工期昼夜温度变化，选择温度变化幅值最小、最稳定的时间进行合拢是较为合理的，通常下午和凌晨期间的温度变化较为平缓，适合合拢。如合拢温度与设计要求不符，应重新对结构温度作用进行验算，以保证结构的安全性。

2. 设置弹簧支座

"释放"温度作用的一种做法是设置弹簧支座，当干煤棚超长时，沿纵向长度方向的温度应力往往希望得以释放，为此可以选择采用单向滑动支座（图 3-57），在温度作用下，沿纵向能发生一定的支座水平刚体移动，使得支座温度应力得以释放。支座的纵向温度应

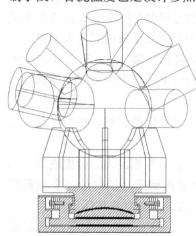

图 3-57　单向弹簧支座

力一般总是在结构中部较小，越靠近端部越大，所以也可以纵向端部的部分支座采用单向滑动支座，当支座温度应力大于某设计值时，可以利用支座滑动释放部分纵向水平反力。

3. 设置温度缝

"释放"温度作用的另一种常用做法就是设置温度缝，通常当干煤棚纵向长度大于250m时，需要设置温度缝，但如果单体煤棚长度在300m左右，设置温度缝就会导致煤棚纵向长度较短，此类情况通常不设置温度缝，按照超长结构设计。目前有很多干煤棚结构长度超过1km，这样还是按照250～300m一个温度区格设置温度缝（图3-58），对于控制温度应力和提高经济性较为有利。

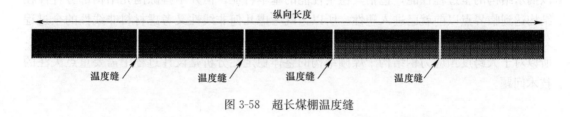

图 3-58　超长煤棚温度缝

4. 布置纵向交叉支撑

从"结构力学"的概念中可以得出，对于超静定结构，通过提高结构刚度来抵抗温度作用，显然不是一种高效的做法，但并不是没有效果的，只是需要付出工程造价提高的代价，适当地增强结构抗侧刚度，也是抵抗温度作用的一种措施，那么大跨度预应力钢结构干煤棚设计中"抗"的一种措施是沿干煤棚结构纵向设置连续的纵向支撑（图3-59），支撑与支座直接相连，通过支撑的约束作用，减小纵向伸缩变形，将温度应力直接传递给支座，可在一定程度上降低温度应力的影响。

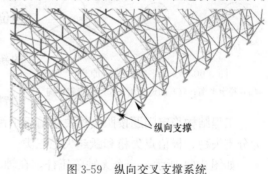

图 3-59　纵向交叉支撑系统

3.12　整体稳定性分析

作为大跨度钢结构设计领域中的关键问题，空间网格结构的稳定性研究在20世纪80年代后期至90年代中期曾是一个理论研究热点课题。当时计算机条件已相对完备，各研究者均摆脱基于连续壳假设的解析理论，转而运用非线性有限元分析方法，多数人自编程序，对网壳结构进行弹性的或弹塑性的荷载-位移全过程跟踪，从各个方面研究其稳定性能，包括初始几何缺陷和荷载分布形式等各种因素对临界荷载（或称为极限承载力、稳定性承载力）的影响。可以认为，这一段研究取得的成果是具有突破意义的，当时已完全有可能对实际工程中大型复杂网壳结构的稳定性能，至少是弹性稳定性能，进行较精确的定量分析。正由于有了这一研究基础，我国于90年代后期着手编制的《网壳结构技术规程》JGJ 61—2003（以下简称规程）才有可能列入建议按弹性全过程分析进行稳定性验算的条文。对于由弹性全过程分析求得的稳定性承载力，规程提出还应除以一个"安全系数"，以求得网壳按稳定性确定的容许承载力（或容许荷载）的标准值，这个"安全系数"考虑了下列因素：①荷载等外部作用和结构抗力的不确定性可能带来的不利影响；②计算中未考虑材料弹塑性可能带来的不利影响；③结构工作条件中的其他不利因素。关于这一系数的取值，规程仍仍沿用经验值 $K=5$，因为当时还缺少足够的统计资料作进一步论证，其中主要因素之一就是当时还没有条件进行关于网壳弹塑性稳定性能的大规模系统分析，对考虑材料非线性以后网壳结构稳定性承载力折减多少缺乏足够的定量数据。

同时需要指出，虽然网壳结构的折算厚度相对于其跨度是很小的，几何非线性分析足以揭示结构的全过程性能，包括其稳定性能的基本特征，但并不排除网壳结构部分杆件在结构达到临界点以前就已进入塑性。所以，既考虑几何非线性又考虑材料非线性的全过程分析是最能反映结构的实际受力情况，也会反映出许多与单纯弹性分析结果不同的特性，所以对于大跨度预应力钢结构干煤棚结构的整体稳定性分析是设计过程中需要重点关注的技术问题。

3.12.1　稳定性概念

稳定性概念可以用一个小球的平衡位置来解释，见图 3-60。

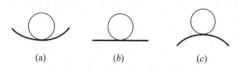

图 3-60　小球平衡、稳定原理
(a) 稳定平衡；(b) 随遇平衡；(c) 不稳定平衡

（1）如小球受到干扰后仍能恢复到原先的平衡位置，则称该状态为稳定平衡。

（2）如小球受到干扰后可停留在任何偏移后的新位置上，则称该状态为随遇平衡。

（3）如小球受到干扰后失去回到原先的平衡位置的可能性，则称该状态为不稳定平衡。

工程结构稳定问题按照结构失稳前后平衡状态所对应的变形性质是否发生改变可以分为分支失稳、极值点失稳和跃越失稳三类。

如图 3-61 所示，一个无缺陷压杆，在轴心荷载作用下，当 $F_P<F_{Pcr}$ 时，杆件仅产生压缩变形；轻微侧扰，杆件微弯；干扰撤消，状态复原（平衡路径唯一）；$F_P \geqslant F_{Pcr}$ 时，杆件既可保持原始的直线平衡状态，又可进入弯曲平衡状态（平衡路径不唯一），结构失稳前后平衡状态所对应的变形性质发生改变，分支点处平衡形式具有两重性，分支点处的荷载即为临界荷载，称分支点失稳。对于图 3-62 所示的完善两铰拱稳定也是分支失稳问题。

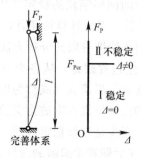
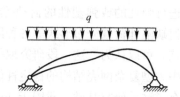

图 3-61　理想压杆失稳　　　　图 3-62　完善两铰拱失稳

但是由于结构通常都存在初始缺陷，初始缺陷使得杆件在开始加载时便处于微弯状态如图 3-63 所示的压杆，挠度引起附加弯矩，随荷载的增加侧移和荷载呈非线性变化，且增长速度越来越快。荷载达到一定数值后，增量荷载作用下的变形引起的截面弯矩的增量将无法再与外力矩增量相平衡，杆件便丧失原承载能力。这一过程失稳前后变形性质没有变化，力-位移关系曲线存在极值点，该点对应的荷载即为临界荷载，称极值点失稳。

而对于扁平桁架或者扁拱，见图 3-64，当荷载、变形达到一定程度时，可能从凸形受压的结构翻转成凹形的受拉结构，这种急跳现象本质上也属极值点失稳（跳跃屈曲）。

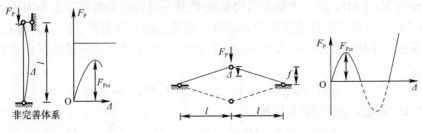

图 3-63 缺陷压杆失稳   图 3-64 非完善两铰拱失稳

目前稳定性分析中，有基于小变形的线性理论和基于大变形的非线性理论。对于跨厚比较大，整体结构刚度比较柔的结构来说，基于大变形的非线性分析得到的失稳模式和临界荷载更为准确。

3.12.2 非线性分析方法

工程结构的稳定性能可以从其荷载-位移全过程曲线中得到完整的概念，这种全过程曲线要由较精确的非线性分析得出来。结构的非线性有限元分析过程中，任意时刻的平衡方程都可以写成如下形式：

$$^{t+\Delta t}R - {}^{t+\Delta t}F = 0 \tag{3-120}$$

其中，$^{t+\Delta t}R$，$^{t+\Delta t}F$ 分别为 $t+\Delta t$ 时刻外部所施加的结点荷载向量和相应的杆件结点内力向量。

在进行平衡路径跟踪时，由于采用线性逼近方法（Modified Newton-Raphson Method），且假定荷载与结构变形无关，则方程（3-120）可表示为增量形式：

$$^{t}K \Delta U^{(i)} = {}^{t+\Delta t}R - {}^{t+\Delta t}F^{(i-1)} \tag{3-121}$$

其中，^{t}K 是 t 时刻结构的切线刚度矩阵；$\Delta U^{(i)}$ 是当前位移的迭代增量。

分析中假定结构按比例加载，用 λ 表示荷载比例系数，式（3-121）可变成为：

$$^{t}K \Delta U^{(i)} = {}^{t+\Delta t}\lambda^{(i)}R - {}^{t+\Delta t}F^{(i-1)} \tag{3-122}$$

应用 Batoz 和 Dhatt 的两个位移向量同时求解技术，可以将方程（3-122）写成下列两个方程：

$$^{t}K \Delta \bar{U}^{(i)} = {}^{t+\Delta t}\lambda^{(i-1)}R - {}^{t+\Delta t}F^{(i-1)} \tag{3-123}$$

$$^{t}K \Delta \bar{\bar{U}}^{(i)} = R \tag{3-124}$$

其中

$$\Delta U^{(i)} = \Delta \bar{U}^{(i)} + \Delta \lambda^{(i)} \Delta \bar{\bar{U}}^{(i)} \tag{3-125}$$

$$^{t+\Delta t}U^{(i)} = {}^{t+\Delta t}\Delta U^{(i-1)} + \Delta U^{(i)} \tag{3-126}$$

$$^{t+\Delta t}\lambda^{(i)} = {}^{t+\Delta t}\lambda^{(i-1)} + \Delta \lambda^{(i)} \tag{3-127}$$

由于方程（3-123）和方程（3-124）含有（$N+1$）个未知数 $\Delta U^{(i)}$ 和 $\Delta \lambda^{(i)}$，而只有 N 个线性方程组，因此还需要给出一个包含这些未知数的约束方程。对于约束方程的选取有很多种方法可以选择，目前，结构非线性有限元分析（包括求解后屈曲路径）普遍采用的是由 Riks 和 Wempner 于 1979 年提出的、后经 Crisfield 和 Ramn 等人改进的弧长法（Arc-Length Method），这一方法为结构荷载-位移全过程跟踪提出了迄今为止最有效的手段。目前非线性分析中流行的弧长类方法有柱面弧长法、球面弧长法、椭圆面弧长法等，ANSYS 程序中采用的是 Forde 和 Stiemer 于 1987 年提出的改进的球面弧长求解技术，约束方程为：

$$\{(^{t+\Delta t}\lambda^{(i-1)} - {}^t\lambda) + \Delta \lambda^{(i)}\}^2 + U^{(i)T}U^i = \Delta L^2 \tag{3-128}$$

其中 ΔL 为每步迭代的弧长增量：

$$\Delta L = (^{t+\Delta t}\lambda^i - {}^t\lambda)L \tag{3-129}$$

L 为初始弧长，由特征值计算确定的线弹性临界荷载和初始人为设定的计算子步数确定。通过联立方程（3-123）～方程（3-128）即可有效地完成非线性求解过程图 3-65（a）。在球面弧长法使用过程中，对约束方程根的错误选取或约束方程出现虚根也会导致分析失败，如图 3-65（b）、（c）所示，对于这两种失败情况，原则上可以通过适当调整荷载步长加以解决。但对于自动增量的求解过程而言，如何根据当前信息来调整荷载步长至"适当"，则相当困难，目前还没有一种理想的解决方案，针对这一情况，则需要对一定数量的算例进行分析，找出适合于对网壳结构求解的初始弧长半径和荷载步。

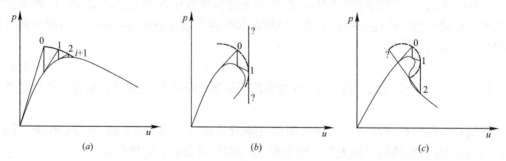

图 3-65　球面弧长法示意图

（a）正确的求解示意；（b）失败情况（虚根）；（c）失败情况（振荡解）

3.12.3　《空间网格结构技术规程》验算方法

《空间网格结构技术规程》JGJ 7—2010 条文对于单层网壳以及厚度小于跨度 1/50 的双层网壳要求均应进行稳定性计算，分析时宜采用几何非线性和材料非线性分析模型，且应根据结构的具体情况，考虑杆件轴向变形、弯曲、扭转的几何非线性变形的影响，对于因材料进入塑性而导致几何软化引起失稳，应考虑弹塑性影响，而采用材料非线性理论。对大跨度拱形预应力钢桁架体系的整体稳定或局部稳定分析，应采用基于非线性理论的方法进行，但目前我国规范对于复杂空间钢结构体系并没有统一的整体稳定性验算方法，所以设计者普遍参照《空间网格结构技术规程》JGJ 7—2010 中关于网壳结构的稳定性验算要求。

《空间网格结构技术规程》JGJ 7—2010 中建立网壳结构弹性极限承载力验算公式的思路和方法是考虑到网壳失稳前通常有杆件进入塑性，材料非线性特征比较复杂，因此要建立网壳塑性阶段统一的等代刚度公式是不现实的，而不同几何参数下材料非线性对于临界荷载的影响也有较大差异，数值的离散性很大，因而只能先利用弹性全过程分析获得网壳的弹性极限荷载，在此基础上，添加一个塑性折减系数 C_p 预测网壳结构的弹塑性极限荷载，这一方法定义为"塑性折减系数法"。

塑性折减系数 C_p 为网壳弹塑性极限荷载与弹性极限荷载的比值，这一重要系数曾用于船舶钢板在静水压力下弹塑性屈曲研究，由于不同网壳类型、不同几何参数、构造参数下的塑性折减系数统计值偏差较大，因此首先按照不同网壳类型进行分类统计，如表 3-39 所示，在此基础上，再按照不同几何参数进行更为细致的统计划分。

单层网壳结构"塑性折减系数"建议值   表 3-39

结构类型	结构形式	塑性折减系数
单层球面网壳	K8 型	0.478
	K6 型	0.460
	短程线型	0.430
	肋环双斜杆型	0.491
	肋环单斜杆型	0.440
	联方型	0.430
	葵花型	0.528
	肋环型	0.800
单层柱面网壳	三向网格（四边支承）	0.453
	三向网格（两纵边支承）	0.578
	三向网格（两端支承）	0.362
单层椭圆抛物面网壳	正交单斜网格	0.420
	三向网格	0.386

基于概率的分项系数设计方法，网壳稳定性验算公式可写成：

$$\gamma_q q \leqslant \frac{R}{\gamma_0 \gamma_R} \tag{3-130}$$

式中，q 为作用在网壳上的总静力荷载（$p+g$）标准值；R 为按弹塑性全过程分析求得的稳定承载力（临界荷载）标准值；γ_q 为荷载分项系数，当恒载、活载共同作用时可取 1.35；γ_R 为结构抗力分项系数，对偏心受压作用为主的钢结构可取 1.21；γ_0 为调整系数，考虑复杂结构稳定性分析中可能的不精确性和其他不利因素，可暂取 1.2。于是由下式可换算出相应的"安全系数" K_p：

$$K_p = \gamma_q \gamma_R \gamma_0 = 1.35 \times 1.21 \times 1.2 = 1.96 \tag{3-131}$$

因此《空间网格结构技术规程》对于网壳结构的弹塑性全过程分析采用的安全系数取为 2.0。

　　此外，在《空间网格结构技术规程》中保留了容许按弹性全过程分析方法来进行网壳稳定性验算的条文，此时"安全系数"K_e尚应考虑由于计算中未考虑材料弹塑性而带来的误差，这一误差则用到统计获得的各类网壳结构的塑性折减系数C_p（即弹塑性临界荷载与弹性临界荷载之比）来考虑。

　　例如，对于 K8 型球面网壳结构，当采用弹性全过程分析方法来计算网壳临界荷载时，相应的"安全系数"应取为：

$$K_e = \frac{K_p}{C_p} = \frac{1.96}{0.478} = 4.10 \qquad (3-132)$$

　　对于不同的网壳结构，"塑性折减系数"的不同也将使得"安全系数"差异较大，而目前对于不同网壳结构采用统一的"安全系数"显然是不合理的，应按照单层网壳结构形式进行比较细致的划分。按照这一思路，《空间网格结构技术规程》根据对"塑性折减系数"的统计结果，对单层网壳结构"安全系数"的建议取值为 4.2，这一方法目前成为大跨度空间结构领域，对于空间钢结构体系开展整体稳定性验算的唯一标准。

3.12.4　典型工程分析

　　本部分以某 220m 跨度拱形张弦桁架干煤棚结构为例，说明其稳定性分析过程及验算方法。

1. 线性屈曲分析

　　按照《空间网格结构技术规程》技术要求，网壳结构通常验算恒荷载＋活荷载标准值作用下的稳定性，一般应先进行结构的特征值屈曲分析，以预先评估结构可能存在的薄弱环节和屈曲构件，预测钢结构的屈曲荷载上限。

　　表 3-40 为前 5 阶特征值屈曲荷载与屈曲模态描述，前几阶屈曲模态全为局部杆件屈曲，第 31 阶开始为整体屈曲。图 3-66 为选取的第 1、2、31 阶屈曲模态。

特征值屈曲荷载与屈曲模态描述　　　　　　　　　　　表 3-40

阶数	临界荷载屈曲因子	屈曲模态描述
1	22.499	局部杆件屈曲
2	22.533	局部杆件屈曲
3	22.545	局部杆件屈曲
4	22.548	局部杆件屈曲
5	22.553	局部杆件屈曲
31	23.712	整体屈曲

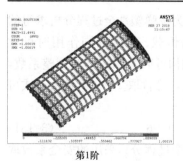
第1阶

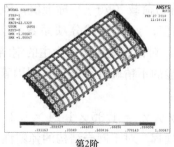
第2阶

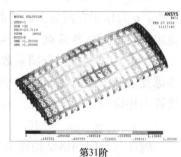
第31阶

图 3-66　特征值屈曲模态

2. 弹性稳定性分析

按照《空间网格结构技术规程》技术要求，利用弧长法进行整体结构的全过程分析，仅仅考虑几何非线性的影响，考虑了最大节点初始几何缺陷为结构跨度的 1/300，分别取重力作用下的位移、一阶屈曲模态（规范建议）和整体屈曲模态作为初始几何缺陷分布，求得结构失稳全过程以及极限承载力和屈曲后位移形态。其中结构在受到恒荷载＋全跨活荷载和恒载＋半跨活载作用下，得到的屈曲因子（规范安全系数）列于表 3-41 中。

不同初始缺陷下结构极限荷载因子　　　　　　　　　　　　　表 3-41

施加缺陷方式	屈曲因子	
	恒载＋活载	恒载＋半跨活载
重力下的位移	15.79	19.97
一阶屈曲模态	14.67	19.75
整体屈曲模态	15.71	19.30

从表中可以看出，拱形预应力桁架的极限承载力为恒载＋全跨活载的 14.67 倍，恒载＋半跨活载的 19.30 倍，结构失稳后竖向位移形态与极限状态下位移最大点的荷载-位移全过程曲线如图 3-67 所示。结构失稳后位移形态表现为钢结构跨中部分的过大变形，最大位移接近结构跨度的 1/30。

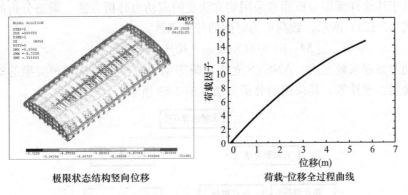

极限状态结构竖向位移　　　　　　　　荷载-位移全过程曲线

图 3-67　弹性分析结构响应（全跨活荷载）

3. 弹塑性稳定性分析

按照弹性全过程分析方法，进一步考虑材料非线性影响，假设钢材为理想弹塑性模型，同样获得的屈曲因子（规范安全系数）列于表 3-42 中。

不同初始缺陷下结构极限荷载因子　　　　　　　　　　　　　表 3-42

施加缺陷方式	屈曲因子	
	恒载＋活载	恒载＋半跨活载
重力下的位移	2.45	2.96
一阶屈曲模态	2.48	3.07
整体屈曲模态	2.44	2.84

可以看出，在考虑钢材的弹塑性后，拱形张弦桁架的极限承载力为恒载＋活载的 2.44 倍，恒载＋半跨活载的 2.84 倍（图 3-68），均满足《空间网格结构技术规程》中关于弹塑性稳定验算安全系数 $K > 2.0$ 的要求。

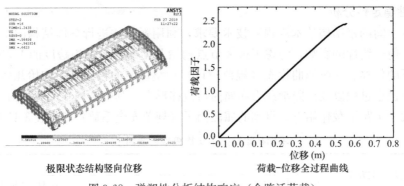

极限状态结构竖向位移	荷载-位移全过程曲线

图 3-68　弹塑性分析结构响应（全跨活荷载）

3.13　连续性倒塌分析

3.13.1　瞬态分析方法

目前对于连续性倒塌分析通常采用的方法是瞬态动力分析方法，瞬态分析的最一般动力方程如式（3-133）所示，载荷可为时间的任意函数：

$$[M]\{\ddot{u}\} + [C]\{\dot{u}\} + [K]\{u\} = \{F(t)\} \qquad (3-133)$$

按照动力方程求解方法，ANSYS 允许在瞬态动力分析中包括各种类型的非线性——大变形、接触、塑性等，其采用的分析方法如图 3-69 所示。

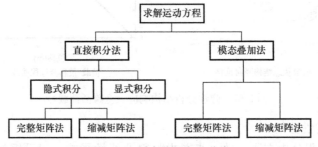

图 3-69　瞬态分析方法分类

运动方程可以直接对时间按步积分，在每个时间点，需求解一组联立的静态平衡方程，ANSYS 采用 Newmark 法这种隐式时间积分法；ANSYS/LS-DYNA 则采用显式时间积分法。

根据显式分析方法和 d'Alembert 动力学原理，建立时间步 n 处的运动方程：

$$[M]\{\ddot{x}\}_n + \{F_v\}_n + \{F_d\}_n = \{P\}_n - \{F_c\}_n + \{H\}_n \qquad (3-134)$$

式中，$\{\ddot{x}\}$ 为质点加速度向量；$[M]$ 为质量矩阵（一般为集中质量形式的对角阵）；$\{F_v\}$、$\{F_d\}$ 和 $\{F_c\}$ 分别为与速度、变形和接触有关的外力或内力向量；$\{P\}$ 为外荷载向量或体积力向量；$\{H\}$ 为沙漏能阻力，用于控制实体或板壳单元变形的零能模式。

在已知时间步 n 处的位移向量 $\{x\}_n$ 和速度向量 $\{\dot{x}\}_n$ 的条件下，通过式（3-134）的变换，可求得时间步 n 处的加速度向量：

$$\{\ddot{x}\}_n = [M]^{-1}(\{P\}_n - \{F_v\}_n - \{F_d\}_n - \{F_c\}_n + \{H\}_n) \tag{3-135}$$

并按下述简化式，求得时间步 $n+1/2$ 处的速度向量 $\{\dot{x}\}_{n+1/2}$ 和 $n+1$ 处的位移向量 $\{x\}_{n+1}$：

$$\{\dot{x}\}_{n+1/2} = \{\dot{x}\}_{n-1/2} + \{\ddot{x}\}_n \Delta t_n \tag{3-136}$$

$$\{x\}_{n+1} = \{x\}_n + \{\dot{x}\}_{n+1/2} \Delta t_{n+1/2} \tag{3-137}$$

$$\Delta t_{n+1/2} = (\Delta t_n + \Delta t_{n+1})/2 \tag{3-138}$$

由于显式积分算法中时间增量非常短，时间步 n 处的速度向量 $\{\dot{x}\}_n$ 通常是根据 $\{\dot{x}\}_{n-1/2}$ 确定的，即假定 $\{\dot{x}\}_n = \{\dot{x}\}_{n-1/2}$。若设零时刻的初始位移向量和初始速度向量分别为 $\{x\}_0$ 和 $\{\dot{x}\}_0$，则可求得数值计算的启动参数：

$$\{\ddot{x}\}_0 = [M]^{-1}(\{P\}_0 - \{F_v\}_0 - \{F_d\}_0 - \{F_c\}_0 + \{H\}_0) \tag{3-139}$$

$$\{\dot{x}\}_{1/2} = \{\dot{x}\}_0 + \{\ddot{x}\}_0 \Delta t_0/2 \tag{3-140}$$

$$\{x\}_1 = \{x\}_0 + \{\dot{x}\}_{1/2} \Delta t_{1/2} \tag{3-141}$$

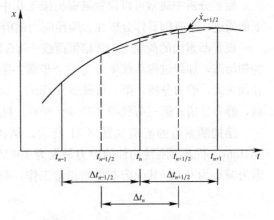

采用的上述格式与通常的中心差分格式存在一定的差异，但都属于显式积分算法，是条件稳定的。相对而言，它具有如下的主要特点：①加速度向量的求解格式采用牛顿第二运动定律表达，物理意义更直观，对质量对角阵的求逆更快捷更稳定；②运动方程采用全量格式，无需生成切线刚度矩阵，并消除了刚度矩阵求逆的数值困难，特别是避免了刚度矩阵病态时的数值问题。

差分假定如图 3-70 所示。

中心差分法的显式格式是条件稳定的，只有严格控制积分时间步长才能保证数值稳定和

图 3-70　LS-DYNA 程序的差分假定

精度要求。线性多自由度系统的数值稳定条件一般根据单自由度系统确定，其稳定条件为：

$$\Delta t \leqslant \Delta t_{\text{ctitical}} = \frac{2}{\omega_{\max}}(\sqrt{1+\xi^2} - \xi) \tag{3-142}$$

式中，$\Delta t_{\text{ctitical}}$ 为临界积分时间步长；$\omega_{\max}$ 为结构的最大固有频率，需根据应力波在单元中的传播速度确定；ξ 为结构的模态阻尼比，阻尼比越大则临界积分时间步长越小。

对于非线性多自由度系统，时间步长的确定没有理论上的依据但要满足下式要求：

$$\Delta t \leqslant 0.9 \Delta t_{\text{critical}} \tag{3-143}$$

当需要变化时间步长时，临界积分时间步长按下式确定：

$$\Delta t_{\text{critical}}^2 = 4\delta_i/\omega_i^2 \tag{3-144}$$

$$0 < \delta_i = \Delta t_i/\Delta t_{i-1} < 1 \tag{3-145}$$

采用的 Hughes-Liu 梁单元和桁架杆单元，其对应的积分步长为：

$$\Delta t_e = \frac{1}{2\sqrt{E/\rho}/L} = \frac{L}{c} \tag{3-146}$$

索单元的积分步长为：

$$\Delta t_e = 2\sqrt{\frac{2M_1 M_2}{k(M_1 + M_2)}} \tag{3-147}$$

式中，E、ρ 和 c 分别为材料的弹性模量、密度和应力波的传播速度；L 为梁单元或杆单元的长度；M_1、M_2 和 k 分别为索单元的两端集中质量和单元长度。

因此，数值模型中的有关物理量应当按实际情况取值，理想地设置无限刚度单元或小质量（低密度）单元容易导致时间步长过小而无法计算。在一般的显式计算中，时间步长通常在 $10^{-8} \sim 10^{-5}$ s 这一区间。此积分格式的截断误差为 $o(\Delta t^3)$，具有二阶精度。

3.13.2 断索失效

大跨预应力钢结构干煤棚体系中预应力拉索失效是引起结构倒塌破坏的一个主要原因，因此对于拉索的安全系数和质量要求均非常高，设计过程中为保证拉索失效不引起连续性破坏，需要对整体结构进行局部断索抗连续性倒塌分析。

断索分析中通常可以设置某榀桁架工作中拉索发生断裂，断索位置为下弦拉索的端头，下面通过一个算例具体分析在大跨预应力钢桁架拉索破断后结构的位移和内力变化情况。

设置断索前的荷载为 1.2 倍恒荷载 $+0.5$ 倍活荷载，以一倍自重及预张力下的结构形态为初始态，加载过程荷载步分为三个步骤：第一个荷载步（Time＝0.1s），结构仅承受自重和预张力，静力分析；第二荷载步（Time＝1s），结构所受荷载为 1.2 倍恒荷载 $+0.5$ 倍活荷载，静力分析；第三荷载步（Time＝30s），利用单元生死功能删除断索，瞬态动力分析。

结构断索后的响应如图 3-71 所示，结构最大变形发生在断索桁架跨中，最大位移164mm，断索后刚性构件的应力最大为 102MPa，远远小于材料的屈服应力，断索桁架的索力减小为 0，但其他桁架仍然正常工作，整体结构无屈服现象发生。

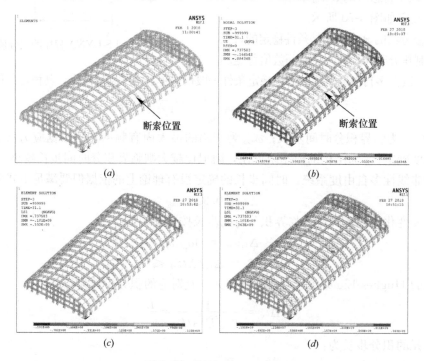

图 3-71 干煤棚结构瞬态断索分析响应

（a）断索模型；（b）断索后结构位移图；（c）断索后刚性构件应力图；（d）断索后整体结构应力图

从跨中节点的位移时程曲线可以看出（图 3-72），结构在断索的瞬间由于断索内力的释放产生动力效应，导致结构位移突然增大，随后以某位置为中心来回震荡，之后由于结构阻尼的耗能作用，结构逐渐趋于稳定。由结构的位移图可以看出，结构断索前的跨中位移为 109mm，稳定后跨中的位移为 164mm，而断索后瞬间的位移为 192mm。分析断索后结构的连续性响应，总体看来，断索后位移增加，但仍满足规范变形限值要求，且动力效应并不明显。断索后断索位置索应力减为 0，而相邻榀桁架索应力由 333MPa 增大到363MPa，但在合理范围之内。

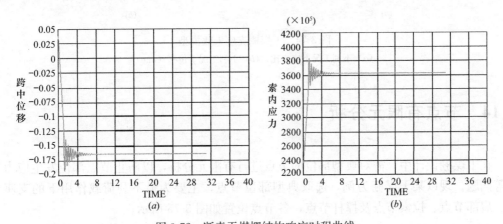

图 3-72　断索干煤棚结构响应时程曲线

（a）断索后结构跨中位置位移时程（m）；（b）断索后相邻榀索的应力时程（N/m²）

如采用静力计算，则需要在有限元模型中删除断索后进行整体结构静力分析，但需要在断索支座位置考虑 2 倍索力的动力放大系数。

3.13.3　支座失效

由于目前干煤棚建造跨度和长度越来越大，可能存在同一建筑不同支座位置所对应的地质情况变化较大，基础可能会发生竖向沉降差，同时在支座水平推力作用下，也会发生基础短柱水平变形，因此还应根据支座沉降的可能情况进行结构支座强迫位移引起的内力和位移计算。分析过程中首先需要根据支座节点的位置、数量和构造情况以及支承结构的刚度，确定合理的边界约束条件，保证约束形式的真实性，分别假定为双向侧移、单向侧移、竖向沉降等情况，进行包络分析计算。以某 150m 跨度预应力钢结构干煤棚为例，根据试桩报告，确定其基础承台沉降 5mm，在推力作用下支座水平位移 15mm（图 3-73），在该工况下，结构的整体应力水平和位移与完善结构还是有一定变化的（图 3-74），所以在干煤棚设计过程中应进行支座失效或者强迫位移的分析。

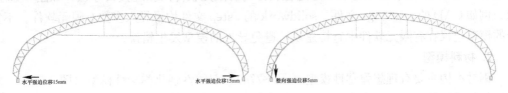

图 3-73　干煤棚支座变位数值

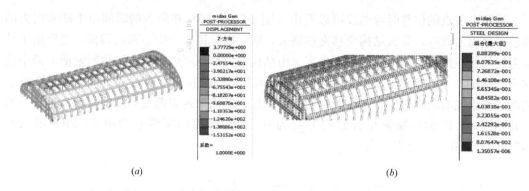

(a)　　　　　　　　　　　　　　　　(b)

图 3-74　干煤棚支座失效模型
(a) 不利工况下应力比；(b) 不利工况下位移 (mm)

3.14　节点有限元分析

在干煤棚设计中，需对典型部位的节点进行有限元分析，以防止节点部位发生应力集中等问题。现以某干煤棚为例，选取典型部位节点，主要为最不利荷载作用下的支座节点、肩部节点、拉索节点及撑杆节点，各节点位置如图 3-75 所示。

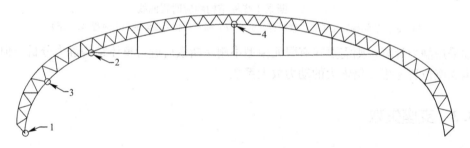

图 3-75　煤棚网架中典型节点位置示意
1—支座节点；2—肩部处节点；3—拉索处节点；4—撑杆处节点

3.14.1　建模技术

1. 模型建立

对于要进行有限元分析的节点模型可采用实体单元或者壳单元进行建模。模型可在 ABAQUS、ANSYS、MIDAS FEM 等有限元软件里直接创建，也可由 CAD、SOLID-WORK、CATIA 等软件创建后，通过各软件与有限元软件的相应接口导入，如图 3-76 所示。例如 CAD 的 .sat/.igs 文件、solidwork 的 .step 文件均可导入多数有限元软件。不复杂的模型建议在有限元软件中直接建模，避免导入的模型发生错误。

2. 材料模型

钢材本构主要有理想弹塑性模型 (图 3-77a)，双线性强化弹塑性模型 (图 3-77b)、多线性强化弹塑性模型、幂次模型等。工程常用理想弹塑性模型和双线性强化弹塑性模型。

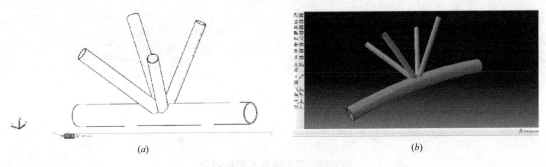

图 3-76　节点实体建模

(*a*) CAD 中创建三维模型；(*b*) ABAQUS 中建模

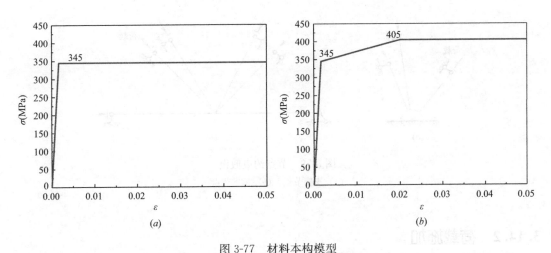

图 3-77　材料本构模型

(*a*) Q345 钢材理想弹塑性模型；(*b*) Q345 双线性强化弹塑性模型

3. 网格化分

映射网格（六面体网格）容易实现区域的边界拟合，适于流体和表面应力集中等方面的计算，其网格生成的速度快、质量好，数据结构简单，对曲面或空间的拟合大多数采用参数化或样条插值的方法得到，区域光滑，与实际的模型更容易接近，且可以在应力集中处加密网格。但其适用的范围比较窄，只适用于形状规则的图形（图 3-78*a*）。

自由网格（四面体网格）因其生成过程中采用一定的准则进行优化判断，因而能生成高质量的网格，容易控制网格大小和节点密度，采用随机的数据结构有利于进行网格自适应。但与映射网格相比要达到相同计算精度，其网格数量要比映射网格大得多，计算更加费时（图 3-78*b*）。

4. 边界条件

对于支座节点，球铰底面设为固定约束，各管端由于剪力较小可设为滑动铰接约束，实现方式为刚化各杆端面并与各构件自中心点绑定，然后对各中心点约束其相应位移即可（图 3-79*a*）。对于相贯节点，将各管端设为刚性面并与参考点绑定，然后对各管端参考点约束其相应位移即可，主管一端设为三向铰接，其余管端均设为滑动铰接（图 3-79*b*）。

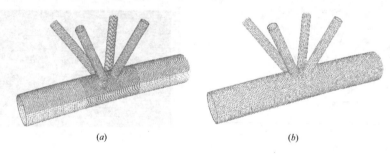

图 3-78　节点有限元网格划分

（*a*）六面体网格；（*b*）四面体网格

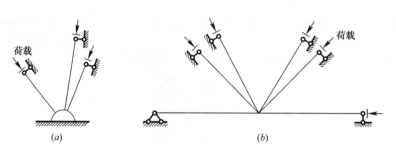

图 3-79　节点约束假设

（*a*）支座节点；（*b*）相贯节点

3.14.2　荷载施加

有限元软件分析里载荷可分为集中力、弯矩、面荷载等，在节点分析中常用两种方式完成荷载的施加：

方式一：在钢管端面建立参考点，将端面与参考点进行绑定，在参考点施加集中力、弯矩等（图 3-80*a*）；

方式二：直接在钢管端面施加面荷载（图 3-80*b*）。

图 3-80　节点加载方式

（*a*）参考点加载；（*b*）端面加载

3. 14. 3　结果评估

采用静力非线性分析计算后，导出各节点应力云图（图 3-81 和图 3-82），观察应力分布情况，未超出设计强度且分布合理即满足节点分析要求，也可能存在局部区域应力集中，部分应力超出设计强度的可能性，但需要判断此类现象是因为节点建模时布尔运算导致的局部杆件相贯后存在尖点区域或者壁厚减薄，还是确实因为杆件截面不足导致的超应力现象，这需要丰富的设计经验加以判断。

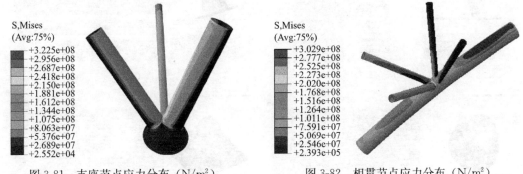

图 3-81　支座节点应力分布（N/m²）　　　图 3-82　相贯节点应力分布（N/m²）

3. 14. 4　软件开发

针对大型干煤棚的整体结构分析，目前设计者利用通用设计软件都可以进行分析，但对于一些钢结构节点，仍需要复杂的建模分析过程，需要对多种软件精通，难度很大。针对这一问题，作者开发了一套钢结构复杂节点智能化分析系统，本系统分 15 个复杂节点类型：包括球铰支座、相贯节点、销轴节点、插板节点、螺栓球节点、焊接球节点、平板压力支座等，实现了复杂节点的自动参数化建模、划分网格、施加约束、施加荷载和计算分析，并都能自动生成计算报告，极大地简化了节点的分析流程，节点的建模全部利用人机交互界面进行参数输入，降低了对设计者建模技术的要求。

开发者：哈尔滨工业大学空间结构研究中心。

用户：全国从事复杂钢结构分析的设计部门或施工部门。

钢结构复杂节点智能化分析系统的主要界面如图 3-83 和图 3-84 所示。其基本思想是开发一套接口程序，利用人机交互界面建立通用有限元软件可识别的数据建模命令流，通过调用 ANSYS 来进行命令流建模，实现数值建模、分析、结果提取，其后通过调用 WORD 宏命令生成计算报告，并自动插入分析云图，完成节点计算报告初稿。

图 3-83　软件分析界面

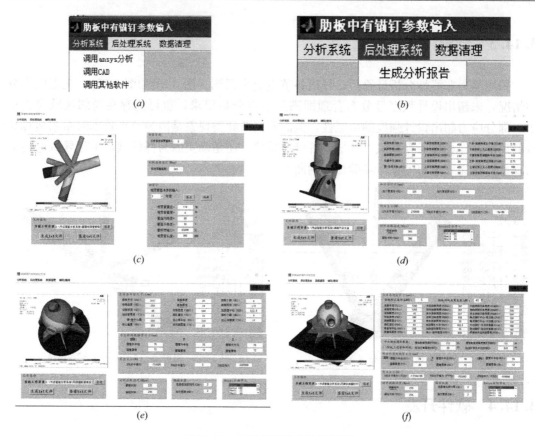

图 3-84 主要节点输入数据界面

(a) 调用外部程序；(b) 自动生成分析报告；(c) 相贯节点输入参数；(d) 销轴节点输入参数；

(e) 平板支座节点输入参数；(f) 球铰支座输入参数

第4章 预应力钢结构干煤棚设计与构造

4.1 材料选用

4.1.1 钢管

大跨预应力钢结构干煤棚体系所用钢材的牌号宜采用 Q235 钢、Q345 钢和 Q390 钢，其质量应分别符合现行国家标准《碳素结构钢》GB/T 700 与《低合金高强度结构钢》GB/T 1591 的规定。所用钢板厚度不小于 40mm 时，宜选用质量等级不低于 C 级的建筑结构用 GJ 钢。

需验算疲劳的大跨预应力钢结构干煤棚体系焊接结构用钢材，应符合下列要求：

（1）当工作温度高于 0℃时其质量等级不应低于 B 级；

（2）当工作温度不高于 0℃但高于 −20℃时，Q235、Q345 钢不应低于 C 级，Q390、Q420 及 Q460 钢不应低于 D 级；

（3）当工作温度不高于 −20℃时，Q235 和 Q345 钢不应低于 D 级，Q390 钢、Q420 钢、Q460 钢应选用 E 级。

钢管结构中的无加劲直接焊接相贯节点，其管材的屈强比不宜大于 0.8；与受拉构件焊接连接的钢管，当管壁厚度大于 25mm 且沿厚度方向承受较大拉应力时，应采取措施防止层状撕裂。

管桁架的杆件可选用无缝钢管、直缝焊管和方矩管。

1. 无缝钢管

无缝钢管是指由整块金属制成的，表面上没有接缝的钢管，见图 4-1（a）。根据生产方法，无缝钢管分为热轧管、冷轧管、冷拔管、挤压管等。按照断面形状，无缝钢管分为圆形和异形两种，异形管有方形、椭圆形、三角形、六角形、瓜子形、星形多种复杂形状。最大直径可达 650mm。

2. 直缝焊管

直缝焊管是用热轧或冷轧钢板或钢带卷制，在焊接设备上进行直缝焊接得到的钢管，如图 4-1（b）所示。

3. 方矩管

方矩管，是方形管材和矩形管材的一种称呼，也就是边长相等和不相等的钢管，如图 4-1（c）所示。方矩管按生产工艺分为：热轧无缝方管、冷拔无缝方管、挤压无缝方管、焊接方管，一般是把带钢经过拆包、平整、卷曲、焊接形成圆管，再由圆管轧制成方形管。

(a)　　　　　　　　　　　(b)　　　　　　　　　　　(c)

图 4-1　钢管类型

(a) 无缝钢管；(b) 直缝焊管；(c) 方矩管

对于拱形桁架结构，其弦杆需要冷弯或热弯成形，冷弯通常借助机械力（如液压弯管器）在管件冷状态下使管件弯曲（图 4-2），通常适用于中小截面管材，而大直径管材则需要采用热弯工艺。

图 4-2　冷弯钢管机及加工工艺

4.1.2　预应力拉索

大跨预应力钢结构干煤棚体系中经常使用的预应力拉索一般由索体、锚固体系及配件等组成，索体宜采用钢丝束、钢绞线、钢丝绳或钢拉杆。

1. 拉索索体类型

（1）钢丝束索体

钢丝束索体是由若干相互平行的钢丝压制集束或外包防腐护套制成，断面呈圆形或正六边形，截面钢丝呈蜂窝状排列，平行钢丝束由直径 5mm 或 7mm 高强钢丝组成，钢丝可为光面钢丝或镀锌钢丝。钢丝束拉索的高密度聚乙烯（HDPE）护套分为单层和双层，双层护套的内层为黑色耐老化的 HDPE 层，厚度为 3～4mm；外层为根据业主需要确定的彩色 HDPE 层，厚度为 2～3mm，如图 4-3 所示。

建筑工程领域用到的索体有平行和半平行索体两大类，其中平行束索体又可以分为平行钢丝束索体和平行钢绞线索体，具体的截面形式如图 4-4、图 4-5 所示。目前，最常用的是半平行钢丝束，它由若干根高强度钢丝采用同心绞合方式一次扭绞成型，捻角 2°～4°，

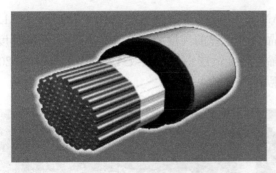

图 4-3　PE 外套包裹拉索

扭绞后在钢丝束外缠包高强缠包带，缠包层应齐整致密、无破损；然后热挤高密度聚乙烯（HDPE）护套。这种缆索的运输和施工比平行钢丝束方便，目前已基本替代平行钢丝束。

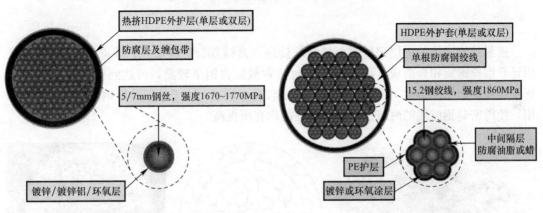

图 4-4　平行钢丝束索体截面　　　　　图 4-5　平行钢绞线索体截面

（2）钢绞线索体

钢绞线索体是由圆形钢丝螺旋捻制而成，每层的捻制方向相反，以抵消钢丝张拉时的扭矩。预应力钢绞线根据钢丝根数可分为 2 丝、3 丝、7 丝和 19 丝，最常用的是 7 丝结构，采用 7 丝钢绞线（1×7），即由 6 根钢丝紧密螺旋在 1 根中心钢丝上组成（图 4-6），钢丝表面可以根据需要增加镀锌层、锌铝合金层、包铝层、镀铜层、涂环氧树脂等。钢绞线索体包括镀锌钢绞线、高强度低松弛预应力热镀锌钢绞线、不锈钢钢绞线，极限抗拉强度可选用 1570MPa、1720MPa、1770MPa、1860MPa 或 1960MPa 等级别。

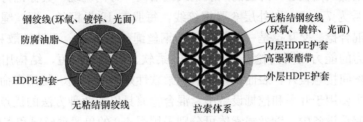

图 4-6　无粘结钢绞线索体截面

（3）高钒钢绞线索体

高钒钢绞线索体是由一层或多层锌-5％铝-混合稀土合金镀层（GALFAN）钢丝呈螺

旋形绞合而成的索体，是将 GALFAN 作为钢丝防腐的镀层，如图 4-7 所示。GALFAN 是由锌-5％铝-混合稀土合金组成的共晶合金，锌的纯度要达到 99.995％，铝的纯度不低于 99.8％，现行规程《锌-5％铝-混合稀土合金镀层钢丝、钢绞线》GB/T 20492—2006 中对其技术指标和设计要求做出了明确规定。

图 4-7　高钒钢绞线索体

（4）密封拉索索体

密封拉索索体的内层钢丝表面热浸锌处理，富锌复合材料填充，外部 1～3 层钢丝采用异形钢丝螺旋扣合而成（图 4-8）。密封拉索截面含钢率较高，可达到 85％以上（普通钢绞线一般为 75％左右），张拉刚度（EA）较高；同时，由于外层异形钢丝的紧密连接作用，使得密封钢绞线的耐腐蚀和耐磨损性能均有所提高。

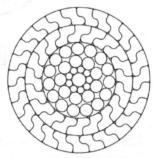

图 4-8　密封拉索索体截面形式

（5）钢丝绳索体

钢丝绳索体由多股钢绞线围绕一核心钢绳（芯）捻制而成。钢丝绳通常由七股钢绞线捻成，以一股钢绞线为核心，外层的六股钢绞线沿同一方向缠绕，其标记符号为 7×7。常用的另一种型号为 7×19，即外层 6 股钢绞线，每股有 19 根钢丝。钢丝绳捻法包括交互捻、同向捻和混合捻。交互捻是一种最常用的钢丝绳捻制方式，不易松散和扭转性能好，且承受横向压力的能力比同向捻要好，但不够柔软、使用寿命短，结构用钢丝绳多为此种。同向捻钢丝间接触较好，表面比较平滑、柔软性好、耐磨损、使用寿命长，但是容易松散和扭曲，主要用于开采和挖掘设备中。混合捻兼具以上两种方法的优点，但是制造困难，主要用于起重设备中。钢丝绳索体可分别采用图 4-9 的单股钢丝绳和多股钢丝绳。

2. 拉索性能和试验要求

（1）拉索制作前钢索应进行初张拉。初张拉力值应为材料极限抗拉强度的 40％～55％，且初张拉不应少于 2 次，每次持载时间不少于 50min。

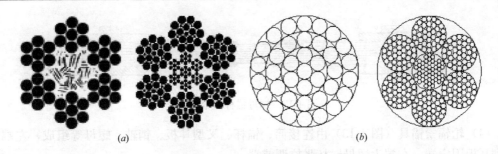

图 4-9　钢丝绳索体截面形式

(*a*) 单股钢丝绳；(*b*) 多股钢丝绳

(2) 拉索制作完应在卧式张拉设备上进行超张拉试验，其试验力宜为设计荷载的 1.2~1.4 倍，试验时可分为 5 级加载，成品拉索超张拉后，锚具的回缩量不应大于 6mm。

(3) 当成品拉索的长度不大于 100m 时，其偏差不应大于 20mm；当长度大于 100m 时，偏差不应大于长度的 1/5000。

(4) 钢丝束拉索静载破断力不应小于索体标称破断力的 95%，钢丝绳拉索的最小破断力不应低于相应产品标准和设计文件规定的最小破断力，拉索锚具通过静载破断试验后，锚具完好，旋合正常，索体断丝率<5%。

(5) 锚具的抗拉承载力、铸体的锚固力不应小于索体标称破断力的 95%。

3. 拉索锚具类型

平行钢丝拉索锚具有四种类型：套筒调节型；单向螺杆调节型；螺母锚杯型；轮辐索锚具。

(1) 套筒调节型锚具（图 4-10），这种结构的锚具左端是固定端，右端是调节端，锚具由连接筒、锚杯、调节套筒、叉型耳板、销轴等组成。

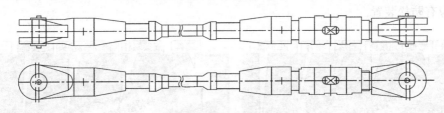

图 4-10　套筒调节型锚具

(2) 单向螺杆调节型锚具（图 4-11）由连接筒、锚杯、调节套筒、叉型耳板、销轴等组成。通过调节螺杆调节。

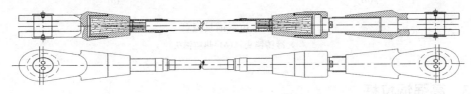

图 4-11　单向螺杆调节型锚具

(3) 螺母锚杯型锚具（图 4-12）由连接筒、锚杯、螺母等组成，两端均采用螺母调节，在锚杯内设张拉端。

117

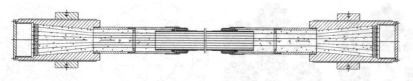

图 4-12 螺母锚杯型锚具

（4）轮辐索锚具（图 4-13）由连接筒、锚杯、叉型耳板、销轴、螺母等组成，左端为叉型耳板固定端、右端为螺母锚杯张拉调节端。

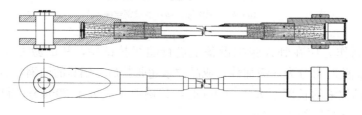

图 4-13 轮辐索锚具

4. 锚具铸造工艺

常用的钢丝束、钢丝绳索体锚具按照工艺和铸料类型通常分为冷铸锚和热铸锚两大类，其中冷铸锚是采用冷铸料浇铸，冷铸料可由环氧树脂、铁砂、矿粉、固化剂、增韧剂等组成；优点是抗疲劳性能好，锚固力大，锚固可靠，便于索力调整和拉索变换，因此在索结构中应用较广泛（图 4-14a）。热铸锚则是采用高温热铸料浇铸，热铸料为锌铜合金（巴士合金），其浇铸温度为 $400\sim420℃$，铜的含量为 2%。优点是浇铸较密实，锚体冷却后的强度较大；缺点是高温热铸料会引起钢丝疲劳承载力的降低（图 4-14b）。

钢绞线索体也可采用夹片锚具、挤压锚具或压接锚具，其中承受低应力或动荷载的夹片锚具应有防松装置。

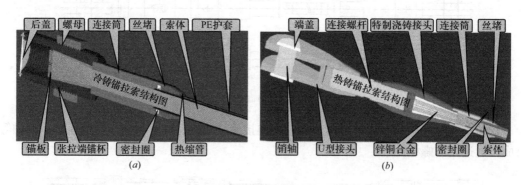

图 4-14 拉索锚具浇筑
(a) 冷铸锚头；(b) 热铸锚头

4.1.3 高强钢拉杆

1. 钢拉杆类型

预应力钢结构干煤棚中短长度的拉索或柔性支撑构件可以采用高强钢拉杆（图 4-15），

具有强度高、塑性指标优良、抗疲劳性能好、无强度折减等特性。钢拉杆由圆柱形杆体、调节套筒、锁母和两端形式各异的接头拉环组成，调节套筒的数量可根据拉杆长度和调节距离确定，均设有一定调节量，如图 4-16 所示，根据钢拉杆的规格大小不一，调节范围一般有±20～±112mm。

图 4-15　钢拉杆作为交叉支撑应用实例

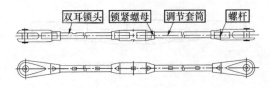

1—锁头组件　2—细长的钢质杆体　3—调节套筒组件

图 4-16　钢拉杆组成示意

钢拉杆只能承受轴向拉力，不能和拉索一样侧向承载；钢拉杆在使用上有长度限制，常见杆体单根标准长度≤6m，也可以订制最大 12m 的单根长度，比这更大的长度需通过连接套进行多根杆体连接来实现。

虽然钢拉杆不能像拉索一样超长使用，但其具备比拉索更经济的锚具和调节装置，在一些节点间距较短的结构中造价更低。钢拉杆在相对很小的荷载作用下就能消除构造中的间隙，迅速进入力-位移的线性阶段。拉索因索体的特殊构造，需要进行超张拉消除非线性变形并需施加一定的预紧力才能进入力-位移的线性阶段。在结构体系中钢拉杆比拉索需施加的预应力要小，而且可以降低施工难度，提高施工效率，承载力贡献值可以最大化，因此结构可以做得更轻盈、经济。

钢拉杆锚具的承载力要大于杆体承载力，锚具静载破断力应大于钢拉杆理论屈服极限值的 85%。

2. 钢拉杆锚具类型

建筑钢拉杆锚具有五种类型：U 型、O 型、螺母型、中间调节型、中间花篮型。

（1）U 型锚具

U 型锚具由叉型耳板锚具和销轴组成，采用两端锚具调节，如图 4-17 所示。

（2）O 型锚具

O 型锚具由单耳板锚具和销轴组成，两端锚具采用单耳板锚具调节，如图 4-18 所示。

（3）螺母型锚具

螺母型锚具由双螺母组成，两端采用螺母调节，如图 4-19 所示。

（4）中间调节锚具

中间调节锚具由中间连接套筒组成，采用连接套筒连接，如图 4-20 所示。

（5）中间花篮锚具

中间花篮锚具由花篮连接套筒和螺母组成，采用花篮套筒连接，如图 4-21 所示。

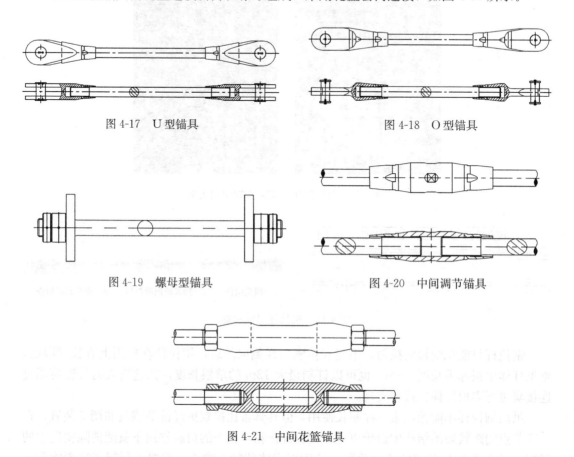

图 4-17 U 型锚具　　　　　　　　　　图 4-18 O 型锚具

图 4-19 螺母型锚具　　　　　　　　　图 4-20 中间调节锚具

图 4-21 中间花篮锚具

4.1.4 铸钢节点

大跨预应力钢结构干煤棚体系中受力和构造特别复杂的节点宜采用铸钢节点，铸钢节点选材应综合考虑结构的重要性、荷载特性、应力状态、连接方法、铸钢厚度、铸造工艺、工作环境和造价等因素，选用合理的铸钢件牌号。其中结构节点部位采用铸钢节点时，铸钢件材质和材料性能应符合现行国家标准《焊接结构用铸钢件》GB/T 7659 和《一般工程用铸造碳钢件》GB/T 11352 的规定。

1. 铸钢牌号选用

焊接结构的节点与构件宜选用牌号 ZG230-450H、ZG270-480H、ZG300-500H 和 ZG340-550H 的铸钢件或选用牌号 G17Mn5QT、G20Mn5N 和 G20Mn5QT 的铸钢件。非

焊接结构的节点与构件宜选用牌号 ZG230-450、ZG270-500、ZG310-570 和 ZG340-640 的铸钢件；铸钢结构中的非铸钢杆件，其钢材牌号、材质及性能宜与相关铸钢杆件相匹配，并符合现行国家标准《钢结构设计标准》GB 50017 的规定。上述铸钢材料性能可按表 4-1 选用。

铸钢结构的选材要求　　　　　　　　　　　　　　　　表 4-1

荷载特性	受力状态	工作环境温度（℃）	要求性能项目	宜选用铸钢牌号
承受静力荷载或间接动力荷载	简单受力状态（单、双向受力状态）	>−20	屈服强度、抗拉强度、伸长率、收缩率、碳当量、常温冲击吸收能量 KV_2 ≥27J	ZG230-450H ZG270-480H ZG300-500H ZG340-550H G20Mn5N LX235，LX345 LX390，LX420
		≤−20	同第1项，但0℃冲击吸收能量 KV_2≥27J	ZG270-480H ZG300-500H ZG340-550H G20Mn5N LX235，LX345
	复杂受力状态（三向受力状态）	>−20	同第2项	同第2项
		≤−20	同第1项，但−20℃冲击吸收能量 KV_2≥27J	ZG300-500H ZG340-550H G17Mn5QT G20Mn5N LX235，LX345
承受直接动力荷载或7～9度设防的地震作用	简单受力状态（单、双向受力状态）	>−20	同第2项	同第2项
		≤−20	同第4项	同第4项
	复杂受力状态（三向受力状态）	>−20	同第4项	同第4项
		≤−20	同第1项，但−40℃冲击吸收能量 KV_2≥27J	ZG300-500H ZG340-550H G17Mn5QT G20Mn5N G20Mn5QT LX235，LX345

2. 铸钢检测

铸钢节点的铸造要经过数值建模、开模、浇铸、打磨等工艺过程，如图 4-22 所示，并应根据铸件轮廓尺寸、夹角大小与铸造工艺确定最小壁厚、内圆角半径与外圆角半径。铸钢件壁厚不宜大于 150mm，避免壁厚急剧变化，壁厚变化斜率不宜大于 1/5，内部肋板厚度不宜大于外侧壁厚。铸造工艺应保证铸钢节点内部组织致密、均匀，铸钢件宜进行正火或调质热处理。当壁厚大于 100mm 时，其屈服强度、伸长率、断面收缩率和冲击吸收能量等各项材料性能指标需经试验验证合格后方可选用。

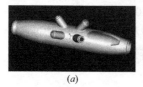 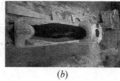 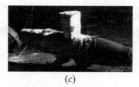 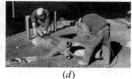

图 4-22　铸钢件制作过程

(*a*) 铸钢模型；(*b*) 铸钢模具；(*c*) 浇铸节点；(*d*) 铸件打磨

此外，3D 打印技术目前已经可以应用到铸钢制造领域，主要是在快速制造砂型、直接打印金属产品、缺陷修补（再制造）等方面。3D 打印技术可以加速新产品研发速度，降低工艺研究成本与风险，满足单件与小批量市场需求；在高性能修复方面，可减少高端铸件废品率，满足产品精度要求，与直接制造相比较，它在"更复杂的结构、更高的性能、更快的反应速度"方面具有极大的优势，是未来铸钢节点制造工艺的一个发展趋势。图 4-23 为 3D 打印的钢结构铸造节点以及打印设备。

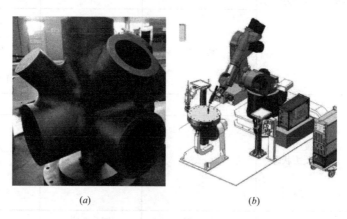

(*a*)　　　　　　　　　　　　　(*b*)

图 4-23　铸钢 3D 打印技术

(*a*) 3D 打印铸钢节点；(*b*) 3D 打印设备

铸钢材料的力学性能试块的形状、尺寸、浇注方法和试样切取位置应符合现行国家标准《一般工程用铸造碳钢件》GB/T 11352 的规定。

铸钢件出厂前，应对每个铸件表面进行磁粉探伤检验（图 4-24），且按《铸钢件磁粉检测》GB/T 9444—2007 的规定，应符合 2 级要求。

图 4-24　铸钢磁粉检测

4.1.5 螺栓球

在预应力钢结构干煤棚体系中，预应力拱形网壳可以采用螺栓球节点网壳或焊接球节点网壳，其中螺栓球节点应由高强度螺栓、钢球、紧固螺钉、套筒和锥头或封板等零件组成（图 4-25），适用于钢管杆件的装配式连接。

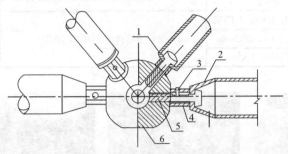

图 4-25 螺栓球节点
1—封板；2—锥头；3—紧固螺钉；4—套筒；5—螺栓；6—钢球

其中螺栓球采用 45 号优质钢，所有原材料进厂后均进行 3/1000 抽样力学性能测试，将坯料加热后用 250kg 或 750kg 空气锤模锻成球坯，毛坯要求无裂纹、过烧、麻点等缺陷，椭圆度不超过 1‰倍直径，毛坯经正火处理，使其硬度达到 HB197～225，最后进行金加工，加工前应先制作一个高精度的分度夹具，球在车床上加工时，先加工平面螺孔，再用分度夹具加工斜孔，过程如图 4-26 所示。

 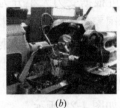 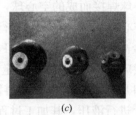 

| (a) | (b) | (c) | (d) |

图 4-26 螺栓球节点加工
（a）坯料加热；（b）螺栓球节点钻孔；（c）成品螺栓球；（d）螺栓球节点

用于制造螺栓球节点的钢球、封板、锥头、套筒的材料可按表 4-2 的规定，并应符合相应标准的技术条件，产品质量应符合现行行业标准《钢网架螺栓球节点》JG/T 10—2009 和《钢网架螺栓球节点用高强螺栓》GB/T 16939—2016 的规定，其组合加工过程如图 4-27 所示。

螺栓球节点零件推荐材料 表 4-2

零件名称	推荐材料	执行规范	备注
钢球	45 号钢	《优质碳素结构钢》GB/T 699	毛坯钢球锻造成型
锥头或封板	Q235B 钢	《碳素结构钢》GB/T 700	钢号宜与杆件一致
	Q345 钢	《低合金高强度结构钢》GB/T 1591	

续表

零件名称	推荐材料	执行规范	备注
套筒	Q235B 钢	GB/T 700	套筒内孔径为 13～34mm
	Q345 钢	GB/T 1591	套筒内孔径为 37～65mm
	45 号钢	GB/T 699	
紧固螺钉	20MnTiB	GB/T 3077	螺钉直径尽量小
	40Cr		
高强度螺栓	20MnTiB，40Cr，35CrMo	《合金结构钢》GB/T 3077	螺纹规格 M12～M24
	35VB，40Cr，35CrMo		螺纹规格 M27～M36
	42CrMo，40Cr		螺纹规格 M39～M85×4

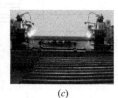

(a)　　　　　　　　(b)　　　　　　　(c)　　　　　　　(d)

图 4-27　配套锥头杆件加工

(a) 锥头；(b) 套筒；(c) 锥头焊接；(d) 螺栓球节点配套杆件

4.1.6　焊接球

焊接球是由两个半球焊接而成的空心球，可根据受力大小分为不加肋和加肋两种，适用于连接钢管杆件。空心球的钢材宜采用现行国家标准《碳素结构钢》GB/T 700 规定的 Q235B 号钢或《低合金高强度结构钢》GB/T 1591 规定的 Q345 钢；产品质量应符合现行行业标准《钢网架焊接球节点》JG 11 的规定。毛坯料在下料尺寸中包含冲压所需的展开尺寸、修正尺寸、割口尺寸，焊接球毛坯料需加热到 900～1100℃，使钢板暗红并放到 500～1000t 的压力机上进行液压，其加工过程如图 4-28 所示。

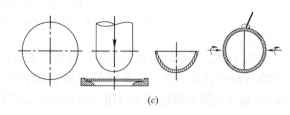

(a)　　　　　　　　(b)　　　　　　　　　　　(c)

图 4-28　焊接球节点加工

(a) 焊接球；(b) 成品焊接球；(c) 焊接球压制与焊接

4.1.7　销轴

大跨预应力钢结构干煤棚体系中销轴连接适用于铰接柱脚或拱脚以及拉索、拉杆端部的耳板连接，销轴宜采用 Q345、Q390 与 Q420 钢材，也可采用 45 号钢、35CrMo 或 40Cr 等钢材。当销孔和销轴表面要求机加工时，其质量要求应符合相应的机械零件加工标准的规定。当销轴直径大于 120mm 时，宜采用锻造加工工艺制作。

销的种类很多，根据使用条件不同，其材料选择和热处理要求也各不相同，国家标准 GB/T 121 规定了各种锥销及柱销的技术条件，见表 4-3。

碳素结构钢和合金结构钢制造的销类，一般经调质处理，其热处理工艺和设备基本上与螺纹紧固件相同。为防止大气或海水腐蚀，对受力不大的可选用铜或铜合金；在高温或耐腐蚀条件下使用的可根据具体工作条件选用 1Cr13、2Cr13、Cr17Ni2 或 1Cr18Ni9Ti 等。

销的材料选用及热处理要求　　　　　　　　　　表 4-3

材料			热处理（淬火并回火）硬度	表面处理
种类	牌号	标准编号		
碳素钢	35	GB/T 699—2015	28～38HRC	氧化镀锌钝化（磨削表面除外）
	45		38～46HRC	
合金钢	30CrMnSiA	GB/T 3077—2015	35～41HRC	
铜及其合金	H62	GB/T 5231—2012	—	
	HPb59-1			
	QSi3-1			
特种钢	1Cr13、2Cr13	GB/T 1220—2007		
	Cr17Ni2			
	1Cr18Ni9Ti			

由 35、45 号碳素钢制造的销，其力学性能及化学成分指标应参考表 4-4。

35、45 号碳素钢销力学性能　　　　　　　　　　表 4-4

牌号	推荐的热处理制度			力学性能					交货硬度 HBW	
	正火	淬火	回火	抗拉强度（MPa）	下屈服强度（MPa）	断后伸长率（%）	断面收缩率（%）	冲击吸收能量（J）	未热处理钢	退火钢
	加热温度（℃）			≥					≤	
35	870	850	600	530	315	20	45	55	197	—
45	850	840	600	600	355	16	40	39	229	197

由 30CrMnSiA 合金钢制造的销，其力学性能指标应参考表 4-5。

30CrMnSiA 合金钢销力学性能　　　　　　　　　表 4-5

牌号	力学性能					供货状态为退火或高温回火钢棒布氏硬度 HBW
	抗拉强度 R_m（MPa）	下屈服强度 R_{eL}（MPa）	断后伸长率 A（%）	断面收缩率 Z（%）	冲击吸收能量（J）	
	不小于					不大于
30CrMnSi	1080	835	10	45	39	229

4.1.8　檩条

大跨预应力钢结构干煤棚体系的檩条优先选用冷弯薄壁型材（图 4-29），材料可优先选用现行国家标准《碳素结构钢》GB/T 700 中规定的 Q235 钢和《低合金高强度结构钢》GB/T 1951 中规定的 Q345 钢，这两种牌号的钢材材质稳定，性能可靠，经济指标较好。同时，根据冷弯型钢在国内外的实际应用情况，现行国家标准《连续热镀铝锌合金镀层钢板及钢带》GB/T 14978 中将 S280、S350 和 550 级钢作为可以选用的檩条钢材之一。其中 LQ550 级钢材国内已有生产，并广泛用于 2mm 以下冷弯薄壁型钢构件，其屈服强度在 550MPa 左右。

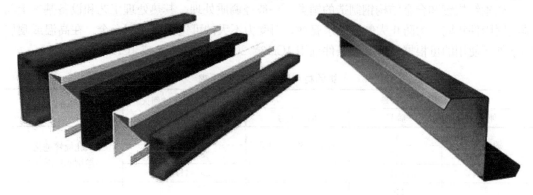

图 4-29　C 型、Z 型檩条

4.1.9　屋面板

干煤棚的屋面材料通常选用压型钢板，常用型号如图 4-30 所示，是目前金属屋面中应用最广泛的屋面材料。压型钢板基层为热镀锌钢板、镀铝锌彩色压型钢板或彩色镀锌钢板，经辊压冷弯成各种波形，具有轻质、高强、施工简便等特点。干煤棚由于为非保温建筑，所以无保温要求的单层板自重约为 $0.10 \sim 0.18 \mathrm{kN/m^2}$，属于轻型屋面材料。

（a）　　　　　　　　　　　　　　　　　　（b）

图 4-30　干煤棚用主要板型
（a）840 型；（b）角弛Ⅲ型

压型钢板基材强度等级可以分为 250～550 级，具体力学性能指标参见表 4-6。

压型钢板基材力学性能　　　　　　　　　　　　　　　　　表 4-6

强度级别（MPa）	上屈服强度（MPa）≥	抗拉强度（MPa）≥	断后伸长率（L_a=80mm，b=20mm）（%）≥	
			≤0.70mm	>0.70mm
250	250	330	17	19
280	280	360	16	18
320	320	390	15	17
350	350	420	14	16
550	550	560	—	—

彩色涂层压型钢板的基材和涂层技术要求应符合《彩色涂层钢板及钢带》GB/T 12754—2006 标准的规定，其中涂层用的油漆主要有聚酯漆、改良型聚酯漆和氟碳漆等，三者的成本以聚酯漆为最低，改良型聚酯漆居中，氟碳漆最贵；它们的抗褪色和抗腐蚀性能则以氟碳漆为最佳，改良型聚酯漆居中，聚酯漆次之。聚酯漆属可透水性油漆，氟碳漆属非透水性油漆，它对基体钢板和金属镀层起了很好的屏障保护作用。钢板表面油漆层的厚度，通常正面涂覆为 $25\mu m$，背面涂覆为 $25\mu m$。但在储煤结构中彩色钢板正面的涂层厚度宜达到 $40\sim50\mu m$。

此外，由高强度的织物基材和聚合物涂层构成的复合膜材也是最近几年应用在储煤结构中较多的屋面围护材料之一，常用材料主要是 PVC、PVF 和 PTFE 膜材，造价较低，安装方便，自洁性好，但耐久年限一般为 15～20 年左右。

干煤棚的采光带则可以采用耐实玻璃纤维聚酯阻燃型采光板等。

4.2 体系选型与布置

4.2.1 主桁架

大跨度拱形干煤棚形体通常是基于斗轮机工作界面和传统三心圆两个形体控制因素优化而来，通常的三心圆画法是以跨度和拱高为长和宽画一矩形 AFEG，作矩形长边的中垂线 CD，连接 CA，作∠GCA 与∠GAC 的角平分线，交于点 M，过 M 作 AC 的垂线，延长此垂线与 CD 交于 O 点，MO 与 AF 交于 O_1 点，以 O 为圆心，OM 为半径做弧 MCK，以 O_1 为圆心，O_1A 为半径作弧 AM。图中 AF 为跨度，AG 为拱高，三圆心分别为 O、O_1 和 O_2，对应的半径分别为 OC、O_1A 和 O_2F，完成三心圆如图 4-31（a）所示。

预应力钢结构干煤棚上部桁架按照截面形式可分为三角形空间桁架、四边形空间桁架、多边形空间桁架及变截面空间桁架等，预应力拉索一般拉结在拱形桁架的反向弯曲点位置比较合适，但也要考虑斗轮机上部工艺包络线的位置，拉索可以采用平索，也可以采用下凹索（图 4-31b）。

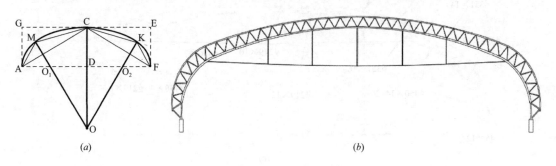

(a)　　　　　　　　　　　　　　　　　　　(b)

图 4-31　拱形干煤棚形体

(a) 三心圆构成示意图；(b) 拱形预应力张弦桁架

　　主桁架间距宜设置在 $16\sim30\mathrm{m}$ 之间（图 4-32a），当榀距超过 $16\mathrm{m}$，则要考虑采用的檩条形式有所变化，需要采用格构式或者实腹 H 型钢檩条。主桁架的主要截面形式及尺寸定义按图 4-32 （b）所示，其中主桁架跨中高度与跨度比值（h_3/L）一般可取 $1/50\sim1/35$，肩部高度与跨度比值（h_2/L）一般可取 $1/35\sim1/30$，整体高跨比（H_2/L）一般可以取 $1/10\sim1/14$。主桁架截面高度应尽量统一，弦杆截面也宜采用一致截面，但从经济性角度考虑，超大跨度的干煤棚，主桁架沿跨度方向也可以采用变桁架截面高度，同时主管也可以采用变径处理，如图 4-32 （c）所示。主桁架的节点形式以及构造可参考图 4-32 （d）。

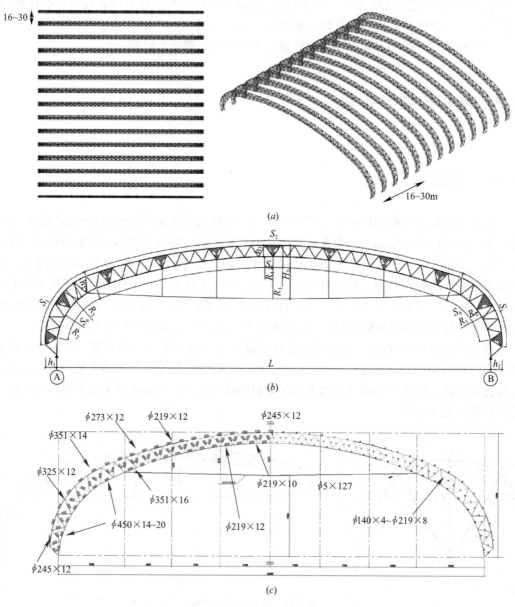

图 4-32　某预应力拱形桁架干煤棚主榀桁架形式及构造（一）

（a）主桁架平面与轴测布置图；（b）主桁架主要尺寸控制；（c）主桁架杆件截面变化

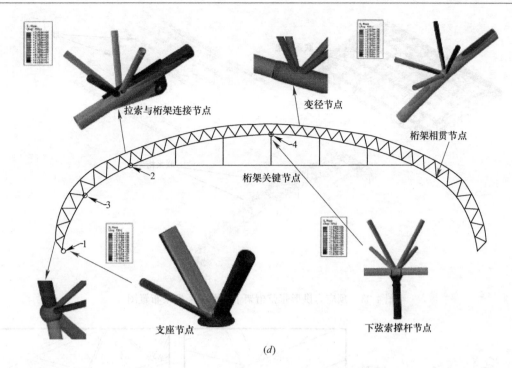

图 4-32　某预应力拱形桁架干煤棚主榀桁架形式及构造（二）

(d) 主桁架主要节点形式

4.2.2　次桁架

为保证干煤棚结构体系为一个整体稳定的空间结构，保证主桁架平面外稳定并将山墙风荷载有效沿纵向传递，需要设置纵向次桁架（联系桁架），布置形式可参考图 4-33，联系桁架构造见图 4-34。纵向次桁架与主体拱形桁架的连接形式可以采用相贯焊节点连接，也可以采用装配式节点连接。通常为保证主桁架安装和张拉时，次桁架不参与受力，采用螺栓销接更为合适，而且对于相贯式焊接形式，当两榀主桁架安装到位后，再安装次桁架时，次桁架的相贯对接口基本无法安装，或者存在隐蔽焊缝，故设计过程中需要特别注意。次桁架可以与主桁架等高，也可以采用变高度桁架；联系桁架间距 25～35m 左右为宜，不宜过密或过疏，宽度宜与桁架上弦节点等宽。

4.2.3　山墙桁架

全封闭式干煤棚的山墙系统可以采用桁架结构（图 4-35a），也可以采用网架结构进行端部封堵（图 4-35b），如利用山墙结构来抵抗大部分风荷载，则可以将山墙桁架支座设计成嵌固节点，端部风荷载大部分通过桁架系统传递到基础，少部分通过山墙边桁架再通过纵向联系桁架传递给整体屋面系统。也可以将山墙桁架支座设计成铰节点，上部设计为类似门式刚架结构体系的山墙柱弹性连接节点，只承受水平风荷载、不承受屋面荷载，但对于采用网架墙和山墙抗风桁架柱的结构来说，实现上部水平力传递，竖向力流的释放（图 4-35c），构造较为复杂，一般还是采用与山墙边桁架相贯连接（图 4-35d），较为简单。

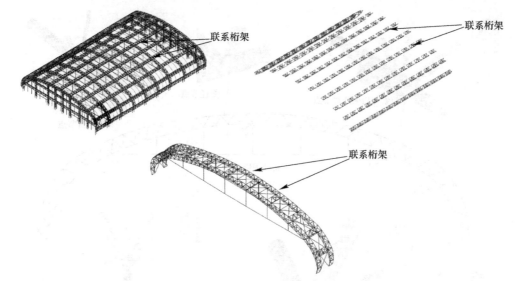

图 4-33　预应力拱形张弦桁架干煤棚联系桁架布置图

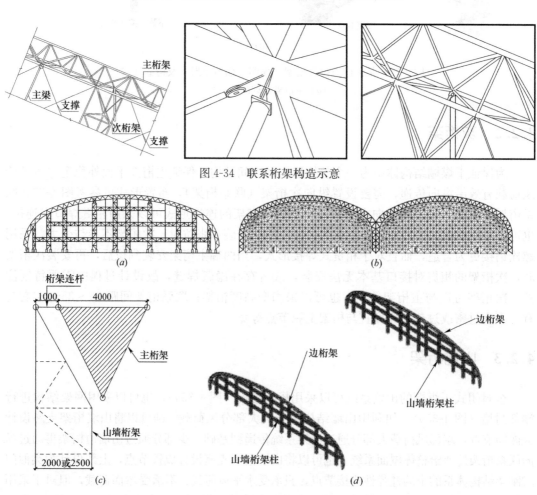

图 4-34　联系桁架构造示意

图 4-35　山墙桁架形式示意

（a）桁架柱式山墙；（b）网架墙式山墙；（c）山墙水平连接；（d）边桁架与山墙桁架布置关系

全封闭式山墙桁架作为支承墙面檩条的基本构件，布置间距需要兼顾檩条的规格和跨度，但也要考虑山墙门洞的布置和皮带式输煤机的通道口，一般山墙屋面板及洞口布置如图 4-36 所示。

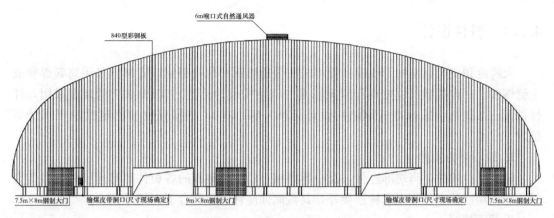

图 4-36　干煤棚山墙洞口形式

4.2.4　支撑

大跨度预应力钢结构干煤棚支撑系统按照布置位置可以分为横向支撑（跨度方向）和纵向支撑（图 4-37），按照采用的构件类型可以分为柔性支撑和刚性支撑两类。柔性支撑可以采用交叉钢拉杆或者钢索，但采用的钢拉杆或者钢索不宜过长，通常不超过 10m 为宜，超长支撑需要考虑因自重引起的下垂，支撑刚度退化，成为一种初始缺陷，不能直接发挥支撑的受力作用；此种问题需要考虑支撑构件的非线性效应，计算较为复杂，且要考虑支撑安装顺序的影响；刚性支撑可采用圆钢管，但同样需要考虑刚性支撑的构件稳定性，刚性支撑一般截面较大，经济性不理想。

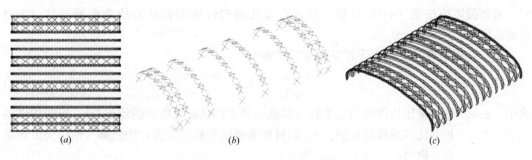

（a）　　　　　　　*（b）*　　　　　　　*（c）*

图 4-37　支撑与系杆布置
（a）主桁架与交叉支撑布置；（b）交叉支撑；（c）交叉支撑与系杆

4.3　主体结构设计方法

超大跨度干煤棚设计过程中，应根据其功能与受力要求，从工程实际情况出发，选择合理的结构体系，确定合适构造措施，并严格保证结构构件以及整体结构的承载力、变形，满足设计要求，并综合考虑加工制作与现场施工安装方法，以取得良好的技术经济效果。

4.3.1 杆件设计

大跨度预应力钢结构干煤棚杆件可采用普通型钢和薄壁型钢，管材宜采用高频焊管或无缝钢管，杆件的钢材应按现行国家标准《钢结构设计标准》GB 50017 的规定采用，杆件截面应按现行国家标准《钢结构设计标准》GB 50017 根据强度和稳定性的要求计算确定。

1. 轴心受力构件

轴心受拉构件，当端部连接（及中部拼接）处组成截面的各板件都有连接件直接传力时，除采用摩擦型高强度螺栓连接外，其截面强度计算应符合下列规定：

毛截面屈服：

$$\sigma = \frac{N}{A} \leqslant f \tag{4-1}$$

净截面断裂：

$$\sigma = \frac{N}{A_n} \leqslant 0.7 f_u \tag{4-2}$$

式中　N——所计算截面处的拉力设计值；

f——钢材的抗拉强度设计值；

A——构件的毛截面面积；

A_n——构件的净截面面积，当构件多个截面有孔时，取最不利的截面；

f_u——钢材的抗拉强度最小值。

轴心受压构件，当端部连接（及中部拼接）处组成截面的各板件都有连接件直接传力时，截面强度应按式（4-1）计算。但含有虚孔的构件尚需在孔心所在截面按式（4-2）计算。

轴心受压构件的稳定性计算应符合下式要求：

$$\frac{N}{\varphi A f} \leqslant 1.0 \tag{4-3}$$

式中　φ——轴心受压构件的稳定系数（取截面两主轴稳定系数中的较小者），根据构件的长细比（或换算长细比）、钢材屈服强度和截面分类，均依据《钢结构设计标准》取值。

2. 拉弯、压弯构件

弯矩作用在两个主平面内的拉弯构件和压弯构件（圆管截面除外），其截面强度应按下列规定计算：

$$\frac{N}{A_n} \pm \frac{M_x}{\gamma_x W_{nx}} \pm \frac{M_y}{\gamma_y W_{ny}} \leqslant f \tag{4-4}$$

弯矩作用在两个主平面内的圆形截面拉弯构件和压弯构件，其截面强度应按下列规定计算：

$$\frac{N}{A_{\mathrm{n}}} + \frac{\sqrt{M_{\mathrm{x}}^2 + M_{\mathrm{y}}^2}}{\gamma_{\mathrm{m}} W_{\mathrm{n}}} \leqslant f \tag{4-5}$$

式中　γ_{x}、γ_{y}——截面塑性发展系数，根据其受压板件的内力分布情况确定其截面板件宽厚比等级，按《钢结构设计标准》GB 50017 执行；

　　　　γ_{m}——圆形构件的截面塑性发展系数，对于实腹圆形截面取 1.2，当圆管截面板件宽厚比等级不满足 S3 级要求时取 1.0，满足 S3 级要求时取 1.15；

　　　　A_{n}——构件的净截面面积；

　　　　W_{n}——构件的净截面模量；

W_{nx}、W_{ny}——对 x 轴和 y 轴的净截面模量，依据《钢结构设计标准》GB 50017 取值（略）。

弯矩作用在对称轴平面内（绕 x 轴）的实腹式压弯构件（圆管截面除外），其稳定性应按下列规定计算：

（1）弯矩作用平面内稳定性：

$$\frac{N}{\varphi_{\mathrm{x}} A f} + \frac{\beta_{\mathrm{mx}} M_{\mathrm{x}}}{\gamma_{\mathrm{x}} W_{1\mathrm{x}} (1 - 0.8 N/N_{\mathrm{Ex}}') f} \leqslant 1.0 \tag{4-6}$$

$$N_{\mathrm{Ex}}' = \pi^2 E A / (1.1 \lambda_{\mathrm{x}}^2) \tag{4-7}$$

式中　N——所计算构件范围内轴心压力设计值；

　　　　N_{Ex}'——参数，按式（4-7）计算；

　　　　φ_{x}——弯矩作用平面内轴心受压构件稳定系数；

　　　　M_{x}——所计算构件段范围内的最大弯矩设计值；

　　　　$W_{1\mathrm{x}}$——在弯矩作用平面内对受压最大纤维的毛截面模量；

　　　　β_{mx}——等效弯矩系数，应按下列规定采用：

1）无侧移框架柱和两端支承的构件：

① 无横向荷载作用时，取 $\beta_{\mathrm{mx}} = 0.6 + 0.4 \dfrac{M_2}{M_1}$，$M_1$ 和 M_2 为端弯矩，使构件产生同向曲率（无反弯点）时取同号；使构件产生反向曲率（有反弯点）时取异号，$|M_1| \geqslant |M_2|$；

② 无端弯矩但有横向荷载作用时：

跨中单个集中荷载

$$\beta_{\mathrm{mqx}} = 1 - 0.36 N / N_{\mathrm{cr}} \tag{4-8}$$

全跨均布荷载

$$\beta_{\mathrm{mqx}} = 1 - 0.18 N / N_{\mathrm{cr}} \tag{4-9}$$

$$N_{\mathrm{cr}} = \frac{\pi^2 E I}{(\mu l)^2} \tag{4-10}$$

式中　N_{cr}——弹性临界力；

　　　　μ——构件的计算长度系数。

③ 有端弯矩和横向荷载同时作用时，将式（2-157）的 $\beta_{\mathrm{mx}} M_{\mathrm{x}}$ 取为 $\beta_{\mathrm{mqx}} M_{\mathrm{qx}} + \beta_{\mathrm{m1x}} M_1$，即工况①和工况②等效弯矩的代数和。式中，$M_{\mathrm{qx}}$ 为横向荷载产生的弯矩最大值，β_{m1x} 取按工况①计算的等效弯矩系数。

2）有侧移框架柱和悬臂构件：

① 除本款②项规定之外的框架柱，$\beta_{\mathrm{mx}} = 1 - 0.36 N / N_{\mathrm{cr}}$；

② 有横向荷载的柱脚铰接的单层框架柱和多层框架的底层柱，$\beta_{mx}=1.0$；

③ 自由端作用有弯矩的悬臂柱，$\beta_{mx}=1-0.36（1-m）N/N_{cr}$，式中 m 为自由端弯矩与固定端弯矩之比，当弯矩图无反弯点时取正号，有反弯点时取负号。

当框架内力采用二阶分析时，柱弯矩由无侧移弯矩和放大的侧移弯矩组成，此时可对两部分弯矩分别乘以无侧移柱和有侧移柱的等效弯矩系数。

（2）弯矩作用平面外稳定性：

$$\frac{N}{\varphi_y A f}+\eta\frac{M_x}{\varphi_b\gamma_x W_{1x}f}\leqslant 1.0 \tag{4-11}$$

式中　φ_y——弯矩作用平面外的轴心受压构件稳定系数，依据《钢结构设计标准》GB 50017 取值（略）；

φ_b——考虑弯矩变化和荷载位置影响的受弯构件整体稳定系数，依据《钢结构设计标准》GB 50017 取值（略）；

M_x——所计算构件段范围内的最大弯矩设计值；

η——截面影响系数，闭口截面 $\eta=0.7$，其他截面 $\eta=1.0$。

弯矩作用在两个主平面内的双轴对称实腹式工字形（含 H 型钢）和箱形（闭口）截面的压弯构件，其稳定性应按下列公式计算：

$$\frac{N}{\varphi_x A f}+\frac{\beta_{mx}M_x}{\gamma_x W_x\left(1-0.8\dfrac{N}{N'_{Ex}}\right)f}+\eta\frac{M_y}{\varphi_{by}\gamma_y W_y f}\leqslant 1.0 \tag{4-12}$$

$$\frac{N}{\varphi_y A f}+\eta\frac{M_x}{\varphi_{bx}\gamma_x W_x f}+\frac{\beta_{my}M_y}{\gamma_y W_y\left(1-0.8\dfrac{N}{N'_{Ey}}\right)f}\leqslant 1.0 \tag{4-13}$$

$$N'_{Ey}=\pi^2 EA/(1.1\lambda_y^2) \tag{4-14}$$

式中　φ_x、φ_y——对强轴 x-x 和弱轴 y-y 的轴心受压构件整体稳定系数；

φ_{bx}、φ_{by}——考虑弯矩变化和荷载位置影响的受弯构件整体稳定系数，依据《钢结构设计标准》GB 50017 取值（略）；

M_x、M_y——所计算构件段范围内对强轴和弱轴的最大弯矩设计值；

W_x、W_y——对强轴和弱轴的毛截面模量；

β_{mx}、β_{my}——等效弯矩系数，依据《钢结构设计标准》GB 50017 取值（略）。

实腹式构件的长细比 λ 应根据其失稳模式按《钢结构设计标准》GB 50017 计算方法确定，计算杆件的长细比时，其计算长度 l_0 应按表 4-7 采用；杆件的长细比不宜超过 3.4.3 节中规定的数值。

杆件的计算长度

表 4-7

结构体系	杆件形式	节点形式			
		螺栓球	焊接空心球	板节点	相贯节点
双层网壳	弦杆及支座腹杆 腹杆	1.0l 1.0l	1.0l 0.9l	1.0l 0.9l	—
立体桁架 （钢结构设计标准）	支座斜杆和支座竖杆 弦杆 腹杆	— — 	— — 	— — 	1.0l 0.9l 0.8l

续表

结构体系	杆件形式	节点形式			
		螺栓球	焊接空心球	板节点	相贯节点
立体桁架	弦杆与支座腹杆	$1.0l$	$1.0l$	—	$1.0l$
(空间网格规程)	腹杆	$1.0l$	$0.9l$		$0.9l$

注：1. l_1 为平面外无支撑长度；l 为杆件的节间长度。
    2. 对于立体桁架，弦杆平面外的计算长度取 $0.9l_1$，同时尚应以 $0.9l_1$ 按格构式压杆验算其稳定性。

此外，在大跨度拱形预应力钢桁架杆件设计过程中，需要注意的是杆件的分布应保证刚度的连续性，相连续的杆件截面面积差别不应超过 1.8 倍，截面规格差不宜大于 2 个级差。杆件在构造设计时宜避免存在难于检查、清刷、油漆以及积留湿气的死角或凹槽，钢管端部应进行封闭。

4.3.2 拉索设计

拉索的抗拉力设计值应按下式计算：

$$F = \frac{F_{tk}}{\gamma_R} \tag{4-15}$$

式中　F——拉索的抗拉力设计值（kN）；
　　　F_{tk}——拉索的极限抗拉力标准值（kN）；
　　　γ_R——拉索的抗力分项系数，取 2.0；当为钢拉杆时，取 1.7。
拉索的承载力应按下式验算：

$$\gamma_0 N_d \leqslant F \tag{4-16}$$

式中　N_d——拉索承受的最大轴向拉力设计值（kN）；
　　　γ_0——结构重要性系数。

4.3.3 节点设计

4.3.3.1 铸钢节点

在干煤棚结构中铸钢节点应用不多，主要是由于干煤棚结构采用的结构形式相对简洁、构造简单，没有过于复杂的汇交节点，其次是造价控制的原因，铸钢节点成本较高。但对于类似支座汇交处、荷载较大、受力与几何形式复杂、可靠性直接关系到整体结构安全的关键部位也可能会采用铸钢节点。

铸钢节点通常都是通过有限元分析来确定其极限状态，节点材料的应力-应变曲线宜采用具有一定强化刚度的二折线模型，强度准则宜采用 von Mises 屈服条件。其极限承载力可根据弹塑性有限元分析得出的荷载-位移全过程曲线确定，必要时也可以用试验加以验证。有限元分析中宜采用实体单元建模，在铸钢节点与构件连接处、铸钢节点内外表面拐角处等易于产生应力集中的部位，实体单元的最大边长不应大于该处最薄壁厚，其余部位的单元尺寸可适当增大，但单元尺寸变化宜平缓。径厚比不小于 10 的部位可采用板壳单元；节点约束假设形式应与实际边界条件相似，作用在节点上的外荷载和约束力的平衡条件应与设计内力一致。承受多种荷载工况组合的设计控制工况时，应分别按每种荷载工况组合进行计算。

图 4-38　铸钢节点成品

铸钢节点应满足承载力极限状态的要求，节点应力应符合下式要求：

$$\sqrt{\frac{1}{2}\left[(\sigma_1-\sigma_2)^2+(\sigma_2-\sigma_3)^2+(\sigma_3-\sigma_1)^2\right]}\leqslant\beta_f f \tag{4-17}$$

式中　σ_1、σ_2、σ_3——计算点处在相邻构件荷载设计值作用下的第一、第二、第三主应力；

β_f——强度增大系数，当各主应力均为压应力时，$\beta_f=1.2$；当各主应力均为拉应力时，$\beta_f=1.0$，且最大主应力应满足 $\sigma_1\leqslant1.1f$；其他情况时，$\beta_f=1.1$。

铸钢由于铸态组织晶粒粗大，力学性能差，不能满足结构使用要求，必须按照相关技术要求采用退火、正火和调质等方法进行热处理。铸钢节点焊前要进行焊接工艺评定，可参照《建筑钢结构焊接技术规程》JGJ 81—2002 进行。

铸钢节点的细部设计在满足承载能力的同时，应考虑满足铸造、制作及焊接工艺要求。

（1）铸钢件细部设计应避免尖角或直角，且有利于气体排出。

（2）铸钢件焊接应采用对接焊缝，尽量避免 T 形接头，以降低焊接应力。

（3）明确铸钢件的化学成分、机械性能、热处理制度、精度要求、检验方法和合格等级等。

4.3.3.2　相贯节点

按照《钢结构设计标准》条文要求，圆管相贯节点的各计算公式适用如下参数范围：$0.2\leqslant\beta\leqslant1.0$；$\gamma\leqslant50$；$d_i/t_i\leqslant60$；$0.2\leqslant\tau\leqslant1.0$；$\theta\geqslant30°$；$60°\leqslant\phi\leqslant120°$。其中 $\beta=d_i/d$，d、d_i 分别为主管和支管的外径；$\gamma=d/(2t)$，t 为主管壁厚；$\tau=t_i/t$，t_i 为支管壁厚；θ 为主支管轴线间小于直角的夹角，ϕ 为空间管节点支管的横向夹角，即支管轴线在主管横截面所在平面投影的夹角。这里选取几类干煤棚中常用的相贯节点类型进行介绍。

1. 非加劲直接焊接的平面节点

当支管按仅承受轴力的构件设计时，平面节点的承载力设计值应按本条规定计算。支管的轴力设计值不应超过节点的承载力设计值。

（1）平面 K 形间隙节点（图 4-39）

1）受压支管在管节点处的承载力设计值 N_{cK}^{pj} 应按下式计算：

$$N_{cK}^{pj}=\frac{11.51}{\sin\theta_c}\left(\frac{d}{t}\right)^{0.2}\psi_n\psi_d\psi_a t^2 f \tag{4-18}$$

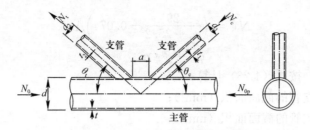

图 4-39　平面 K 形间隙节点

$$\psi_a = 1 + \left[\frac{2.19}{1 + 7.5\dfrac{a}{d}}\right]\left(1 - \frac{20.1}{6.6 + \dfrac{d}{t}}\right)(1 - 0.77\beta) \tag{4-19}$$

式中　a——两支管之间的间隙；

　　　θ_c——受压支管轴线与主管轴线的夹角；

　　　ψ_a——参数，按式（4-19）计算；

　　　ψ_n——参数，$\psi_n = 1 - 0.3\dfrac{\sigma}{f_y} - 0.3\left(\dfrac{\sigma}{f_y}\right)^2$，当节点两侧或者一侧主管受拉时，取 $\psi_n = 1$；

　　　f——主管钢材的抗拉、抗压和抗弯强度设计值；

　　　f_y——主管钢材的屈服强度；

　　　σ——节点两侧主管轴心压应力的较小绝对值；

　　　ψ_d——参数，当 $\beta \leqslant 0.7$ 时，$\psi_d = 0.069 + 0.93\beta$；当 $\beta > 0.7$，$\psi_d = 2\beta - 0.68$。

2）受拉支管在管节点处的承载力设计值 N_{tK}^{pj} 应按下式计算：

$$N_{tK}^{pj} = \frac{\sin\theta_c}{\sin\theta_t}N_{cK}^{pj} \tag{4-20}$$

式中　θ_t——受拉支管轴线与主管轴线的夹角。

（2）平面 K 形搭接节点（图 4-40）

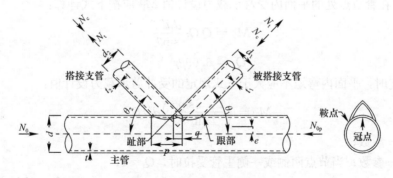

图 4-40　平面 K 形搭接节点

支管在管节点处的承载力设计值应按下列公式计算：

受压支管

$$N_{cK} = \left(\frac{29}{\psi_q + 25.2} - 0.074\right)A_c f \tag{4-21}$$

受拉支管

$$N_{tK} = \left(\frac{29}{\psi_q + 25.2} - 0.074 \right) A_t f \tag{4-22}$$

$$\psi_q = \beta^{\eta_{ov}} \gamma \tau^{0.8 - \eta_{ov}} \tag{4-23}$$

式中　ψ_q——参数；按式（4-23）计算；

　　　A_c——受压支管的截面面积（mm^2）；

　　　A_t——受拉支管的截面面积（mm^2）；

　　　f——支管钢材的强度设计值（N/mm^2）；

　　　N_{cK}——受压支管在管节点处的承载力设计值（N）；

　　　N_{tK}——受拉支管在管节点处的承载力设计值（N）；

　　　η_{ov}——搭接率，$\eta_{ov} = q/p \times 100\%$，应满足 $25\% \leqslant \eta_{ov} \leqslant 100\%$，且应确保在搭接的支管之间的连接焊缝能可靠地传递内力。

（3）非加劲直接焊接的平面 T、Y、X 形节点（图 4-41 和图 4-42）

当支管承受弯矩作用时，节点承载力应按下列规定计算：

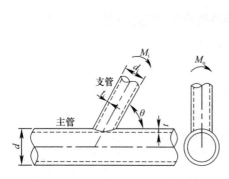

图 4-41　T 形（或 Y 形）节点的平面
内受弯与平面外受弯

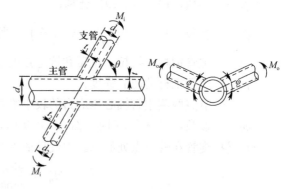

图 4-42　X 形节点的平面内受弯
与平面外受弯

1）支管在管节点处的平面内受弯承载力设计值 M_i^{pj} 应按下式计算：

$$M_i^{pj} = Q_i Q_f \frac{d_i t^2 f}{\sin \theta_i} \tag{4-24}$$

$$Q_i = 6.09 \beta \gamma^{0.42} \tag{4-25}$$

当 $d_i \leqslant d - 2t$ 时，平面内弯矩不应大于下式规定的受冲剪承载力设计值：

$$M_{si}^{pj} = \left(\frac{1 + 3\sin \theta_i}{4 \sin^2 \theta_i} \right) d_i^2 t f_v \tag{4-26}$$

式中　Q_i——参数；

　　　Q_f——参数；当节点两侧或一侧主管受拉时，$Q_f = 1$；

　　　　　　当节点两侧主管受压时，$Q_f = 1 - 0.3 n_p - 0.3 n_p^2$，$n_p = \frac{N_{op}}{A f_y} + \frac{M_{op}}{W f_y}$；

　　　N_{op}——节点两侧主管轴向压力的较小绝对值；

　　　M_{op}——节点与 N_{op} 对应一侧的主管平面内弯矩绝对值；

　　　A——与 N_{op} 对应一侧的主管截面积；

　　　W——与 N_{op} 对应一侧的主管截面模量；

　　　f_v——主管钢材抗剪强度设计值（N/mm^2）。

2）支管在管节点处的平面外受弯承载力设计值 M_o^{pj} 应按下式计算：

$$M_o^{pj} = Q_o Q_f \frac{d_i t^2 f}{\sin\theta} \tag{4-27}$$

式中 Q_o——参数，$Q_o = 3.2\gamma^{(0.5\beta^2)}$。

当 $d_i \leqslant d - 2t$ 时，平面外弯矩不应大于下式规定的受冲剪承载力设计值：

$$M_{so}^{pj} = \left(\frac{3+\sin\theta}{4\sin^2\theta}\right) d_i^2 t f_v \tag{4-28}$$

3）节点在平面内、外弯矩和轴力组合作用下的承载力应满足下列要求：

$$\frac{N}{N_i^{pj}} + \frac{M_i}{M_i^{pj}} + \frac{M_o}{M_o^{pj}} \leqslant 1 \tag{4-29}$$

式中 N、M_i、M_o——支管在管节点处的轴力、平面内弯矩、平面外弯矩设计值；

N_i^{pj}——支管在管节点处按上述各节点形式确定的承载力设计值。

2. 非加劲直接焊接的空间节点

当支管按仅承受轴力的构件设计时，空间节点的承载力设计值应按下列规定计算。支管的轴力设计值不应超过节点的承载力设计值。

（1）空间 KK 形节点（图 4-43）

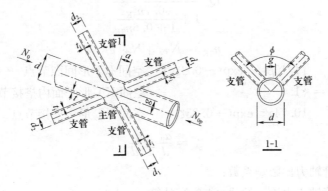

图 4-43 空间 KK 形节点

受压或受拉支管在管节点处的承载力设计值 N_{cKK}^{pj} 或 N_{tKK}^{pj} 应分别按平面 K 形节点相应支管承载力设计值 N_{cK}^{pj} 或 N_{tK}^{pj} 乘以空间调整系数 μ_{KK} 计算。

支管为非全搭接型

$$\mu_{KK} = 0.9 \tag{4-30}$$

支管为全搭接型

$$\mu_{KK} = 0.74\gamma^{0.1}\exp(0.6\zeta_t) \tag{4-31}$$

式中 ζ_t——参数，$\zeta_t = \dfrac{g}{d}$；

g——平面外两支管的搭接长度。

（2）空间 KT 形圆管节点（图 4-44）

1）K 形受压支管在管节点处的承载力设计值 N_{cKT} 应按下式计算：

$$N_{cKT} = Q_n \mu_{KT} N_{cK} \tag{4-32}$$

2）K 形受拉支管在管节点处的承载力设计值 N_{tKT} 应按下式计算：

$$N_{tKT} = Q_n \mu_{KT} N_{tK} \tag{4-33}$$

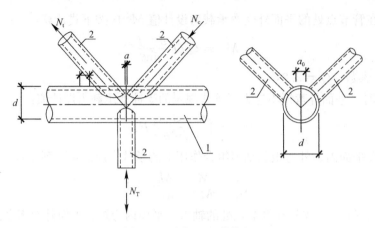

图 4-44　空间 KT 形节点

1—主管；2—支管

3）T 形支管在管节点处的承载力设计值 N_{KT} 应按下列公式计算：

$$N_{KT} = n_{TK} N_{cKT} \tag{4-34}$$

$$Q_n \frac{1}{1 + \dfrac{0.7 n_{TK}^2}{1 + 0.6 n_{TK}}} \tag{4-35}$$

$$n_{TK} = N_T / |N_{cK}| \tag{4-36}$$

$$\mu_{KT} = \begin{cases} 1.15 \beta_T^{0.07} \exp(-0.2\zeta_0) & \text{空间 KT 形间隙节点} \\ 1.0 & \text{空间 KT 形平面内搭接节点} \\ 0.74 \gamma^{0.1} \exp(-0.25\zeta_0) & \text{空间 KT 形全搭接节点} \end{cases} \tag{4-37}$$

$$\zeta_0 = \frac{a_0}{d} \text{ 或} \frac{q_0}{d} \tag{4-38}$$

式中　Q_n——支管轴力比影响系数；

$\quad\quad n_{TK}$——支管轴心力比，按式（4-36）计算，$-1 \leqslant n_{TK} \leqslant 1$。

N_T、N_{cK}——分别为 T 形支管和 K 形受压支管的轴力设计值，以拉为正，以压为负（N）；

$\quad\quad \mu_{KT}$——空间调整系数，根据图 4-45 的支管搭接方式分别取值；

$\quad\quad \beta_T$——T 形支管与主管的直径比；

$\quad\quad \zeta_0$——参数；

$\quad\quad a_0$——K 形支管与 T 形支管的平面外间隙（mm）；

$\quad\quad q_0$——K 形支管与 T 形支管的平面外搭接长度（mm）。

（3）主管呈弯曲状的平面或空间圆管焊接节点

当主管曲率半径 $R \geqslant 5\text{m}$ 且主管曲率半径 R 与主管直径 d 之比 $R/d \geqslant 12$ 时，可采用按《钢结构设计标准》GB 50017 中无加劲直接焊接的平面节点类型所规定的计算公式进行承载力计算。

（4）主管按图 4-46 外贴加强板方式的节点

当支管受压时，节点承载力设计值，取相应未加强时节点承载力设计值的 $(0.23\tau_r^{1.18}\beta^{-0.68}+1)$ 倍；当支管受拉时，节点承载力设计值，取相应未加强时节点承载力设计值的 $1.13\tau_r^{0.59}$ 倍；τ_r 为加强板厚度与主管壁厚的比值。

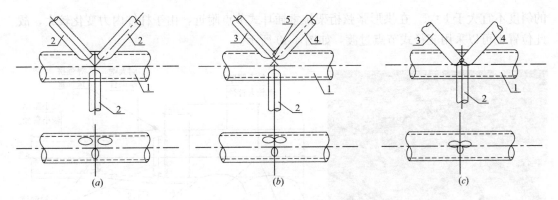

图 4-45　空间 KT 形节点分类

(a) 空间 KT 形间隙节点；(b) 空间 KT 形平面内搭接节点；(c) 空间 KT 形全搭接节点

1—主管；2—支管；3—贯通支管；4—搭接支管；5—内隐蔽部分

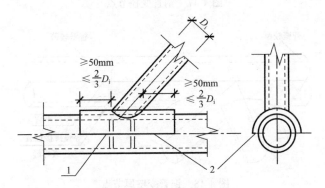

图 4-46　圆管表面的加强板

　　主管为圆管时，加强板宜包覆主管半圆，长度方向两侧均应超过支管最外侧焊缝 50mm 以上，但不宜超过支管直径的 2/3，加强板厚度不宜小于 4mm。

3. 构造要求

　　主管的外部尺寸不应小于支管的外部尺寸，主管的壁厚不应小于支管的壁厚，在支管与主管的连接处不得将支管插入主管内。

　　主管与支管或支管轴线间的夹角不宜小于 30°。

　　在主管表面焊接的相邻支管的间隙 a 应不小于两支管壁厚之和。

　　支管端部应使用自动切管机切割，支管壁厚小于 6mm 时可不切坡口。

4.3.3.3　变径节点

　　对于大跨度拱形预应力钢结构干煤棚，通常为控制经济性，往往采用沿跨度方向变桁架高度或者变杆件截面设计。变杆件截面通常有两种方法，一种是直接改变截面直径和壁厚，如图 4-47 所示；另一种是杆件直径不改变，而改变壁厚，如图 4-48 所示。对于改变截面直径的做法，通常要求变径位置避开节点域，距离节点域中心距离不宜小于 1 倍杆件直径，并应该缓慢变换到小截面杆件，通常采用锥形管过渡，按照《钢管混凝土结构技术规范》GB 50936—2014 中规定，不同直径钢管对接时，宜采用一段变径钢管连接，变径钢管的上下两端均宜设置环形隔板，变径钢管的壁厚不应小于所连接的钢管壁厚，变径段的斜度不宜大于 1∶6。在拱形张弦桁架拉索插耳式节点附近，由于杆件内力变化较大，故此位置也可以采用变径式节点过渡，如图 4-49 所示。

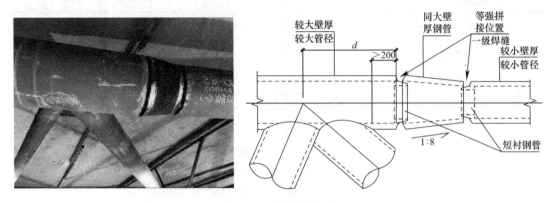

图 4-47　钢管变径节点

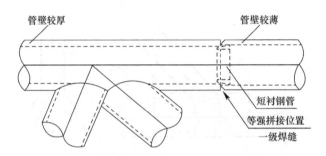

图 4-48　钢管变壁厚节点

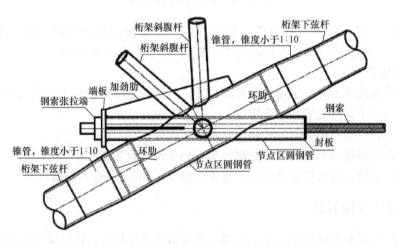

图 4-49　索端区域变径节点

4.3.3.4　销轴节点

销轴节点由上销板、销轴和下销板组成（图 4-50）。上销板为钢结构杆件的末端，两块下销板固定在下部支承结构（或基础）上，销轴穿在上销板孔与下销板孔中，形成具有转动能力的铰。根据与销轴节点相连的结构构件的受力不同，销轴节点分为链杆销节点和

142

平面销节点。链杆销节点与仅受轴向力的二力杆（拉杆或压杆）相连；平面销节点与同时承受轴力和剪力的平面杆相连。

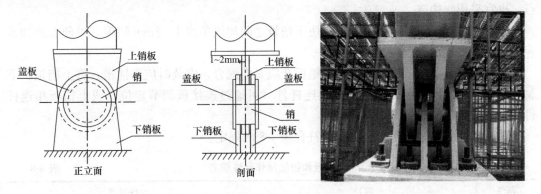

图 4-50　销轴节点

1. 销轴构造要求

（1）销轴孔中心应位于耳板的中心线上，其孔径与直径相差不应大于 1mm。

（2）销轴连接耳板尺寸如图 4-51、图 4-52 所示，耳板两侧宽厚比 b/t 不宜大于 4，几何尺寸应符合下列公式规定：

$$a \geqslant \frac{4}{3} b_e \tag{4-39}$$

$$b_e = 2t + 16 \leqslant b \tag{4-40}$$

式中　b——连接耳板两侧边缘与销轴孔边缘净距（mm）；

　　　t——耳板厚度（mm）；

　　　a——顺受力方向，销轴孔边距板边缘最小距离（mm）。

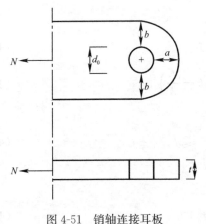

图 4-51　销轴连接耳板

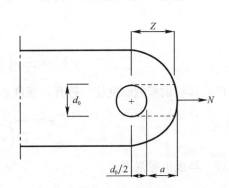

图 4-52　销轴连接耳板受剪面示意图

（3）销轴表面与耳板孔周表面宜进行机加工。

（4）当销轴节点作为链杆销节点时，对于轴力不变号的纯拉、纯压二力杆的销轴节点，要求销轴与销孔的间隙小于等于 0.8mm。

（5）当销轴节点作为平面杆的平面销节点时，应从构造上确保该节点始终能处于可靠抵抗正交两个方向反力的状态。销及上销孔板、下销孔板均应采用机械精加工的基孔制公差动配合，公差±0.1～0.2mm，润滑安装，须保证无转动约束刚度，以及销与销孔始终处于面面接触状态，可靠抵抗正交两向反力。对于轴力会发生变号的二力杆的链杆销节点，也宜采用此构造。

（6）在支座平面外，上销板与两块下销板之间建议预留1～2mm间隙，以便安装和确保销轴可自由转动。

（7）销轴节点中，销轴与上、下销板孔应紧密配合，安装时应先插销，将上销板、下销板支座精确装配好，后接下销板相连杆件（可通过连接板调节定位）或上销板相连杆件，不宜采用后插销的施工方式。

（8）耳板和销轴制作允许偏差应符合表4-8的规定。

耳板和销轴制作允许偏差

表 4-8

部件	项目	允许偏差
耳板	耳板的宽度、长度	±1mm
	加工边直线度	$l/3000$，且不应大于±1.5mm
	板厚	±0.5mm
	耳板的平面度	±0.05t，且不应大于±1.5mm
	加工面垂直度	0.025t，且不应大于0.5mm
	相邻两边夹角	±6′
	销孔直径	+1.0～0.0mm
	销孔圆度	2.0mm
	销孔垂直度	0.03t，且不应大于2.0mm
	销轴孔壁表面粗糙度 Ra	25μm
销轴	销轴直径	0.00～−0.25mm

2. 连接耳板计算

（1）耳板孔净截面处的抗拉强度：

$$\sigma = \frac{N}{2tb_1} \leqslant f \tag{4-41}$$

$$b_1 = \min\left(2t+16, b-\frac{d_0}{3}\right) \tag{4-42}$$

（2）耳板端部截面抗拉（劈开）强度：

$$\sigma = \frac{N}{2t\left(a-\dfrac{2d_0}{3}\right)} \leqslant f \tag{4-43}$$

（3）耳板抗剪强度：

$$\tau = \frac{N}{2tZ} \leqslant f_v \tag{4-44}$$

$$Z = \sqrt{(a+d_0/2)^2 - (d_0/2)^2} \tag{4-45}$$

式中 N——杆件轴向拉力设计值（N）；

b_1——计算宽度（mm）；

d_0——销轴孔径（mm）；

f——耳板抗拉强度设计值（N/mm²）；

Z——耳板端部抗剪截面宽度（图 4-52）（mm）；

f_v——耳板钢材抗剪强度设计值（N/mm²）。

3. 销轴承压、抗剪与抗弯强度的计算

（1）销轴承压强度：

$$\sigma_c = \frac{N}{dt} \leqslant f_c^b \tag{4-46}$$

（2）销轴抗剪强度：

$$\tau_b = \frac{N}{n_v \pi \dfrac{d^2}{4}} \leqslant f_v^b \tag{4-47}$$

（3）销轴的抗弯强度：

$$\sigma_b = \frac{M}{1.5 \dfrac{\pi d^3}{32}} \leqslant f^b \tag{4-48}$$

$$M = \frac{N}{8}(2t_e + t_m + 4s) \tag{4-49}$$

（4）计算截面同时受弯受剪时组合强度应按下式验算：

$$\sqrt{\left(\frac{\sigma_b}{f^b}\right)^2 + \left(\frac{\tau_b}{f_v^b}\right)^2} \leqslant 1.0 \tag{4-50}$$

式中 d——销轴直径（mm）；

f_c^b——销轴连接中耳板的承压强度设计值（N/mm²）；

n_v——受剪面数目；

f_v^b——销轴的抗剪强度设计值（N/mm²）；

M——销轴计算截面弯矩设计值（N·mm）；

f^b——销轴的抗弯强度设计值（N/mm²）；

t_e——两端耳板厚度（mm）；

t_m——中间耳板厚度（mm）；

s——端耳板和中间耳板间间距（mm）。

4.3.3.5 索端节点

1. 插板式拉索节点

拱形预应力张弦桁架的索端节点常采用插板式拉索节点，如图 4-53 所示，节点耳板与索头之间应采用销轴连接。对耳板平面外存在较大转角的节点，宜采用关节轴承（图 4-54）；

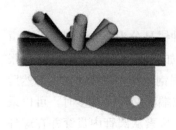
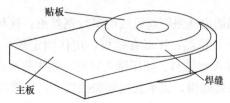
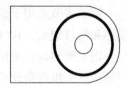

图 4-53 插板式拉索节点形式

对于受力较大的耳板式节点，可采用在主板两侧加贴板的形式，且主板和贴板的材料宜相同。对于钢板耳板，贴板应焊接在主板上，如采用铸钢耳板，贴板与主板宜整体铸造。

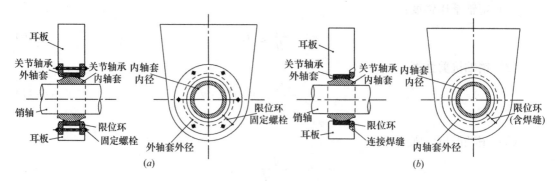

图 4-54　插板式销轴节点端示意
(a) 螺栓安装；(b) 焊接安装

耳板和销轴的设计承载力应不小于拉索设计拉力，对于重要的耳板节点，其设计承载力应不小于拉索设计承载力，且其极限承载力宜不小于钢丝索的标称破断力和钢拉杆的屈服荷载。

当索端节点汇交杆件非常多时，可以采用焊接球节点过渡，汇交杆件以及插板都焊接在空心球上（图 4-55），此时插板可贯穿空心球体，兼做焊接球内加劲板，并应验算焊接球的受力是否满足设计要求。

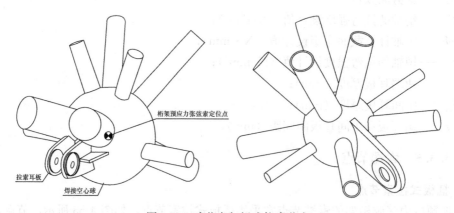

图 4-55　球节点与板式拉索节点

2. 镦锚拉索节点

镦锚式节点用于锚固由高强钢丝组成的平行钢丝束，这种锚具分为 A、B 型，A 型由锚环和螺母组成，用于张拉端；B 型有锚板，用作固定端。如果钢索很长，需在两端张拉，则索两端均应采用 A 型锚具。使用镦头锚时，须先将高强钢丝穿入锚环和锚板，然后用液压镦头机将钢丝头部镦粗，支承在锚环和锚板上，当张拉端汇交杆件较多时，可以采用将杆件汇交在空心焊接球上，焊接球内采用圆管加劲贯通，拉索从圆管内贯穿并在球外部锚固（图 4-56）。张拉高强钢丝束时，在锚环上装工具式张拉螺杆，再通过工具螺母与千斤顶相连即可张拉；张拉达到要求吨位后，利用锚环上的螺母将锚环固定在支承构件上。镦头锚具用钢量省，体积小，易于加工，使用方便，钢丝无滑丝内缩，钢丝强度无损失；但这种锚具对钢丝的下料长度精度要求高，否则会使各平行钢丝之间受力不均匀，钢丝越长，下料长度不精确引起的钢丝之间拉力差值也愈小。

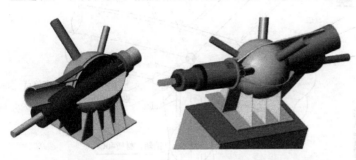

图 4-56　镦锚式锚固节点

4.3.3.6　撑杆节点

拱形张弦结构的撑杆上节点一般可以采用单向铰接形式，节点形式可以是球铰或者板铰（图 4-57、图 4-58）。撑杆传力通过连接直接焊于空心管壁，管壁会产生局部应力，应采用加肋板等补强措施；撑杆下节点是实现拉索与撑杆之间传力的连接节点，一般情况下拉索从节点中心穿过，且要求节点能够承受一定的不平衡力，拉索不会产生滑移，建议节点螺栓连接采用 8.8 或 10.9 的六角高强螺栓。

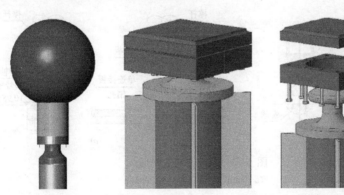

图 4-57　撑杆上节点（球铰节点）

4.3.3.7　索夹节点

索夹是连接索体和相连构件的一种不可滑动的节点，其一般通过高强螺栓的紧固力使索夹夹持住索体，索夹应具有足够的承载力和刚度来有效传递结构内力，并在结构使用阶段应具有足够的抗滑承载力，防止索夹与索体相对位移。索夹节点构造应符合计算假定，做到传力清晰、准确，确保安全并便于制作和安装。单根拉索情况，撑杆下节点可采用球形索夹节点或夹板形式（图 4-59、图 4-60），对双根拉索情况，拉索在节点两侧平行对称排列（图 4-61）。

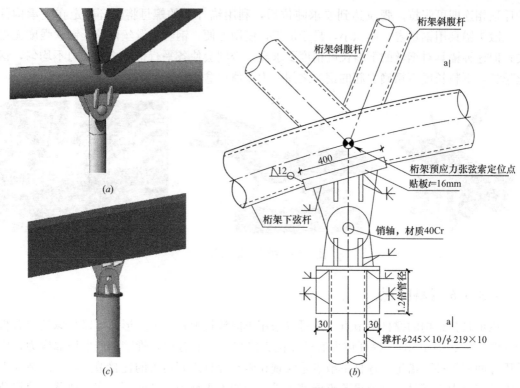

图 4-58　撑杆上节点（耳板节点）

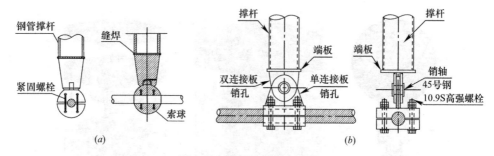

图 4-59　撑杆下端索夹形式

（a）球形索夹；（b）夹板索夹

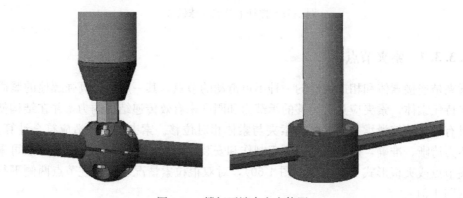

图 4-60　撑杆下端索夹实体图

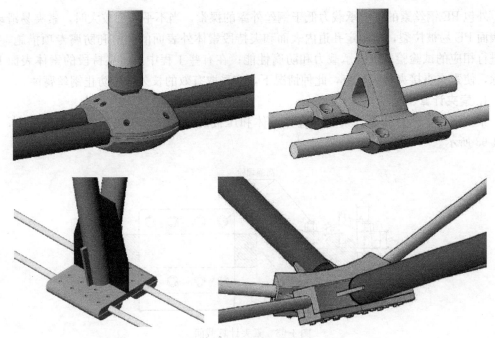

图 4-61　双根拉索索夹

对于索夹的制作加工，小型索夹可采用钢板加工而成，大型索夹宜采用铸钢件。索夹材料应采用具有良好延性的低合金钢或者铸钢件。在高强螺栓紧固力的作用下，发生一定塑性变形的索夹有利于索体表面均匀受压，更好地夹持住索体，因此索夹材料必须有较好的塑性变形能力，强度不必过高。

索夹应采用摩擦型大六角头螺栓固定。由于索夹受力情况较为复杂，且高强螺栓预紧后会出现明显的紧固力损失，因此应采用摩擦型大六角头螺栓，便于根据实际情况调整预紧力以及二次预紧，不能采用扭剪型高强螺栓。

索夹上的高强螺栓孔分为穿孔和沉孔两类，如图 4-62 所示。沉孔内螺牙长度应保证施工预紧时螺牙处于弹性应力状态，由于索夹材料强度远低于高强螺栓，高强螺栓沉孔的内螺牙强度较低，需要较长的螺牙长度。根据螺牙受力特性，过长的远端螺牙不能有效承载，因此受沉孔内螺牙承载力限制，宜选用强度相对较低的 8.8 级高强螺栓。

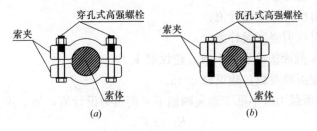

图 4-62　索夹安装形式
(a) 穿孔高强螺栓；(b) 沉孔高强螺栓

索夹应进行强度承载力和抗滑承载力计算，对于结构中存在较大不平衡力的重要索夹，其抗滑承载力应通过索夹抗滑加载试验确定。

外包 PE 钢丝索的抗滑承载力低于钢丝外露的裸索，当不平衡力较大时，索夹易滑动，且表面 PE 易被拉裂，应制定孔道内表面和夹持段索体外表面的抗滑和防腐专项措施，并应进行相应的试验验证抗滑承载力和防腐性能；在有些工程中，将夹持段的索体表面 PE 剥除，使索夹直接夹持钢丝束，此种情况下，应采取有效的长久措施防止钢丝腐蚀。

1. 索夹计算

索夹强度承载力计算，索夹应验算主体和压板的 A-A、B-B 截面的强度承载力，如图 4-63 所示。

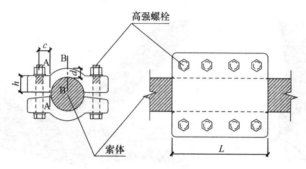

图 4-63　索夹计算截面

A-A 截面的抗弯应力比和抗剪应力比应分别满足式（4-51）和式（4-52）的要求。

$$K_{\mathrm{M}} = \frac{0.5 P_{\mathrm{tot}}^0 c}{(Lh^2/6) f \gamma_{\mathrm{P}}} \leqslant 1 \tag{4-51}$$

$$K_{\mathrm{V}} = \frac{0.75 P_{\mathrm{tot}}^0}{(Lh) f_{\mathrm{v}}} \leqslant 1 \tag{4-52}$$

B-B 截面的抗拉应力比应满足式（4-53）的要求。

$$K_{\mathrm{T}} = \frac{0.5 P_{\mathrm{tot}}^0}{(Ld) f \gamma_{\mathrm{R}}} \leqslant 1 \tag{4-53}$$

式中　P_{tot}^0——索孔道两侧所有高强螺栓的施工预紧力之和；

c——平台根部至螺栓孔中心距离；

L——索夹夹持长度；

h——A-A 截面厚度；

d——B-B 截面厚度；

f——钢材抗弯强度设计值；

f_{v}——钢材抗剪强度设计值；

γ_{P}——A-A 截面塑性发展系数，建议取 1.1；

γ_{R}——强度折减系数，建议取 0.45。

索夹抗滑设计承载力应不低于索夹两侧不平衡索力设计值，如下式：

$$R_{\mathrm{fc}} \geqslant F_{\mathrm{nb}} \tag{4-54}$$

$$R_{\mathrm{fc}} = 2\bar{\mu} P_{\mathrm{tot}}^{\mathrm{e}}/\gamma_{\mathrm{M}} \tag{4-55}$$

$$P_{\mathrm{tot}}^{\mathrm{e}} = \varphi_{\mathrm{B}} P_{\mathrm{tot}}^0 \tag{4-56}$$

式中　R_{fc}——索夹抗滑设计承载力；

F_{nb}——索夹两侧不平衡索力设计值，应不小于最不利工况下的索夹两侧索力最大差值；

γ_M——索夹抗滑设计承载力的部分安全系数，宜取 1.65；

$\bar{\mu}$——索夹与索体间的综合摩擦系数，可通过试验获得；

P_{tot}^e——索夹上所有高强螺栓的有效紧固力之和；

P_{tot}^0——索夹上所有高强螺栓的施工预紧力之和；

φ_B——高强螺栓紧固力损失系数。

实际工程中，有可能先预紧索夹的高强螺栓再张拉拉索，此时试验中的拉索预张力为 0，二次张拉达到使用工况下的设计索力；也有可能在拉索张拉后预紧索夹的高强螺栓，此时试验中的拉索预张力为施工方案中的拉索张拉力，二次张拉增加索力至设计值。

2. 索夹构造和制造

高强螺栓孔径应比螺栓公称直径大 1.5～2mm。索夹的主体和压板应配对制孔，且配对标记。

索夹的主体和压板之间应留有足够的间隙，以保证高强螺栓预紧、索夹变形后主体和压板之间无接触。

索孔道允许偏差：孔直径，+2～0mm；孔中心与索夹节点中心间距，±1mm；孔道中心圆弧两端切线夹角，±15′。索孔道表面粗糙度要求：$Ra=50\mu m$。

索夹孔道口和边缘应倒圆角且打磨圆滑，圆角半径宜不小于 10mm。

索夹表面涂装要求应不低于主体钢构件。

对钢丝外露的裸索，应在索夹孔道与索体接触面热喷锌，厚度宜≥0.6mm 且≤1mm，且热喷锌层表面应严禁油漆涂装、油污等。

在索体展开且无扭转的情况下，严格按照索体表面标记安装索夹，索夹在索体上的安装位置允许偏差±2mm。

索夹应严格按照配对制孔的主体和压板配对组装。

索槽内禁止进行油漆涂装；上下索夹索孔内表面和上下索夹对接面要求机加工或者打磨（粗糙度 $Ra\leqslant50\mu m$），索槽内摩擦面经喷砂处理后抗滑移系数不小于 0.50；索夹表面应进行喷砂处理，除锈要求满足《涂覆涂料前钢材表面处理 表面清洁度的目视评定 第 1 部分：未涂覆过的钢材表面和全面清除原有涂层后的钢材表面的锈蚀等级和处理等级》GB/T 8923.1—2011 的规定，并达到 Sa2.5 级。

4.3.3.8 焊接球节点

焊接空心球可以分为加肋空心球和非加肋空心球。当空心球直径为 160～900mm 时，其受压和受拉承载力设计值 N_R 可按下式计算：

$$N_R = \left(0.32 + 0.6\frac{d}{D}\right)\eta_d \pi t d f \tag{4-57}$$

式中 N_R——受压空心球的轴向受压或受拉承载力设计值（N）；

D——空心球外径（mm）；

t——空心球壁厚（mm）；

d——与空心球相连的主钢管杆件的外径（mm）；

f——钢材的抗拉强度设计值（N/mm²）；

η_d——加肋承载力提高系数，受压空心球加肋采用 1.4，受拉空心球加肋采用

　　1.1，不加肋时采用 1.0。

　　但连接空心球的杆件受到压弯或拉弯作用时，空心球承受压弯或拉弯的承载力设计值 N_m 可按下式计算：

$$N_m = \eta_m N_R \tag{4-58}$$

式中　η_m——考虑空心球受压弯或拉弯作用的影响系数，可采用 0.8。

　　为了可靠地传递杆件内力，以及使空心球能有效地布置所连接的圆钢管杆件，焊接空心球应满足以下构造要求：

　　(1) 同时承受弯矩和轴力的焊接球外径与壁厚之比宜取 20~35；杆件仅受轴向力的网架和双层网壳空心球的外径与壁厚之比宜取 25~45；空心球外径与主钢管外径之比宜取 2.4~3.0；空心球壁厚与主钢管的壁厚之比宜取 1.5~2.0。空心球壁厚不宜小于 4mm。

　　(2) 无肋空心球和有肋空心球的成型对接焊接，应分别满足图 4-64 和图 4-65 的要求。加肋空心球的肋板可用平台或凸台，采用凸台时，其高度不得大于 1mm。

　　(3) 钢管杆件与空心球连接，钢管应开坡口，在钢管与空心球之间应留有一定缝隙予以焊透，以实现焊缝与钢管等强，否则应按角焊缝计算，套管壁厚不小于 3mm，长度不小于 40mm。为保证焊缝质量，钢管端头可加套管与空心球焊接（图 4-66a）。角焊缝的焊脚尺寸 h_f 应符合下列要求：当钢管壁厚 $t_c \leq 4mm$ 时，$h_f \leq 1.5t_c$；当 $t_c > 4mm$ 时，$h_f \leq 1.2t_c$。

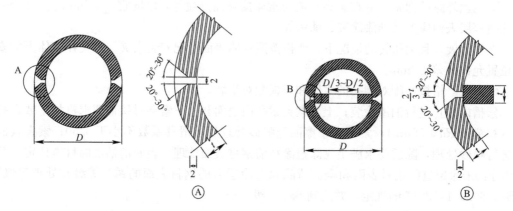

图 4-64　不加肋的空心球　　　　　　　图 4-65　加肋的空心球

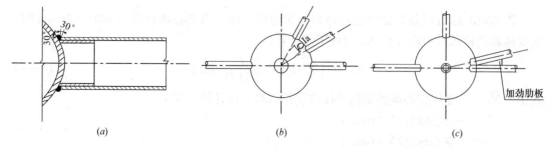

图 4-66　焊接球-钢管连接示意

(a) 钢管加套管的连接示意；(b) 汇交杆件连接示意 1；(c) 汇交杆件连接示意 2

　　在确定空心球外径时，球面上相连接杆件之间的净距 a 不宜小于 10mm（图 4-66b）。

为了保证净距，空心球直径也可初步按下式估算：

$$D = (d_1 + 2a + d_2)/\theta \tag{4-59}$$

式中 θ——汇集于球节点任意两钢管杆件间的夹角（弧度 rad）；

d_1、d_2——组成 θ 角的钢管外径（mm）。

当空心球直径过大，且连接杆件又较多时，为了减小焊接球直径，允许部分腹杆与腹杆或腹杆与弦杆相汇交，但必须满足以下构造要求：

（1）汇交杆件的轴线必须通过球中心线。

（2）汇交两杆中，截面积大的杆件必须全截面焊在球上（当两杆截面积相等时，取受拉杆），另一杆坡口焊在相汇腹杆上，但必须保证有 3/4 截面焊在球上，并用加劲肋板加强。

（3）受力大的杆件，可按图 4-66（c）设置加劲肋板。

当空心球外径大于等于 300mm，且杆件内力较大时，可在内力较大杆件的轴线平面内设加劲环肋，以提高其承载力；当空心球外径大于等于 400mm，且内力较大杆件为压力时，宜在压力较大杆件的轴线平面内设加劲环肋；当空心球外径大于等于 500mm，必须在压力较大杆件的轴线平面内设加劲环肋。环肋的厚度不应小于球壁的厚度，且加劲环肋与空心球的焊接必须保证质量以使它们能共同参与工作。

4.3.3.9 螺栓球节点

螺栓球直径应根据相邻螺栓在球体内不相碰并满足套筒接触面的要求（图 4-67）分别按式（4-60）、式（4-61）核算，并按计算结果中的较大者选用。

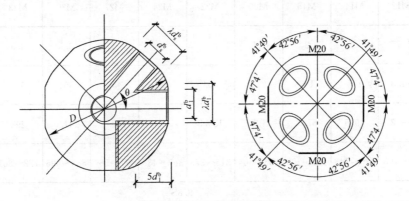

图 4-67 螺栓球与直径有关的尺寸

$$D \geqslant \sqrt{\left(\frac{d_s^b}{\sin\theta} + d_1^b \cot\theta + 2\xi d_1^b \right)^2 + \lambda^2 d_1^{b2}} \tag{4-60}$$

$$D \geqslant \sqrt{\left(\frac{\lambda d_s^b}{\sin\theta} + \lambda d_1^b \cot\theta \right)^2 + \lambda^2 d_1^{b2}} \tag{4-61}$$

式中 D——钢球直径（mm）；

θ——两相邻螺栓之间的最小夹角（弧度）；

d_1^b——两相邻螺栓的较大直径（mm）；

d_s^b——两相邻螺栓的较小直径（mm）；

ξ——螺栓拧入球体长度与螺栓直径的比值，可取为 1.1；

λ——套筒外接圆直径与螺栓直径的比值，可取为 1.8。

当相邻杆件夹角 θ 较小时，尚应根据相邻杆件及相关封板、锥头、套筒等零部件不相碰的要求核算螺栓球直径。此时可通过检查可能相碰点至球心的连线与相邻杆件轴线间的夹角之和不大于 θ 的条件进行核算。

高强度螺栓的性能等级应按螺纹规格分别选用。对于 M12～M36 的高强度螺栓，其强度等级按 10.9S 选用；对于 M39～M85 的高强度螺栓，其强度等级按 9.8S 选用。螺栓的形式与尺寸应符合现行国家标准《钢网架螺栓球节点用高强度螺栓》GB/T 16939 的要求。

高强度螺栓的直径应由杆件内力控制。每个高强度螺栓的受拉承载力设计值 N_1^b 应按下式计算：

$$N_1^b = A_{eff} f_t^b \tag{4-62}$$

式中 f_t^b——高强度螺栓经热处理后的抗拉强度设计值，对 10.9S，取 430N/mm²；对 9.8S，取 385N/mm²；

A_{eff}——高强度螺栓的有效截面面积，可按表 4-9 选取。当螺栓上钻有键槽或钻孔时，A_{eff} 值取螺栓处或键槽、钻孔处二者中的较小值。

常用钢网架用高强螺栓设计参数 表 4-9

性能等级	10.9S									
螺纹规格 d	M12	M14	M16	M20	M22	M24	M27	M30	M33	M36
螺距 P (mm)	1.75	2	2	2.5	2.5	3	3	3.5	3.5	4
A_{eff} (mm²)	84.3	115	157	245	303	353	459	561	694	817
N_1^b (kN)	36.2	49.5	67.5	105	130.5	151.5	197.5	241.0	298	351
拉力载荷 (kN)	88～105	120～143	163～195	255～304	315～376	367～438	477～569	583～696	722～861	850～1013

性能等级	9.8S							
螺纹规格 d	M39	M42	M45	M48	M52	M56	M60	M64
螺距 P (mm)	4	4.5	4.5	5	5	4	4	4
A_{eff} (mm²)	976	1120	1310	1470	1760	2144	2485	2851
N_1^b (kN)	375.6	431.5	502.8	567.1	676.7	825.4	956.6	1097.6
拉力载荷 (kN)	878～1071	1008～1232	1170～1441	1323～1617	1584～1936	1930～2358	2237～2734	2566～3136

续表

性能等级	9.8S							
螺纹规格 d	M68	M72	M76	M80	M85			
螺距 P （mm）	4	4	4	4	4			
A_{eff} （mm²）	3242	3658	4100	4566	5184			
N_1^b （kN）	1248.2	1408.3	1578.5	1757.9	1995.8			
拉力载荷 （kN）	2918～3566	3292～4022	3690～4510	4109～5023	4633～5702			

高强度螺栓应进行拉力载荷试验，其值应符合表4-9的拉力载荷值规定。

受压杆件的连接螺栓直径，可按其设计内力绝对值求得螺栓直径计算值后，按表4-9螺栓直径系列减少1～3个级差，但必须保证套筒任何截面均具有足够的抗压强度。

套筒（六角形无纹螺母）外形尺寸应符合扳手开口系列，端部要求平整，内孔径可比螺栓直径大1mm。

套筒应根据相应杆件的最大轴向承载力按压杆进行计算，并验算其端部有效截面的局部承压力。

对于开设滑槽的套筒尚需验算套筒端部到滑槽端部的距离，应使该处有效截面的抗剪力不低于紧固螺钉的抗剪力，且不小于1.5倍滑槽宽度。

套筒长度 l_s（mm）可按下列公式计算（图4-68）：

套筒长度：
$$l_s = m + B + n \tag{4-63}$$

滑槽长度：
$$B = \xi d - K \tag{4-64}$$

螺栓长度：
$$l = \xi d + l_s + h \tag{4-65}$$

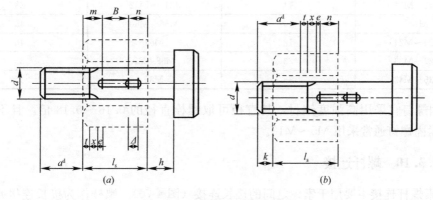

图 4-68 套筒长度及螺栓长度
（a）拧入前；（b）拧入后

式中 ξd——螺栓伸入钢球长度，ξ 一般取 1.1；

m——滑槽端部紧固螺钉中心到套筒端部的距离；

n——滑槽顶部紧固螺钉中心至套筒顶部的距离；

K——螺栓露出套筒距离，预留 4~5mm，但不应少于 2 个丝扣；

h——锥头端部厚度或封板厚度。

注：图中　t——螺纹根部到滑槽附加余量，取 2 个丝扣；

　　　　　x——螺纹收尾长度；

　　　　　e——紧固螺钉的半径；

　　　　　Δ——滑槽预留量，一般取 4mm。

螺栓球连接杆件端部应采用锥头（图 4-69a）或封板连接（图 4-69b），其连接焊缝以及锥头的任何截面必须与连接钢管等强，焊缝底部宽度 b 可根据连接钢管壁厚取 2~5mm。封板厚度应按实际受力大小计算决定，且不宜小于钢管外径的 1/5。锥头底板厚度不宜小于锥头底部内径的 1/4。封板及锥头底部厚度可按表 4-10 采用。

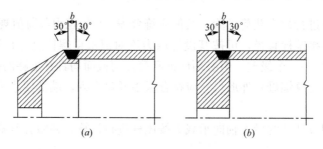

图 4-69　杆件端部锥头、封板连接焊缝

（a）锥头焊接；（b）封板焊接

锥头底板外径应较套筒外接圆直径或螺栓头直径大 1~2mm，锥头底板孔径宜大于螺栓直径 1mm。锥头倾角宜取 30°~40°。

封板及锥头底部厚度 表 4-10

螺纹规格	封板/锥底厚度（mm）	螺纹规格	锥底厚度（mm）
M12、M14	14	M45~M52	38
M16	16	M56~M60	45
M20~M24	18	M64	48
M27~M33	23	M68-M80	50
M36~M42	35	M85	55

紧固螺钉宜采用高强度钢材，其直径可取螺栓直径的 0.16~0.18 倍，且不宜小于 3mm。紧固螺钉通常采用 M5~M10。

4.3.3.10　螺杆连接

索-索螺杆连接主要用于索体之间的接长连接（图 4-70）。螺杆作为接长连接元件的同时，也可作为索体的长度调整元件，实现对索体长度的微调。在螺杆连接中，有些螺杆是索体锚具的一部分，一般由索厂家设计；有些转换连接，则需要结构设计人员专门设计。螺杆连接中螺纹是关键部位，无论何种情况，均须对螺纹、螺杆进行验算，确保连接安全可靠。

图 4-70　索-索螺杆连接

4.3.4　支座设计

大跨度预应力钢结构干煤棚支座节点必须具有足够的强度和刚度，在荷载作用下应不先于杆件和其他节点而破坏，也不得产生不可忽略的变形。支座节点构造形式应传力可靠、连接简单，并符合计算假定。支座节点根据结构的形式及主要受力特点可分别选用固定铰接支座或固定刚接支座或者可滑移、转动的弹性支座节点。

目前采用较多的是利用成品铰支座来实现理论分析中的固定铰接支座假设（图 4-71），成品铰支座通常为铸钢材料浇铸成万向球铰，并在球铰表面设置聚四氟乙烯板，减小转动和滑动的摩擦力，实现光滑转动。拱形桁架杆件可以直接汇交焊接在成品支座上，也可以将空心加肋半球焊接在成品支座上，支座上部杆汇交到空心加肋半球上（图 4-72）。支座节点连接的杆件中心线汇交于支座球节点中心，支座球节点底部至支座底板间的距离宜尽量减小，其构造高度视支座球节点球径大小取 150～300mm。支座设计过程中，应保证支座竖向支承板自由边或半球不发生屈曲；对于拉力支座节点，应验算支座受力焊缝是否满足强度要求。

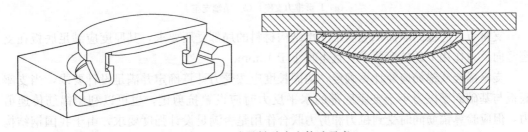

图 4-71　成品转动支座构造示意

当支座水平推力较大时，成品支座底部预埋锚筋及抗剪键不能满足剪力设计值时，可以采用 L 形推力支座，如图 4-73（a）所示，其中弧形支座板的材料宜用铸钢，单面弧形支座板也可用厚钢板加工而成。

实现节点单向转动，也可以采用销轴支座，如图 4-73（b）所示，但需要考虑销轴面外受力情况，当面外承受较大反力时，要慎用销轴支座。

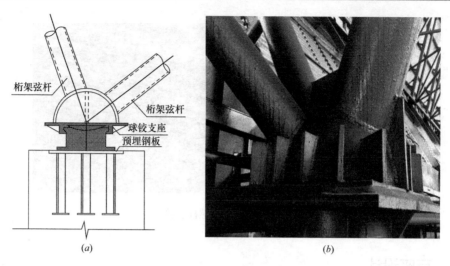

图 4-72　拱形桁架成品球铰支座

(*a*) 设计节点；(*b*) 施工完成

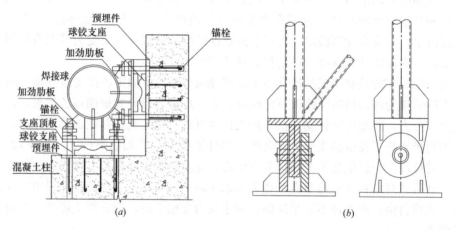

图 4-73　其他形式桁架支座

(*a*) L 形推力支座；(*b*) 销轴支座

支座节点底板的净面积应满足支承结构材料的局部受压要求，其厚度应满足底板在支座竖向反力作用下的抗弯要求，且不宜小于 12mm。

支座锚栓或锚筋应经计算确定，锚固长度应按受力计算确定并满足设计要求，当支座底板与基础面摩擦力小于支座底部的水平反力时应设置抗剪键，也可以利用锚筋传递剪力，但应验算锚筋同时受到拉力和剪力联合作用是否满足设计强度要求，由于我国钢结构设计标准中没有给出锚栓的抗剪承载力，所以设计中不得利用锚栓传递剪力。

4.3.5　支撑设计

对于一些大跨度干煤棚结构体系，当纵向联系桁架的数量较少，且主桁架与联系桁架的连接刚度较弱时，往往需要利用交叉支撑来控制结构的整体扭转效应，同时支撑与刚性系杆联合使用，也可以减小桁架的面外计算长度。用作减小轴心受压构件（柱）自由长度的支撑，应能承受沿被撑构件屈曲方向的支撑力，其值按下列方法计算：

（1）长度为 l 的单根柱设置一道支撑时，支撑力 F_{b1} 为：

当支撑杆位于柱高度中央时：

$$F_{b1} = N/60 \tag{4-66}$$

当支撑杆位于距柱端 αl 处时（$0 < \alpha < 1$）：

$$F_{b1} = \frac{N}{240\alpha(1-\alpha)} \tag{4-67}$$

（2）长度为 l 的单根柱设置 m 道等间距（或间距不等，但与平均间距相比相差不超过 20%）支撑时，各支承点的支撑力 F_{bm} 为：

$$F_{bm} = \frac{N}{42\sqrt{m+1}} \tag{4-68}$$

（3）被撑构件为多根柱组成的柱列，在柱高度中央附近设置一道支撑时，支撑力应按下式计算：

$$F_{bn} = \frac{\sum N_i}{60}\left(0.6 + \frac{0.4}{n}\right) \tag{4-69}$$

式中　N——被撑构件的最大轴心压力；

　　　n——柱列中被撑柱的根数；

　　$\sum N_i$——被撑柱同时存在的轴心压力设计值之和。

（4）当支撑同时承担结构上其他作用的效应时，应按实际可能发生的情况与支撑力组合。

（5）支撑的构造应使被撑构件在撑点处既不能平移，也不能扭转。

桁架受压弦杆的横向支撑系统中的系杆和支承斜杆应能承受下式给出的节点支撑力（图 4-74）：

$$F = \frac{\sum N}{42\sqrt{m+1}}\left(0.6 + \frac{0.4}{n}\right) \tag{4-70}$$

式中　$\sum N$——被撑各桁架受压弦杆最大压力之和；

　　　m——纵向系杆道数（支撑系统节间数减去 1）；

　　　n——支撑系统所撑桁架数。

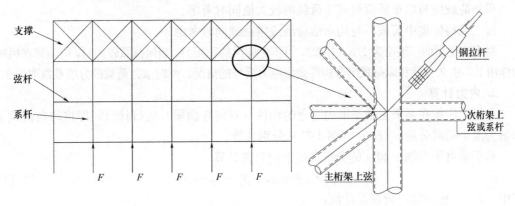

图 4-74　桁架受压弦杆横向支撑系统的节点支撑力

4.4　围护结构设计方法

4.4.1　檩条设计

檩条属于受蒙皮支撑的受弯构件，其承载力受许多因素影响，包括檩条本身的强度、截面特性，屋面板的强度、截面特性，二者之间的连接，受力方向等。对于大跨度干煤棚金属屋面，通常屋面恒荷载远小于风荷载，属于风荷载起控制作用的工况。而由于屋面板布置在檩条的上翼缘，在风吸力作用下，檩条的下翼缘由受拉变成受压，由于屋面板不能有效阻止檩条失稳时受压下翼缘的侧向变形趋势，就存在檩条在风吸力下的弯扭失稳问题，当风荷载较大时，这种情况比受重力方向荷载作用更为不利，通常是大跨度干煤棚金属屋面檩条设计的控制因素。

1. 主要荷载

大跨度干煤棚檩条系统所受到的主要荷载分类如下：

（1）永久荷载

永久荷载包括屋面材料重量（包括防水层、保温层或隔热层等）、支承及檩条结构自重。

（2）可变荷载

可变荷载包括屋面均布活荷载、雪荷载、积灰荷载和风荷载。屋面均布活荷载标准值（按投影面积计算）：压型钢板等轻型屋面取 0.3kN/m^2；雪荷载和积灰荷载按荷载规范或当地资料取用。

对于檩距小于 1m 的檩条，当雪荷载小于 0.5kN/m^2 时，尚应验算 1.0kN（标准值）施工或检修集中荷载作用于跨中时构件的承载力。

封闭或者开洞的干煤棚除考虑正常的外表面风压外，尚应考虑建筑物内部压力的局部体型系数正负情况并按《建筑结构荷载规范》GB 50009 相关规定取值。

（3）荷载组合

均布活荷载不与雪荷载同时考虑，设计时取两者中的较大值。

积灰荷载应与均布活荷载或雪荷载的较大值同时考虑。

施工或检修集中荷载不与均布活荷载或雪荷载同时考虑。

对于坡度屋面（坡度为 1/8～1/20），可不考虑风的正压力。当风荷载较大时，应验算在风吸力作用下，永久荷载和风荷载组合构件截面应力反号的情况，此时永久荷载的分项系数取 1.0。

2. 内力计算

分析时应按在两个主轴平面内受弯的构件（双向弯曲梁）进行计算，即将均布荷载 p 分解为两个荷载分量 p_x 和 p_y（图 4-75）分别计算。

对于垂直于主轴 x 和 y 的分荷载按下列公式计算：

$$p_x = p\sin\alpha, \quad p_y = p\cos\alpha \tag{4-71}$$

式中　p——檩条竖向荷载设计值；

　　　α——P 与主轴 y 的夹角，或屋面倾角。

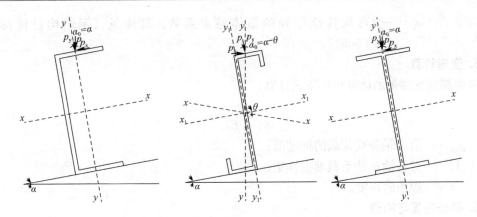

图 4-75　檩条主要形式及受力形式

由于风吸力总是垂直于主轴 x 的，所以 p_x 即为风吸力。

檩条的弯矩，对 x 轴，由 p_y 引起的弯矩：

单跨简支构件：跨中最大弯矩 $M_x = p_y l^2/8$，l 为檩条的跨度。

多跨连续构件（图 4-76）：不考虑活荷载的不利组合，跨中和支座弯矩均近似取 $M_x = p_y l^2/10$，对 y 轴，由 p_x 引起的弯矩，无拉条时按简支梁计算；如有拉条作为侧向支承点，按多跨连续梁计算。

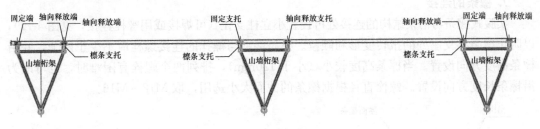

图 4-76　连续檩条布置

一根拉条位于 $l/2$ 时，跨中负弯矩 $M_y = p_x l^2/32$。两根拉条位于 $l/3$ 时，$1/3$ 处负弯矩 $M_y = p_x l^2/90$，跨中正弯矩 $M_y = p_x l^2/360$。

3. 强度计算

当屋面能阻止檩条侧向失稳和扭转时，可不计算檩条的整体稳定性，仅按下式计算强度：

$$\sigma = \frac{M_x}{W_{enx}} + \frac{M_y}{W_{eny}} \leqslant f \tag{4-72}$$

式中　M_x——由 p_y 引起 x 轴的最大弯矩；

　　　　M_y——由 p_x 引起 y 轴相应于最大 M_x 处的弯矩，拉条应作为侧向支承点；

W_{enx}、W_{eny}——分别为对主轴 x、y 的有效净截面抵抗矩；

　　　　f——钢材的强度设计值。

4. 稳定性计算

按下式计算檩条的稳定性：

$$\sigma = \frac{M_x}{\varphi_b W_{ex}} + \frac{M_y}{W_{ey}} \leqslant f \tag{4-73}$$

式中　W_{ex}、W_{ey}——分别为对主轴 x、y 的有效截面抵抗矩；

φ_b——受弯构件绕强轴的整体稳定系数，具体见《钢结构设计标准》GB 50017。

5. 变形计算

对两端简支檩条的挠度可按下式计算：

$$v_y = \frac{5}{384} \cdot \frac{p_{ky} l^4}{EI_x} \leqslant [v] \tag{4-74}$$

式中 p_{ky}——沿 y 轴分线荷载的标准值；

         I_x——对主轴 x 的毛截面惯性矩；

         l——檩条的跨度。

6. 檩条布置与构造

实腹式檩条的截面均宜垂直于屋面坡面，檩条的截面高度 h，一般可取跨度的 $1/35\sim 1/50$；檩条的截面宽度 b，由截面高度 h 所选用的型钢规格所确定，一般取高度的 $1/2\sim 1/3$。

坡度大于 $1/10$ 的屋面或檩条跨度大于 4m 时，宜在檩条跨中设置张紧圆钢拉条或撑杆，圆钢拉条直径不宜小于 8mm。

檩条与屋面应可靠连接，应通过螺栓或自攻螺钉与压型钢板牢固连接，以保证屋面能起到阻止檩条侧向失稳和扭转的作用，这对一般不需验算整体稳定性的实腹式檩条尤为重要。

7. 檩条的连接

实腹式檩条与桁架结构的连接处可设置小立柱支托（可焊接或用螺栓连接，见图 4-77），以防止檩条在支座处的扭转变形和倾覆。檩条端部与檩托的连接螺栓应不少于两个，并沿檩条高度方向设置。当檩条高度较小（小于 120mm），排列两个螺栓有困难时，也可改为沿檩条长度方向设置。螺栓直径根据檩条的截面大小选用，取 M12～M16。

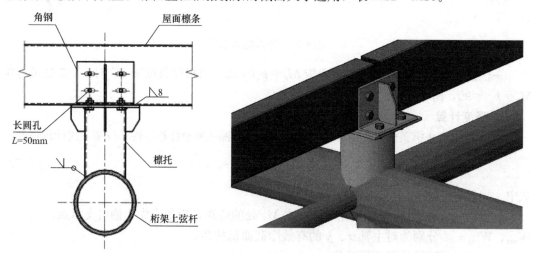

图 4-77 檩条、檩托与桁架连接构造

实腹式檩条连接可以按简支方式连接（图 4-78），连接板焊接在支托板上，支托两边檩条通过螺栓和连接板固定，也可以把檩条直接焊接在连接板上，也可按连续方式连接。卷边 C 形檩条可采用不同型号的卷边 C 形冷弯薄壁型钢套置搭接（图 4-79）。在同一工程中宜尽量减少搭接长度的类型。

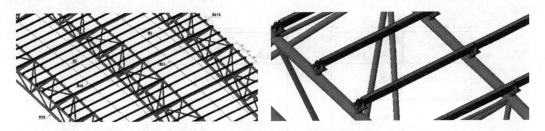

图 4-78 屋面檩条与桁架连接布置

主次檩的连接形式有平接和上下叠接。上下叠接是把次檩直接置于主檩上面的支托板上，构造简单，施工方便，加之屋面一般无建筑净空要求，这种连接方式采用较多。而平接由于需加焊肋板，对檩条会产生焊接残余应力，构造上又要比上下叠接复杂，较少采用。当荷载较大时，主檩一般选用型钢。

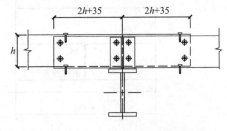

图 4-79 C形冷弯薄壁型钢套置搭接

对于汇交杆件较多的桁架或者网壳节点，屋面和墙面檩条可以利用主次檩条形式进行布置，主檩连接在焊接球支托板上，次檩采用上下叠接形式布置，如图 4-80 所示。

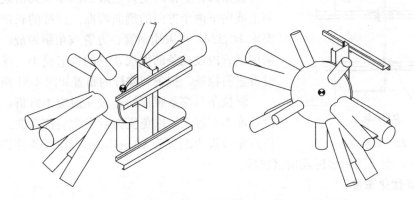

图 4-80 墙檩与主体结构连接构造

8. 拉条和撑杆设置

（1）拉条的设置

檩条的拉条设置主要和檩条的侧向刚度有关。对于侧向刚度较大的轻型 H 型钢檩条，一般可不设拉条；对于侧向刚度较小的其他实腹式檩条，为了减小檩条在安装和使用阶段的侧向变形和扭转，保证其整体稳定性，一般需在檩条间设置拉条，作为其侧向支承点。当檩条跨度≤4时，可按计算要求确定是否需要设置拉条；当屋面坡度 $i>1/10$，檩条跨度＞4m时，宜在檩条跨中位置设置一道拉条；当跨度 6m 时，宜在檩条跨度三分点处设两道拉条。在檐口处还应设置斜拉条和撑杆。拉条的直径为 8～12mm，根据荷载和檩距大小取用，如图 4-81 所示。当檩条截面高度＞300mm 时，为保证檩条具有可靠的平面外计算长度，通常可以设置双层拉条，双层拉条应布置在靠近上下翼缘，具体形式参见图 4-82。

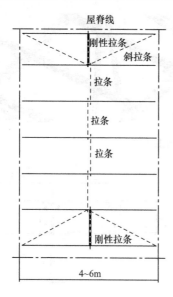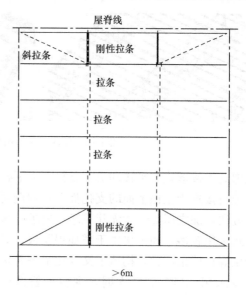

图 4-81　拉条平面布置

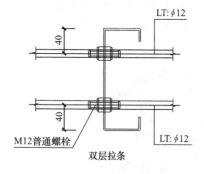

图 4-82　双层拉条

（2）撑杆的设置

檩条撑杆的作用主要是限制檐檩和天窗缺口处边檩向上或向下两个方向的侧向弯曲。撑杆的长细比按压杆要求 $\lambda \leqslant 220$，可采用钢管、方管或角钢做成。目前普遍采用钢管内设拉条的做法，它的构造简单。撑杆处应同时设置斜拉条。拉条和撑杆的布置如图 4-81 所示。

斜拉条与檩条腹板的连接一般应予弯折，弯折的直段长度不宜过大，以免受力后发生局部弯曲。斜拉条弯折点距腹板边距宜为 $10\sim15$mm。如果条件许可，斜拉条可不弯折，而采用斜垫板或角钢连接。

9. 檩条优化布置

通常屋面的檩条宜采用统一规格布置。但如果荷载作用非常不均匀，也可以考虑采用两种或多种檩条规格。按照风洞试验结果，通常可以采用将结构长度方向分为端部与中部两块或者更为细致的区格，并按不同规格分别对其进行檩条配置的方法来处理，可以节约一定的檩条用量。拱形干煤棚的屋面檩条和墙面檩条布置如图 4-83、图 4-84 所示。

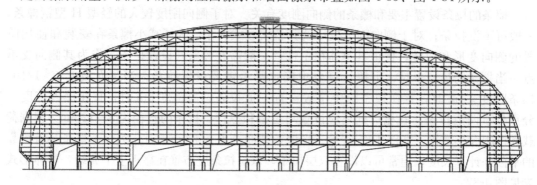

图 4-83　墙面檩条布置

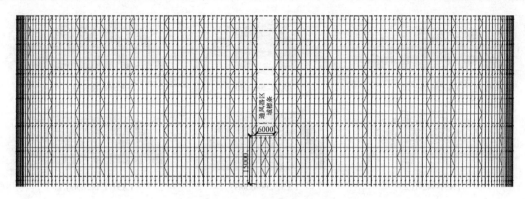

图 4-84 屋面檩条布置

4.4.2 屋面板设计

1. 压型钢板选型

目前干煤棚屋面材料普遍采用压型钢板，一般的现代干煤棚结构屋面钢板展开面积通常接近 10 万 m^2，如图 4-85 所示，面积非常巨大，所以屋面板的标准化安装非常重要，目前压型钢板的加工和安装已达工厂化、装配化，规格板材的类型非常多（图 4-86），其中不同板型的最大允许檩距可根据支承条件、荷载情况在厂家提供的产品规格中选用。

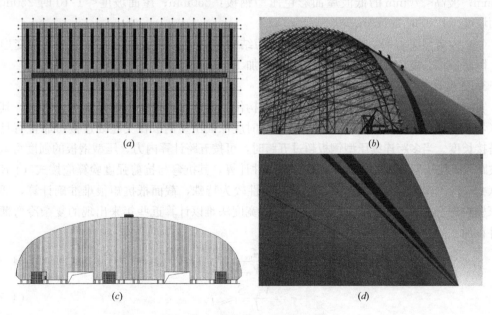

图 4-85 干煤棚屋面金属板铺设
（a）屋面板布置图；（b）屋面铺设；（c）山墙板布置图；（d）山墙铺设

2. 压型钢板构造要求

（1）压型钢板的挠度和跨度之比不应超过下列极限：屋面板坡度＜1/20 时，为 1/250；屋面板坡度≥1/20 时，为 1/200。

（2）彩色压型钢板长度方向的搭接端必须与支承构件（檩条等）有可靠的连接，搭接

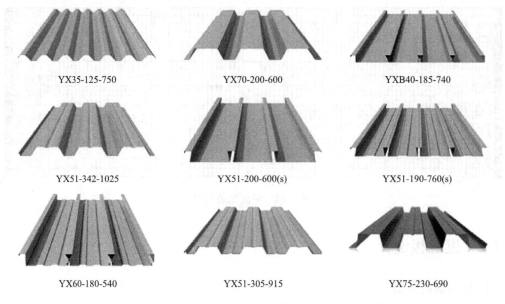

图 4-86 压型钢板类型

部位应设置防水密封胶带。压型钢板根据波高可分为高波板（波高＞70mm）和低波板（波高≤70mm），搭接长度不宜小于下列极限：波高≥70mm 的高波屋面彩色压型钢板：350mm；波高＜70mm 的低波屋面彩色压型钢板：250mm；屋面坡度＜1/10 时 250mm；屋面坡度＞1/10 时 200mm。

（3）大跨预应力钢结构干煤棚结构因为结构跨度大，温度和荷载作用下结构变形较大，因此搭接长度应在上述规定的基础上增加 1～2 倍。

3. 强度计算

实际工程中的压型钢板大多是连续受弯构件，因此在进行压型钢板受弯计算时，其内力（弯矩）计算可按多跨连续梁进行，但此时应保证压型钢板在支座处连接可靠且有足够的搭接长度。当多跨连续压型钢板超过五跨时，可按五跨计算内力。压型钢板的强度可取一个波距或整块压型钢板的有效截面按受弯构件计算，其抗弯与抗剪强度验算应按式（4-75）、式（4-76）计算。但冷弯压型钢板的截面特性较为特殊，截面抵抗矩很难准确计算，通常厂家资料中会提供数据，而利用传统的有效宽度法难以计算近些年来出现的复杂冷弯薄壁构件截面。

$$\sigma = \frac{M_{max}}{W_{enx}} \leqslant f \tag{4-75}$$

$$\tau = \frac{V_{max} S}{I t} \leqslant f_v \tag{4-76}$$

计算压型钢板的有效抵抗矩 W_{enx} 时，中间加劲板件的有效宽度 b_e 可按等效板件的有效宽度采用（如图 4-87a 所示），等效板件的厚度（如图 4-87b 所示）可按下式计算：

$$t_s = \sqrt[3]{12 I_{sp}/b} \tag{4-77}$$

式中　t_s——等效板件厚度；

　　　　I_{sp}——加劲板件对中和轴的惯性矩；

　　　　b——加劲板件的宽度；

b_e——加劲板件的有效宽度。

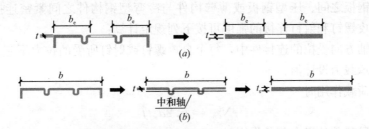

图 4-87　多加劲板件有效宽度计算

(*a*) 有效宽度示意；(*b*) 等效厚度示意

对于压型钢板稳定性、支座强度等其他计算内容读者可以参照《冷弯型钢结构技术规范》GB 50018 执行。

4. 压型钢板连接

压型钢板根据板型连接方式不同可分搭接、咬边和卡扣连接，具体如图 4-88 所示。

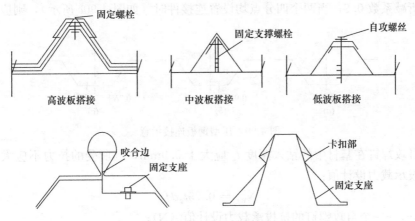

图 4-88　压型钢板搭接方式

铺设高波压型钢板屋面时，应在檩条上设置固定支架，固定支架一般为 2～3mm 厚钢带，在现场焊接或用自攻螺钉或射钉与檩条连接，每波设一个，檩条上翼缘宽度应比固定支架宽 10mm。

铺设低波压型钢板屋面时，可不设置固定支架，宜在波峰处采用带有防水密封胶垫的自攻螺钉或射钉、勾头螺栓与檩条连接，连接点可每波设一个，但每块压型钢板与同一檩条的连接不得少于 3 个连接件，自攻螺钉连接是现在应用最为简便的一种方式，目前国内干煤棚屋面材料中自攻螺钉连接的板材选用较多，施工简便，但通常檩条厚度不宜大于 4mm，否则自攻钉拧入难度较大，如果檩条壁厚超过 6mm，则需要分两次拧入，预先在檩条上引孔。

采用自攻螺钉连接时，螺钉规格不应小于 ST4.2，螺钉应从较薄钢板的一侧穿入，螺钉应穿透所有被连接的构件（图 4-89），且在连接

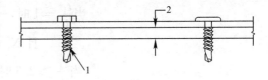

图 4-89　螺钉连接示意图

1—至少 3 个螺纹；2—从较薄板到较厚板

钢板外露出不应少于 3 个螺纹的长度。螺钉中心距、端距和边距不得小于其直径的 3 倍。

用于压型钢板之间、压型钢板或薄壁构件与冷弯型钢构件之间紧密连接的抽芯铆钉（拉铆钉）、自攻螺钉和射钉连接的强度可按下列规定计算：

（1）杆件轴方向受拉的连接件中，每个自攻螺钉或射钉所受的拉力不应大于按下列公式计算的拉脱承载力设计值：

当只受静荷载作用时

$$N_{\mathrm{tov}}^{\mathrm{f}} = 1.2 d_{\omega} t f \tag{4-78}$$

当受含有风荷载的组合荷载作用时

$$N_{\mathrm{tov}}^{\mathrm{f}} = 0.6 d_{\omega} t f \tag{4-79}$$

式中　$N_{\mathrm{tov}}^{\mathrm{f}}$——一个自攻螺钉或射钉的拉脱承载力设计值（N）；

　　　d_{ω}——一个自攻螺钉或射钉的钉头直径，当有垫圈时为垫圈的直径（mm）；

　　　t——紧挨钉头侧的钢板厚度（mm），应满足 $0.5\mathrm{mm} \leqslant t \leqslant 1.5\mathrm{mm}$；

　　　f——被连接钢板的抗拉强度设计值（N/mm²）。

当连接件位于压型钢板波谷的一个四分点时（如图 4-90b 所示），其拉脱承载力设计值应乘以折减系数 0.9，当两个四分点均设置连接件时（如图 4-90c 所示），则应乘以折减系数 0.7。

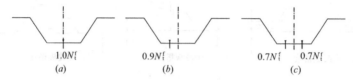

$$\text{1.0}N_{\mathrm{f}}^{\mathrm{f}} \qquad\qquad 0.9N_{\mathrm{f}}^{\mathrm{f}} \qquad\qquad 0.7N_{\mathrm{f}}^{\mathrm{f}} \quad 0.7N_{\mathrm{f}}^{\mathrm{f}}$$
$$(a) \qquad\qquad (b) \qquad\qquad (c)$$

图 4-90　压型钢板连接示意

（2）自攻螺钉在基材中的钻入深度 t_{c} 应大于 0.9mm，其所受的拉力不应大于按下式计算的抗拔承载力设计值：

$$N_{\mathrm{tot}}^{\mathrm{f}} = 0.75 t_{\mathrm{c}} d f \tag{4-80}$$

式中　$N_{\mathrm{tot}}^{\mathrm{f}}$——一个自攻螺钉的抗拔承载力设计值（N）；

　　　d——自攻螺钉的直径（mm）；

　　　t_{c}——钉杆的圆柱状螺纹部分钻入基材中的深度（mm）；

　　　f——基材的抗拉强度设计值（N/mm²）。

同时，自攻螺钉或射钉所受的拉力设计值不应超过由试验确定的钉杆拉断破坏的承载力设计值。

（3）当连接件受剪时，每个连接件所承受的剪力不应大于按下列公式计算的受剪承载力设计值：

抽芯铆钉和自攻螺钉：

当 $\dfrac{t_1}{t} = 1$ 时，　$N_{\mathrm{v}}^{\mathrm{f}} = 3.7\sqrt{t^3 d} f \tag{4-81}$

且 $N_{\mathrm{v}}^{\mathrm{f}} \leqslant 2.4 t d f \tag{4-82}$

当 $\dfrac{t_1}{t} \geqslant 2.5$ 时，　$N_{\mathrm{v}}^{\mathrm{f}} = 2.4 t d f \tag{4-83}$

当 $\dfrac{t_1}{t}$ 介于 1 和 2.5 之间时，$N_{\mathrm{v}}^{\mathrm{f}}$ 可由公式（4-81）和公式（4-83）插值求得。

式中　N_v^f——一个连接件的受剪承载力设计值（N）；

　　d——铆钉或螺钉直径（mm）；

　　t——较薄板（钉头接触侧的钢板）的厚度（mm）；

　　t_1——较厚板（在现场形成钉头一侧的板或钉尖侧的板）的厚度（mm）；

　　f——被连接钢板的抗拉强度设计值（N/mm²）。

　　射钉：

$$N_v^f \leqslant 2.4tdf \tag{4-84}$$

式中　t——被固定的单层钢板的厚度（mm）；

　　d——射钉直径（mm）；

　　f——被固定钢板的抗拉强度设计值（N/mm²）。

当抽芯铆钉或自攻螺钉用于压型钢板端部与支承构件（如檩条）的连接时，其受剪承载力设计值应乘以折减系数 0.8。

同时，每个自攻螺钉所承受的剪力设计值应不超过由标准试验确定的钉杆抗剪强度设计值的 0.8 倍。

（4）同时承受剪力和拉力作用的自攻螺钉和射钉连接，应符合下式要求：

$$\sqrt{\left(\frac{N_v}{N_v^f}\right)^2 + \left(\frac{N_t}{N_t^f}\right)^2} \leqslant 1 \tag{4-85}$$

式中　N_v、N_t——一个连接件所承受的剪力和拉力；

　　N_v^f、N_t^f——一个连接件的受剪和抗拉承载力设计值；N_t^f 取 N_{tov}^f 和 N_{tot}^f 中的小值。

当采用单个自攻螺钉连接低延性钢板（LQ550）时，其承载力可按公式（4-78）～公式（4-83）的计算结果乘以 0.8 确定。

安装压型钢板过程中，在紧固自攻螺丝时应掌握紧固的程度，不可过度，过度会使密封垫圈上翻，甚至将板面压得下凹而积水。紧固不够会使密封不到位而出现漏雨，目测检查拧紧程度的方法是看垫板周围的橡胶是否被轻微挤出，如图 4-91 所示。

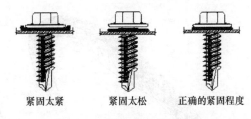

紧固太紧　　　紧固太松　　　正确的紧固程度

图 4-91　自攻螺丝拧入程度

4.5　马道设计

马道是用来悬挂或检修灯具、设备的通道，马道宽一般取 600～900mm，高度一般取 1000～1200mm。干煤棚结构中马道位置的设计需要考虑到有利于灯具、水炮等设备的检修，同时方便工作人员覆盖巡视全部屋盖下弦。一般对于拱形煤棚，其马道平面布置和桁架内布置形式可参见图 4-92。

马道安装的方式有多种，其中按马道布置在桁架中的位置可以分为上承式马道、下承式马道、中承式马道和外挂式马道。

由于大跨度拱形预应力钢桁架体系通常腹杆杆件不建议承受弯矩，因此可在假设为梁单元受力的弦杆节点布置吊杆，通过吊杆吊住马道的受力主钢梁，马道布置在型钢梁上，如图 4-93 所示，对于矩形断面的桁架，也可以把马道直接布置在下弦杆上（图 4-94），但布置马道的下弦杆必须作抗弯验算。

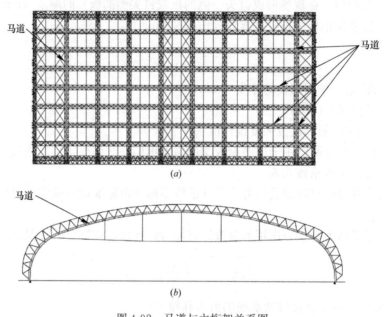

图 4-92　马道与主桁架关系图

（a）拱形干煤棚马道平面布置；（b）拱形干煤棚马道立面布置

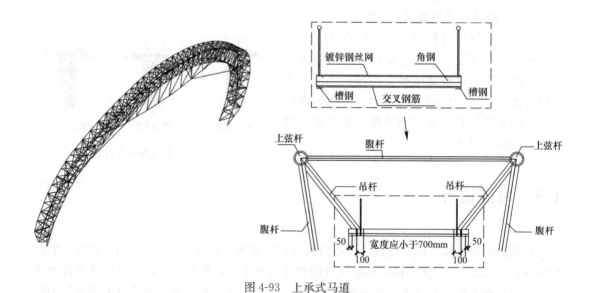

图 4-93　上承式马道

当钢桁架采用三角形断面时，也可以将马道架设在腹杆中部，如图 4-95 所示，但需要对安装马道位置腹杆进行抗弯验算，这种马道布置方式比较简单，施工均在桁架内进行，施工单位比较愿意采用这一形式，但由于马道主钢梁与腹杆连接的节点位置不容易确定，或者同一节间腹杆的角度不同，导致马道很难确保水平布置，施工时如随意连接，荷载位置、大小难以准确估计，容易造成腹杆受力弯曲和屈曲，设计此类马道时需要特别注意腹杆的验算。

第四种方式就是外挂式（图4-96），利用腹杆中间节点和下弦节点吊挂吊杆，通过吊杆吊住马道受力主钢梁，吊杆与腹杆采用节点装配式连接，此种方式避免了腹杆角度布置不规律时马道水平放置困难问题，但也利用了腹杆承受弯矩的作用，在设计分析时应准确核算腹杆受力位置和荷载大小，并进行腹杆抗弯验算。

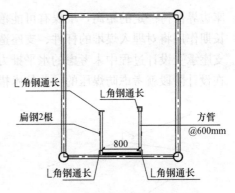

图 4-94　下承式马道（矩形桁架）

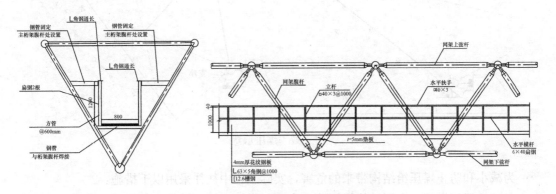

图 4-95　中承式马道（三角形桁架）

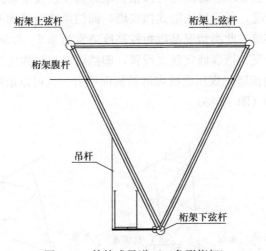

图 4-96　外挂式马道（三角形桁架）

4.6　防煤压设计

拱形干煤棚结构由于工艺的要求一般采用两对边落地的柱面体型，如果储煤没能与支座边界保持一定的距离，堆煤有可能覆盖到结构的构件，出现如图4-97所示的煤压堆载，长期作用将对埋入煤堆的杆件、支座造成严重腐蚀，也会使得局部杆件受压屈曲，或者使支座承受设计过程中未考虑的水平推力，形成支座强迫位移，因此，对于煤压堆载必须要在设计阶段就考虑防煤压的一些技术措施。

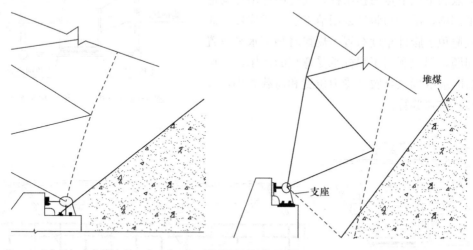

图 4-97　煤压示意

为减小和防止煤压给结构带来的危害，实际工程中往往采用以下措施：

（1）设置挡煤墙，在钢结构煤棚落地支座与煤堆之间，结构内侧设置挡煤墙，利用挡煤墙来承担堆煤压力，挡煤墙合理高度可以根据堆煤高度以及堆煤角确定。

（2）采用高支座情况，可设置依附式挡煤墙，即挡煤墙与结构基础短柱相连，或者也可以设置成独立式挡煤墙，此类情况基础短柱高度通常为 2.5～3.5m（图 4-98a）。

（3）采用低支座情况，挡煤墙宜独立设置，即挡煤墙与结构完全脱开。挡煤墙宜设置成 L 形自立式，利用内侧竖向煤压抵抗煤堆的侧向推力；也可以依附于基础短柱将水平推力直接传递给煤棚基础（图 4-98b）。

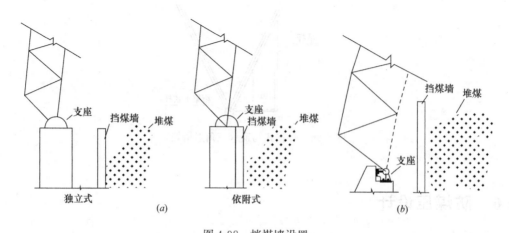

图 4-98　挡煤墙设置

(a) 高支座挡煤墙；(b) 低支座挡煤墙

4.7 挡煤墙设计

干煤棚内的挡煤墙高度 z 通常为 2.5～3.5m，堆煤荷载对基础及挡煤墙的影响不可忽略，因此设计过程中应考虑堆煤荷载对基础和挡煤墙的影响。

煤堆对挡煤墙的主动土压力按下式计算：

$$\sigma_a = r \times z \frac{\cos^2(\varphi-\alpha)}{\cos^2\alpha \times \cos(\alpha+\delta) \times \left[1+\sqrt{\dfrac{\sin(\varphi+\delta)\sin(\varphi-\beta)}{\cos(\alpha+\delta)\cos(\alpha-\beta)}}\right]^2} \qquad (4\text{-}86)$$

式中　φ——内摩擦角；

　　　β——煤堆坡度角；

　　　α——墙背的倾斜角；

　　　δ——煤对墙背的外摩擦角。

当 $\varphi=\beta$、$\delta=10°$、$\alpha=0°$ 时，上式可以简化为：

$$\sigma_a = 0.762r \times z \qquad (4\text{-}87)$$

假定某工程挡煤墙高度为 2.5m，煤场内煤的重度 r 为 11kN/m³，煤堆的休止角和煤的内摩擦角均为 30°。地面以下土重度为 18kN/m³，内摩擦角为 30°。

按上述简化公式计算，每延米的挡煤墙土压力分布如图 4-99 所示。

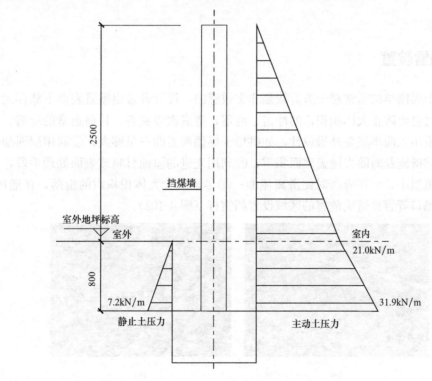

图 4-99　2.5m 高挡煤墙土压力分布图

按土压力分布图计算，确定自立式和依附式挡煤墙断面尺寸及配筋如图 4-100 所示。

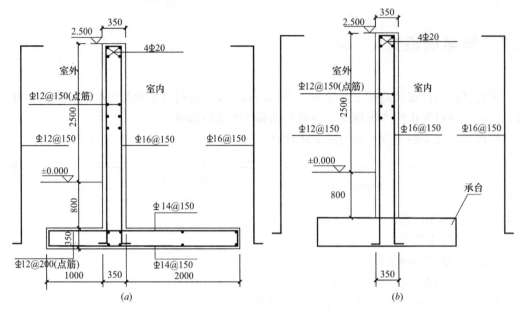

图 4-100　2.5m 高挡煤墙构造

(a) 自立式挡煤墙；(b) 依附式挡煤墙

4.8　挡雪设计与构造

4.8.1　挡雪装置

大跨度干煤棚结构通常对于雪荷载是非常敏感的，设计者希望屋盖表面不储存大体积积雪，但同时也要防止大体积积雪的冲击、滑落，造成次级灾害。目前通常的除雪、挡雪方法为：①采用大曲率屋盖外形设计，如拱形干煤棚屋盖曲率足够大；②利用屋面加热系统或其他除雪措施及时除去屋盖表面积雪；③利用先进的屋面材料或表面处理手段，使得屋面摩擦阈值很小，雪在降落时便滑离屋面；④尽量减少大体积积雪的滑落，在通风口、排水天沟、檐口等容易造成危害的区域设置挡雪杆（图 4-101）。

(a)　　　　　　　　　　　　　　　(b)

图 4-101　挡雪栏杆工程应用

(a) 国外某厂房挡雪栏杆；(b) 国内某屋盖挡雪系统

目前挡雪栏杆广泛用于寒冷多雪地区金属屋面的挡雪设计中，常用金属屋面挡雪系统设置挡雪夹和挡雪杆的主要作用是防止大面积金属屋面在风荷载产生向上吸力的作用下金属屋面被揭起，辅助功能为阻止适量积雪滑落。挡雪系统（图 4-102）由挡雪板、挡雪夹、钢管组成，挡雪板增加了积雪与钢管的接触面积，挡雪夹则是通过螺栓施加预紧力产生足够的摩擦力，使其在积雪冲击作用下不发生滑动或脱落。

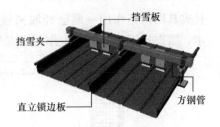

图 4-102　屋面挡雪集成系统

4.8.2　挡雪夹计算

挡雪夹是将积雪压力传递至屋面系统时的主要受力构件（图 4-103），但挡雪夹的抗摩擦力值与螺栓预紧力、钢板间摩擦系数、温度场情况都有很大关系。以某工程为例，此处采用数值模拟的方法，来说明挡雪夹抗冲击性能，并将雪夹出现超应力或滑动时定义为失效，选用挡雪夹夹具长度为 120mm，夹具间距为 600mm，预紧力 3kN（图 4-104）。

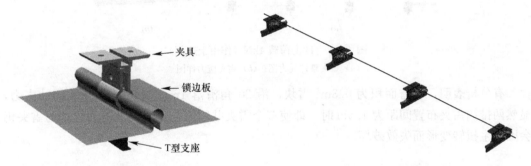

图 4-103　挡雪夹构造　　　　　　　　图 4-104　雪夹系统布置图

当冲击荷载为 2kN 时，挡雪系统的应力情况如图 4-105 所示，雪夹中部发生轻微滑动，整个系统未发生破坏，最大应力与单个雪夹受力情况相近，依旧发生在螺栓孔处，为 299MPa。

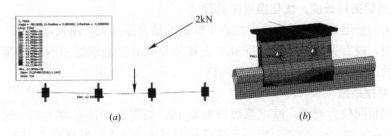

图 4-105　冲击荷载 2kN
(a) 雪夹整体应力图；(b) 雪夹应力详图

冲击荷载为 4kN，冲击荷载作用于中部时，整个挡雪系统发生了滑动并失效，边部雪夹最先发生破坏。图 4-106 (b) 为其 Mises 应力图，最大应力的位置发生在螺栓孔处，并且夹具因弯矩作用一侧已经脱离锁边板，当集中力偏心作用时，应力情况如图 4-107 所示，雪夹也因边部受弯矩作用而发生破坏。

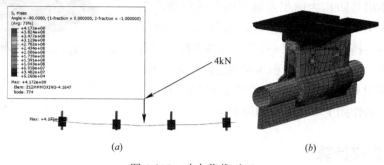

图 4-106　冲击荷载 4kN
(*a*) 雪夹整体受力图；(*b*) 雪夹应力详图

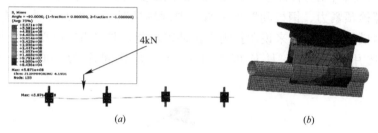

图 4-107　冲击荷载 4kN（作用于边部）
(*a*) 雪夹整体受力图；(*b*) 雪夹应力详图

有分析表明，积雪面积为 0.3m² 雪块，沿 20°角滑落 1m，就会产生 5kN 的冲击力，显然两排挡雪夹布置间距为 1.5m 时，即使多个雪夹共同工作，远离冲击力位置的雪夹仍会因发生扭转变形而失效破坏。

4.8.3　优化布置分析

目前国内常用的挡雪系统抵抗冲击作用的能力较弱，抗风夹具很难兼顾挡雪作用，其自身的摩擦力不能抵抗大体积雪滑落的冲击作用，故对挡雪系统优化设计提供以下建议：

1. 增加挡雪夹具长度，优化挡雪夹具尺寸

增加雪夹的长度是增加单个雪夹抗水平荷载的最直接方式，随长度增加，可布置螺栓数更多；同时，现有夹具厚度为 4.5mm，夹具长 60mm 仅能承受 3kN 的预紧力，也可通过优化夹具的厚度，提高预紧力的施加限值。

2. 增大摩擦系数

夹具与钢板间较为光滑，摩擦系数仅为 0.15，当雪夹摩擦系数为 0.5 时，夹具长度 60mm 的雪夹在施加 2kN 预紧力后，水平承载力可由 0.35kN 提高到 1.1kN（图 4-108），故对雪夹内侧进行粗糙处理，增大摩擦系数对提高挡雪夹抗冲击能力是十分有效的。

3. 提供可改进的挡雪夹具形式及抗滑移措施

现有抗雪夹施加预紧力的控制效果较差，可选用能控制预紧力的螺栓，在挡雪夹前端设置格挡构件（图 4-109），增加夹具抗滑移能力。

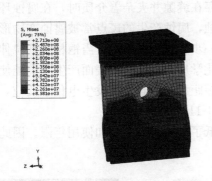

图 4-108　雪夹应力云图（$\mu=0.5$）　　图 4-109　格挡构件实体图

4. 挡雪杆与金属屋面连接采用 X 形连接方式固定

挡雪系统平面布置如图 4-110 所示，每个支座由 4 个铝合金角码连接到屋面上（图 4-110a）。这样设计可以有效减小单个挡雪夹具的雪荷载作用。X 形支座连接可以保证挡雪杆系统不仅能承受沿坡屋面的滑移推力，而且能抵抗雪荷载对挡雪杆系统的倾覆弯矩。

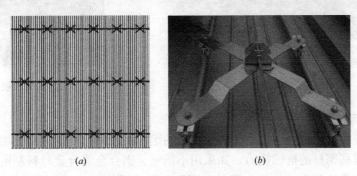

(a)	(b)

图　4-110　挡雪杆与屋面连接形式
(a) 挡雪系统平面布置图；(b) X 形连接详图

5. 纵向防止脱落措施

沿屋面坡度方向布置不锈钢拉索（图 4-110b），两个半坡屋面相对称布置，互相平衡。可以保证即使有个别挡雪杆失去作用的时候，也会被拉索锁住。

6. 加密处理

在易造成积雪沉积处加密布置挡雪杆，减少因冲击造成的动力放大作用。

4.9　结构防护设计

4.9.1　防锈蚀设计

1. 腐蚀原理

干煤棚内通常工作环境较为恶劣，化学物质挥发较多，容易导致钢材和腐蚀性物质发生电化学反应，造成锈蚀，例如钢管内部存在缝隙并夹杂着介质时，在腐蚀环境里金属一部分表面比其余表面以较高的速度发生腐蚀，腐蚀产生的斑点常被腐蚀产物形成的膜所覆盖，这层膜疏松地附着在表面时，引起进一步的腐蚀。其次，当钢材受到拉伸应力的作用并与某些腐蚀介质接触时会产生裂纹，电化学反应会在构件表面产生一个能使应力提高的斑点；然后，应力提高使裂纹移动了一个短距离，接着再次发生电化学反应，导致裂纹不断扩大，这种现象叫做应力腐蚀开裂（图 4-111、图 4-112）。

锈蚀使杆件的截面面积减少，大大降低了结构的安全度和使用年限。因此对储煤结构必须采取有效的防锈措施。

图 4-111　防腐涂层　　　　　　　　图 4-112　防腐涂层爆裂

2. 防锈方法

钢材防锈方法有三种，一是改变金属结构的组织，在钢材炼制过程中增加铜、铬和镍等合金元素以提高钢材的抗锈能力，如采用不锈钢、铝合金等合金材料制造大跨预应力钢结构干煤棚，但造价很高；二是在钢材表面用金属镀层保护，如电镀和热浸镀锌等方法；三是在钢材表面涂以非金属保护层，即用涂料将钢材表面保护起来，使之不受大气中有害介质的侵蚀。下面介绍镀层保护和非金属涂料法。

（1）金属镀层保护防锈

金属保护层是用具有阴极或阳极保护作用的金属或合金，通过电镀、喷镀、化学镀、热镀和渗镀等方法，在需要防护的金属表面上形成金属保护层（膜）来隔离金属与介质的接触，或利用电化学的保护作用使金属得到保护，从而防止了腐蚀。

1）热浸锌防腐

热浸锌防腐是将除锈后的构件浸入熔融的金属锌液槽中，使钢构件表面附着锌层，从而起到防腐蚀的目的。这种方法的优点是耐久年限长，生产工业化程度高，质量稳定，内外管壁都有镀层。但受镀槽容积所限，不能对较大尺寸的钢部件进行防腐施工。另外，不能到现场进行热浸锌防腐，热浸锌镀层碰伤后，只能通过如喷镀等其他方法来弥补。热浸锌的首道工序是酸洗除锈，然后是清洗。还应注意的是，钢管剖口处应清除镀锌层，否则影响焊接质量。锌层厚度，对 5mm 以下薄板不得小于 $65\mu m$，对厚板不小于 $86\mu m$。

2）热喷铝（锌）防腐

热喷铝（锌）复合涂层是一种与热浸锌防腐蚀效果相当的长效防腐蚀方法，是利用热源对金属喷涂材料进行加热，将熔融的粒子雾化、喷射并沉积到钢构件表面上，形成特殊表面涂层的方法，包括火焰喷涂和电弧喷涂。

热喷铝（锌）复合涂层处理步骤是先对钢构件表面作喷砂除锈，使其表面露出金属光泽并打毛；再用乙炔-氧焰或电弧喷涂设备将不断送出的铝（锌）丝加热、融化、雾化，并用压缩空气吹附到钢构件表面，以形成蜂窝状的铝（锌）喷涂层（厚度约 $80\sim100\mu m$）。这种工艺的优点是涂层与基材结合牢固，防腐长久有效，对构件尺寸适应性强，构件形状尺寸几乎不受限制。与热浸锌相比，这种方法的工业化程度较低，喷砂喷铝（锌）的劳动强度大，质量不易控制。

（2）非金属涂料防锈

非金属涂料防锈是最常见的防锈方法，这种方法价格低廉，效果好，选择范围广，适应性强，一般需经过表面除锈和涂料施工两道工序。

1）表面除锈

表面除锈的目的是彻底地清除构件表面的毛刺、铁锈、油污及其附着物，使构件表面露出银灰色，这样可增加涂层与构件表面的粘合附着力，而使防护层不会因锈蚀而脱落。表面除锈的方法一般有人工除锈、抛丸除锈以及酸洗和酸洗磷化除锈。

① 人工除锈

即用刮刀、钢丝刷、砂皮和电动砂轮等简单工具，用手工将钢材表面的氧化铁、铁锈、油污等除去。这种方法方便易行，设备简单，但劳动条件差，质量不易保证。采用这种除锈方法时，应强调对除锈质量的要求。人工除锈应满足表 4-11 质量标准。

人工除锈质量分级　　　　　　　　　　　　　　　　　表 4-11

除锈级别	钢材除锈表面状态
st2	彻底用铲刀铲刮，用钢丝刷子刷擦，用机械刷子和砂轮研磨等。除去疏松的氧化皮、锈和污物，最后用清洁干燥的压缩空气或干净的刷子清理表面，这时表面应具有淡淡的金属光泽
st3	非常彻底地用铲刀铲刮，用钢丝刷子擦，用机械刷子擦和用砂轮研磨等。表面除锈要求与 st2 相间，但更为彻底。除去灰尘后，该表面应具有明显的金属光泽

注：采用砂轮研磨时，钢材表面不得出现砂轮研磨痕迹。

② 抛丸除锈

抛丸除锈是在封闭房间内用铁砂或铁丸冲击构件表面，以清除构件表面铁锈、油污等杂质。抛丸除锈效果好，除锈彻底。铸钢丸硬度一般为 HRC40～50，加工硬金属时，可把硬度提高到 HRC57～62。铸钢丸韧性较好，使用广泛，其使用寿命为铸铁丸的几倍。铸铁丸硬度一般为 HRC58～65，质脆而易于破碎，寿命短，使用广泛，主要用于需喷丸强度高的场合。喷丸粒度一般选用在 6～50 目之间，喷丸强度要求越高，喷丸粒度相对加大。喷丸尺寸的选择还受喷丸处理零件形状的限制，其直径不应超过沟槽内圆径的一半。一般喷丸越大，冲击能量较大，则喷丸强度越大，但喷丸的覆盖率降低。因此，在能产生所需喷丸强度的前提下，尽量减小喷丸的尺寸是有利的。一般喷丸的硬度要大于零件的硬度。当其硬度大于零件的硬度时，喷丸硬度值的变化不影响喷丸强度。反之，喷丸硬度值降低，将使喷丸强度降低。喷丸时间多少要因工件在喷丸过程中所产生的喷丸效果而定，原则是达到所需的喷丸强度即可（一般 30min 左右）。

抛丸除锈应满足表 4-12 质量标准。

抛丸除锈质量分级　　　　　　　　　　　　　　　　　　表 4-12

级别	钢材除锈表面状态
Sa1	轻度喷砂除锈，钢材表面无附着不牢的氧化皮、锈和附着物（是指焊渣、焊接飞溅物、可溶性盐等）
Sa2	一般的喷砂除锈，钢材表面上的氧化皮、锈及附着物已基本清除，其残留物应是牢固附着的（是指氧化皮和锈等物，不能以刮刀从钢材表面上剥离）
Sa2.5	较彻底的喷射除锈，钢材表面应无可见的氧化皮、锈及附着物，任何残留的痕迹应仅是点状或条纹状的轻微色斑
Sa3	彻底的喷射除锈，钢材表面应无可见的氧化皮、锈及附着物，该表面应显示均匀的金属光泽

2）酸洗和酸洗磷化除锈

酸洗和酸洗磷化是比较好的除锈方法，它是用酸性溶液与钢材表面的氧化物发生化学反应，使其溶解于酸溶液中。这种方法质量好，工效高，是三种除锈方法中质量最好的一种。但酸洗除锈需要酸洗槽和蒸汽加温反复冲洗的设备，对于大型构件较难实现。在酸洗后再进行磷化处理，磷化处理是将金属放入含有磷酸和可溶性磷酸盐的稀溶液中进行适当处理，从而在金属表面形成附着良好的不溶性金属转化膜。试验表明，磷化处理后可以使树脂涂料防锈寿命提高近 10 倍。

除锈是保证涂层质量的基础，综合来看，以酸洗磷化处理效果较好，喷砂、抛丸处理次之，手工和半机械处理最差。为了保证构件使用寿命，延长维修年限，在条件允许的情况下，最好采用酸洗磷化处理的方法。

3. 涂料施工

（1）涂料的选择

防腐涂料品种繁多，性能、用途各不相同，使用时选择适当的涂料至为重要。

涂料分为底漆和面漆两大类。对底漆，要求对涂装面附着力好，渗透性好，一般底漆含较多颜料、填料，以降低漆膜干燥时的收缩率，增加屏蔽作用，并使表面毛糙以增加与面漆的附着力。而面漆则粉料少，基料多，成膜后有光泽，主要功能是保护底漆，使大气和潮气不能渗入底漆，并能抵抗由风化而引起的物理和化学的分解作用。面漆和底漆应合理配合使用。

1）红丹漆

常用油性红丹防锈漆作为防锈底漆，醇酸磁漆为面漆。这两种漆都具有耐候性好、坚硬耐水、既可内用也可外用。红丹漆具有表面处理要求低、涂刷性能好、附着力强、价廉、采购方便等优点。油基性涂料由于性能所限，在储煤结构上不宜采用。

2）环氧富锌漆

环氧富锌即有机富锌漆，由锌粉、环氧树脂和固化剂配制而成。漆膜中含有大量金属锌粉，具有良好的阴极保护作用及优异的防锈性能、耐久性、耐油性、附着力和耐冲击性能，能与大部分高性能防锈漆和面漆配套使用。主要在钢结构的重防腐涂装体系中做长效通用底漆，也可用作镀锌件的防锈漆，其应用的适宜温度为 $10 \sim 35 ℃$，并避免在雨、雾、雪天施工涂刷。在储煤结构中较多采用这种防锈措施，效果较好。

3）无机富锌漆

此漆具有与镀锌层相同的阴极保护作用。可带漆焊接，耐候性及耐老化性能良好且耐 $450 ℃$ 以下的温度，但耐酸碱度差。这种涂料对钢构件表面处理要求较高，一般规定应达到 Sa2.5 级标准。由于防护效果及可焊性均佳，将其用于钢构件出厂前的防锈底漆涂刷，不仅对钢构件在运输、存放过程中进行保护免于锈蚀，又不影响工地现场的焊接和安装。硅酸盐无机富锌漆可与环氧树脂涂料、氯化橡胶涂料、醇酸树脂涂料、丙烯酸树脂涂料、聚氨酯涂料、高氯化聚乙烯涂料、有机硅涂料等配套面漆结合使用。

4）氯磺化聚乙烯涂料

氯磺化聚乙烯橡胶涂料的致密性好，有优良的耐候大气老化和耐水性能，同时具有良好的机械性能和稳定性。对钢构件基材表面除锈处理一般要求达到 Sa2.5 级标准。此涂料不得与其他漆料混配使用，对于油性漆如红丹底漆、醇酸树脂漆、调和漆等，不宜在其上涂覆此漆。

5）聚氨酯涂料

聚氨酯涂料具有漆膜耐磨性好，耐油、耐水、耐酸（碱、盐）类腐蚀和化工大气腐蚀，有优异的抗静电屏蔽性和防锈性、干燥快等特点，耐热温度为 155℃。

6）含氟防锈涂料

含氟防锈涂料 PF-02 是由氯乙烯型树脂和无机氯磷铁化合物混合而成。此涂料在常温下耐酸、碱、盐及耐各种油类性能良好。该漆不可与其他漆混用，对已涂刷油基性漆的钢构件表面有溶胀脱层作用。

涂料施工之前，应正确合理地选择涂料。一般应考虑以下几点：

1）考虑结构工作的大气环境与涂料适用范围的一致性，见表 4-13。

表 4-13

与各种大气相适应的涂料种类表

工作环境	涂装体系	
	底漆	面漆
一般大气	铁红醇酸底漆 红丹醇酸防锈底漆	醇酸调和漆 醇酸磁漆
工业大气	铁红环氧底漆 云铁环氧底漆 氯化橡胶底漆	醇酸磁漆 氯化橡胶面漆
化工大气	铁红过氯乙烯底漆 氯磺化聚乙烯防锈漆	过氯乙烯防锈漆 氯磺化聚乙烯防锈漆
阴暗、潮湿大气	云铁环氧底漆 环氧离锌底漆 无机富锌底漆	氯化橡胶船壳漆 环氧沥青漆
酸碱介质	环氧沥青底漆	环氧沥青面漆
高温大气	无机富锌底漆	有机硅耐热面漆

2）要考虑施工条件的可能性，有的宜于涂刷，有的宜于喷涂，一般选用干燥快、便于涂刷、喷涂的常温固化型涂料。

3）要考虑涂料的正确配套，底漆和面漆应有良好的配套性能，见表 4-14。

表 4-14

防锈涂料的底漆和面漆配套组成要求

底漆	面漆
一般铁红	油性漆、醇酸、酚醛、脂胶
环氧铁红	醇酸、酚醛、氧化橡胶
环氧富锌	醇酸、酚醛、氧化橡胶、环氧、聚氨酯
水溶性、无机锌、醇溶性	环氧、聚氨酯

4）应采用合适的涂层厚度，见表4-15。

钢材涂层厚度表（μm） 表4-15

名称	基本涂层和防护涂层				附加涂层
	普通大气	工业大气	化工大气	高温大气	
醇酸漆	100～150	125～175			25～50
沥青漆			180～240		30～60
环氧漆			175～225	150～220	25～50
丙烯酸漆		100～140	140～180		20～40
氯化橡胶漆		120～160	160～200		20～40
氯磺化聚乙烯漆		120～160	160～200	120～160	20～40
有机硅漆				100～140	20～40
聚氨酯漆		100～140	140～180		20～40

除考虑结构的使用功能、经济性和耐久性外，尚应考虑施工中的稳定性、干燥速度、毒性和固化条件等因素。

表4-16给出了国内部分重要钢结构工程涂装厚度，可以作为干煤棚内构件涂装的参考。根据干煤棚的内部环境及腐蚀条件，对于一般工作环境的干煤棚钢构件经除锈处理后，表面的涂装可以采用环氧富锌底漆（80～100μm），环氧云铁中间漆（60～80μm），聚氨酯面漆（60～80μm），其中最后一道面漆应在安装完成后工地涂制，漆膜总厚度不宜小于220μm，且应满足相应规范要求。主檩条及次檩条热浸锌镀锌量不少于350g/m^2。

部分重点钢结构工程涂装厚度 表4-16

工程名称	粗糙度（μm）	除锈级别	底漆（μm）	中间漆（μm）	面漆（μm）
上海世博中心	Rz40-70	Sa2½	无机富锌涂料（80）	环氧云铁（150）	可复涂聚氨酯（60）
上海世博阳光谷	Rz40-70	Sa2½	无机富锌涂料（100）	环氧云铁（80）	氟碳（80）
海南国际会展中心	Rz40-70	Sa2½	无机富锌涂料（80）	环氧云铁（120）	丙烯酸聚氨酯（80）
福州海峡会展中心	Rz40-70	Sa2½	无机富锌涂料（90）	环氧云铁（60）	丙烯酸聚氨酯（50）
广州国际展览中心	Rz40-70	Sa2½	无机富锌涂料（100）	环氧云铁（60）	可复涂聚氨酯（70）
海南博鳌会展中心	Rz40-70	Sa2½	无机富锌涂料（80）	环氧云铁（60）	防火涂料层
郑州国际会展中心	Rz40-70	Sa2½	无机富锌涂料（100）	环氧云铁（50）	可复涂聚氨酯（60）
中国航海博物馆	Rz40-70	Sa2½	无机富锌涂料（90）	环氧云铁（60）	可复涂聚氨酯（80）
国家图书馆二期	Rz40-70	Sa2½	无机富锌涂料（100）	—	防火涂料层
中央电视台	Rz40-70	Sa2½	无机富锌涂料（100）	—	防火涂料层
广州西塔	Rz40-70	Sa2½	无机富锌涂料（100）	环氧云铁（120）	防火涂料层
国家体育馆	Rz40-70	Sa2½	无机富锌涂料（75）	环氧云铁（100）	防火涂料层外覆丙烯酸改性聚硅氧烷（50）
天津奥体中心	Rz40-70	Sa2½	无机富锌涂料（100）	高固体含量厚浆型环氧漆（150）	无机聚硅氧烷面漆（100）
重庆奥体中心	Rz40-70	Sa2½	无机富锌涂料（100）	环氧云铁（70）	可复涂聚氨酯（80）
佛山世纪莲	Rz40-70	Sa2½	无机富锌涂料（70）	环氧云铁（100）	可复涂聚氨酯（60）
沈阳奥体育中心	Rz40-70	Sa2½	无机富锌涂料（100）	环氧云铁（80）	可覆涂聚氨酯（80）
济南奥体育中心	Rz40-70	Sa2½	无机富锌涂料（100）	环氧云铁（60）	氯化橡胶面漆（80）

（2）涂料施工

涂料施工的方法通常为刷涂法和喷涂法两种。刷涂法是用毛刷将涂料均匀刷在构件表面，是常用施工方法之一。喷涂法效率高、速度快、施工方便。

涂料施工宜在温度为5~35℃时，但气温低于5℃或高于35℃时，一般不宜施工。此外，宜在天气晴朗、具有良好通风的室内进行，不应在雨、雪、雾、风沙很大的天气或烈日下的室外进行施工。大跨度拱形预应力钢桁架体系的构件底漆在工厂里进行，待安装结束后再进行面漆施工。

涂料施工时应作如下的构造处理：

结构的设计应便于进行防锈处理，构造上应尽量避免出现难以涂漆或能积留湿气和大量灰尘的死角或凹槽，闭口截面应将杆件两端焊接封闭。

若结构采用螺栓球节点连接，在拧紧螺栓后，应将多余的螺孔封闭，并应用油腻子将所有的接缝处嵌密，补刷防锈漆两道。

现场施工焊缝施焊完毕之后，必须进行表面清理和补漆。

（3）涂料检测

在结构全部安装完成之后，必须进行全面认真的检查，可利用测厚仪按照相关标准进行检测（图4-113），对漏漆或损伤部位，应进行补涂和修复，防止存在防锈上的弱点。

图 4-113　测厚仪测量涂层厚度

4.9.2　防火设计

钢结构在火灾中的表现是由钢材的物理性能决定的，根据研究，在200℃以下，其强度折减不多，甚至在某个区间还有一定程度的升高；在高于200℃的情况下其强度随着火场温度升高迅速下降，600~800℃时，几乎彻底丧失承载能力。火场温度一般均在800~1000℃以上，无防护的裸露钢结构会在15min后失效。

防火保护的目的就是使结构在发生火灾时结构的耐火时间不能小于规定的耐火极限，或者在耐火时间内结构内温度不能高于临界温度。采用防火涂料喷涂在构件表面，涂层对钢基材能起到屏蔽作用，使构件不至于直接暴露在火焰中；涂层吸热后部分物质分解释放出水蒸气或其他不燃气体，能起到消耗热量、降低火焰温度和燃烧速度、稀释氧气的作用；涂层本身一般为多孔轻质，受热后形成碳化泡沫层，可以阻止热量迅速向钢基材传递，推迟了钢基材强度的降低，从而提高了结构的耐火极限。

1. 消防性能化设计

钢结构防火是钢结构设计时必须重点考虑的内容，如何做好建筑钢结构的防火处理已经成为目前钢结构业内主要的研究方向。常规建筑钢结构一般根据防火规范的要求采取相应的防火措施进行防护，而对一些超出规范要求的特殊形式的建筑物如超大型商场、机场航站楼、文化娱乐项目等常采用性能化消防设计。

采用可靠的分析工具和方法对建筑中的火灾场景进行确定性和随机性定量分析。根据性能化防火设计的结果，钢结构的保护区域与传统的设计具有很大的不同，结构构件可以降低防火等级甚至不需要防火保护。

2. 防火技术措施

钢结构建筑的防火措施分为主动防火和被动防火。主动防火主要指结合火灾探测而进行的主动灭火措施，改变火灾现场的行为，如喷淋装置和消防员的灭火行为等；被动防火主要指在结构设计和构造措施上采取合理措施，提高结构的抗火性能，并不改变火灾火场。

（1）主动防火措施

主动防火措施主要包括自动喷水、喷雾等自动灭火与抑制火灾增长系统，广义上还包括防火辅助和警报器具、快速疏散指示标志、消防员灭火行为等。根据相关资料，自动喷淋灭火系统的灭火成功率高达 95% 以上，特别对控制初期火灾非常有效。

（2）被动防火措施

1）包敷法

包敷法主要是用固体耐火的材料将钢结构整体彻底包起来。固体的耐火材料不但有不燃性，还有较大热容量，将它用作耐火的保护层就能让构件升温减缓。目前，工程中一般多采用无机防火板，比如使用硅酸钙板、石膏板、蛭石板等。此方法主要用于形状规则的梁、柱等构件、对落灰洁净度要求极高的制药车间以及低、多层轻钢结构房屋中。

2）喷涂法

所谓的喷涂法，就是在钢结构的表面上涂一层防火的涂料，进而让钢结构上形成一层保护膜，利用材料本身的防火性或者发泡产生的致密绝热、隔热保护层，延缓钢结构升温时间，提高钢结构构件的耐火极限。在工程开发应用中，主要按涂层厚度分为厚涂型防火涂料、薄涂型防火涂料及超薄型防火涂料。

在工程应用时，防护时间 2h 以上时，如高层建筑中的钢柱，只能选用厚涂型，其他情况可以根据项目情况选择厚、薄或者超薄型喷涂。由于组成材料的不同，薄涂型、超薄型防火涂料在火灾下会分解出有毒有害气体，对火场人员及消防员产生危害。因此，如无特殊要求，均建议选用厚涂型。

目前，防火涂料正朝着超薄型、高耐候性、高装饰性和环保型的方向发展。2016 年已有国外厂家生产出耐火极限为 2.21h，厚度以微米计的超薄型防火涂料。

防火涂料耐火极限和性能指标如表 4-17 所示。防火材料应在规定的耐火极限内与钢构件保持良好的结合，无裂缝、不剥落，以及有效屏蔽火焰，阻隔温度。另外，防火材料应与构件的防锈涂装有良好的相容性。

薄涂型防火涂料涂层表面裂纹宽度不应大于 0.5mm；厚涂型防火涂料涂层表面裂纹宽度不应大于 1.0mm。

不同涂装类型防火性能   表 4-17

涂装种类	性能指标				
	涂层厚度（mm）	防火极限（h）	装饰效果	组成材料	防火机理
厚涂型	8～45	0.5～3	差	粘结剂、无机轻质材料、增强材料	涂料本身的绝热、隔热性
薄涂型	3～7	0.5～2	较好	乳胶聚合物、阻燃剂、添加剂	涂料受热发泡形成隔热层
超薄型	<3	0.5～2	好	乳胶聚合物、阻燃剂、添加剂	涂料受热发泡形成隔热层

涂层厚度应符合设计要求，如厚度低于原订标准，必须大于原订标准的 85%，且厚度不足部位的连续面积长度不大于 1m，并在 5m 范围内不再出现类似情况。涂层应完全闭合，不应露底、漏涂，不宜出现裂缝。如有个别裂缝，其宽度不应大于 1mm，表面应无乳突，有外观要求的部位，母线不直度和失圆度允许偏差不应大于 8mm。涂层与钢基材之间和各涂层之间应粘结牢固，无空鼓、脱皮和松散等情况。

水泥基防火涂料的施工工艺大体可以分为 3 个步骤：基底处理后需涂抹界面剂或胶黏剂（根据涂装截面和涂层厚度确定是否挂网施工）→先喷涂施工，厚度大约 3～5mm→抹涂两遍，每遍厚度为 5～8mm，每次抹涂间隔时间不得低于 24h→达到设计厚度。

石膏基防火涂料的施工工艺大体为 2 个步骤：基底处理后→厚度为 25mm 的防火涂料建议喷涂一遍→达到设计厚度。

3）采用耐火钢

耐火钢是通过在结构钢中加入钼等合金元素，从而使钢材在规定的耐火时间内保持较高的强度。无涂覆防火层时能达到耐火等级 4 级梁的耐火极限，其他情况时需配合防火涂料等防火措施，但防火涂层厚度可大大减少，减少防火造价。国家大剧院即成功应用了武钢生产的耐火钢，既保证了防火安全，又实现了建筑师对美的追求。

3. 防火涂料的检测

防火涂料的检测有目测法和工具检测法，其中目测法用于检测涂料品种、颜色胶裂缝等情况。工具检测法为用测厚针或卡尺检测涂层厚度，用 0.75～1kg 榔头轻击涂层检测其强度和空鼓现象，用 1m 直尺检测涂层平直度。

煤有自燃的可能，已建的大部分储煤结构都有喷淋装置，所以一般没有采用防火涂料。《火力发电厂与变电站设计防火规范》GB 50229—2006 规定，当干煤棚或室内贮煤场采用钢结构时，煤场内堆煤包络线外延 5m 范围内的钢结构应采取防火措施，耐火极限不低于 1h。

4.10 隔震、减振设计

在高烈度地区，对于大跨度预应力钢结构宜采用减振技术来减小地震作用引起的结构响应，主要减振方式可以分为三大类：①在网格结构上设置阻尼器或可控杆件（图 4-114）；②安装滑移隔震支座或黏弹性支座（图 4-115）；③在下部结构中设置耗能支撑体系。

其中隔震技术是通过在上部结构与下部支承结构或基础之间设置某种隔震消能装置，减小地震能量向上部的传输，从而达到减小上部结构振动的目的。目前常用的隔震装置有：叠层橡胶隔震垫、铅芯橡胶支座、聚四氟乙烯支座、回弹滑动隔震系统、摩擦摆隔震体系等。这些隔震装置已在体育场馆、大跨度屋盖等体系中获得实际应用。

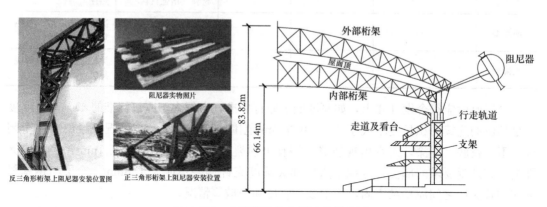

图 4-114　大跨钢结构中阻尼器的使用

图 4-115　摩擦摆支座

传统摩擦摆支座如图 4-116 所示，滑面是球面的一部分，根据滑面朝向将其分为两种类型：一种是滑面朝上的支座，用于基底隔震；另一种是滑面朝下的支座，用于层间隔震。滑块与滑面具有相同的曲率半径且在表面涂有相同的低摩擦材料，如聚四氟乙烯等。在支座上部结构重力作用下，滑块往滑面中心位置回复，有效地控制了结构地震响应，且结构重心与支座中心有相互重合的趋势，因此，能在一定程度上削弱由地震引起的结构扭转效应。根据滑面的类型和数目可以将摩擦摆支座分为 6 种：传统单面摩擦摆支座、变曲率或变摩擦单摆隔震支座、摩擦摆复摆隔震支座、多级摩擦摆支座、沟槽式摩擦摆支座和混合摩擦摆支座。

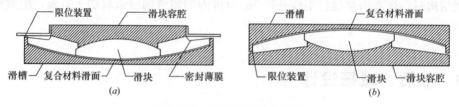

图 4-116　摩擦摆支座截面图

（a）滑面朝上的支座；（b）滑面朝下的支座

摩擦系数是摩擦摆支座的关键设计参数，根据使用经验和研究成果，在水平、竖向和三维地震作用下，随着地震动加速度峰值的增大，对应摩擦系数的最优区间逐渐增加；水平和三维地震作用摩擦摆系数的最优区间是（0.05，0.15），而竖向地震作用下最优区间为（0.075，0.20）。综上，摩擦系数尽量在区间（0.05，0.15）上取值，且结构的设防烈度越高，选取的摩擦系数应该越大。其次，摩擦摆支座滑块与滑槽的相对位移一定时，曲率半径越大，所得水平惯性力 F 就越小，结构的回复性能就越差。当曲率半径取 2m 时，既能保证结构具有良好的减振效果，又能保证支座具有较强回复力。所以曲率半径的选取：落地拱形结构选取摩擦摆曲率半径不宜小于 2m，柱支承空间网格结构选取摩擦摆曲率半径不宜小于 1.5m。

第5章　预应力钢结构干煤棚施工技术

5.1　拼装方法

5.1.1　节点焊接

拱形钢管桁架结构在焊接技术、制作精度、运输吊装、防锈措施等方面与一般的钢结构要求相同，可参考钢结构施工规范中的有关规定条款进行制作加工。但圆管桁架结构在加工工艺上也有其特殊性，这种特殊性主要体现在其节点是杆件直接汇交而成的空间相贯节点，因而管桁结构的构造与施工的关键点就在于节点的放样、焊缝及坡口加工。

管桁结构一般的支管壁厚不大，其与主管的连接宜采用全周角焊缝；当支管壁厚较大时（例如 t_s 大于 6mm），则宜沿支管周边焊缝长度方向部分采用角焊缝、部分采用对接焊缝，由于全部对接焊缝在某些部位施焊困难，故一般不建议采用；支管外壁与主管外壁之间夹角大于或等于 120°的区域宜采用对接焊缝或带剖口的角焊缝，其余区域可采用角焊缝，角焊缝的焊脚尺寸 h_f 不宜大于支管壁厚的 2 倍。支管端部焊缝位置可分为 A、B、C、D 四个区，如图 5-1（a）～（c）所示，其具体坡口形状及尺寸示意见图 5-1（d）～（h）。当两圆管相交的相贯节点为空间马鞍形曲线时，由于两曲面相交，要保证焊接有 45°角，坡口必须沿相贯线变化。具体各类型相贯节点接头全焊透焊缝坡口尺寸及焊缝计算厚度参见表 5-1。

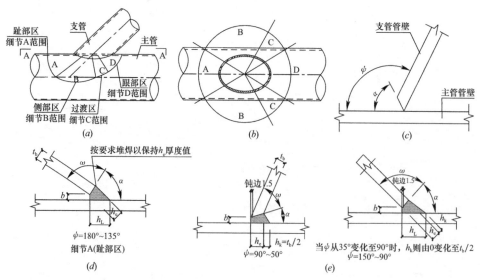

图 5-1　全熔透焊缝各区坡口形状及尺寸示意（t_b＜16mm）（一）

（a）圆管接头焊缝位置分区；（b）A-A 剖面；（c）两面夹角 ψ 和坡口 α 角示意；（d）细节 A（趾部区）；（e）细节 B（侧部区）；

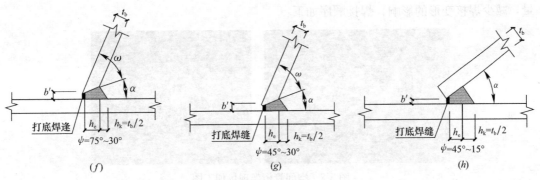

图 5-1　全熔透焊缝各区坡口形状及尺寸示意（t_b＜16mm）（二）

（f）细节 C（过渡区）；（g）从 C 到 D 的过渡；（h）细节 D（跟部区）

圆管 T、K、Y 形相贯接头全焊透焊缝坡口尺寸及焊缝计算厚度　　表 5-1

坡口尺寸		趾部 ψ＝180°～135°	侧部 ψ＝150°～50°	过渡部分 ψ＝75°～30°	跟部 ψ＝40°～15°
坡口角度 α	最大	90°	ψ≤105°时 60°	40°	
	最小	45°	37.5° ψ 较小时 1/2ψ	ψ 较大时 1/2ψ	
支管端部斜削角度 ω	最大		根据所需的 α 值确定		
	最小		10°或 ψ＞105°时 45°	10°	
根部间隙 b	最大	四种焊接方法均为 5mm	气保护焊（短路过渡）、药芯焊丝气保护焊：α＞45°时 6mm；α≤45°时 8mm；手工电弧焊和药芯焊丝自保护时：6mm		
	最小	1.5mm			
打底焊后坡口底部宽度 b'	最大			手工电弧焊和药芯焊丝自保护焊：α 为 25°～40°时 3mm；α 为 15°～25°时 5mm 气保护焊（短路过渡）和药芯焊丝气保护焊：α 为 30°～40°时 3mm；α 为 25°～30°时 6mm；α 为 20°～25°时 10mm；α 为 15°～20°时 13mm	
焊缝计算厚度 h_e		≥t_b	ψ≥90°时，≥t_b；ψ＜90°时，≥$\dfrac{t_b}{\sin\psi}$；	≥$\dfrac{t_b}{\sin\psi}$ 但不超过 1.75t_b	≥2t_b
h_L		≥$\dfrac{t_b}{\sin\psi}$，但不超过 1.75t_b		焊缝可堆焊至满足要求	

注：坡口角度 α 小于 30°时应进行工艺评定；由打底焊道保证坡口底部必要的宽度 b。

　　相贯节点的施工单位应具备相贯面切割机床，此种设备生产效率高，加工质量容易得到保证。此外，采用相贯节点的钢管在订货时要特别严把质量关，因为不圆的钢管即使是自动切割机床也不可能切出合格的坡口。

　　根据安装要求，钢管桁架可采用地面拼装（图 5-2），分段吊装的方式施工，将焊接作业尽量在地面完成。地面焊接前先用临时支撑固定桁架，焊接顺序的选择应考虑焊接变形的因素，尽量采用对称焊接，对焊接变形量大的部位应先焊，焊接过程中，要平衡加热量，减少焊接变形的影响，焊接顺序如下：

图 5-2 空间管桁架现场加工图

（1）先焊主弦杆管与管之间的对接焊缝；

（2）再焊斜腹杆与主弦杆的相贯焊缝、腹杆与腹杆的对接焊缝；

（3）焊完一条后再转入另一条焊接，同一根管的两条焊缝不得同时焊接；

（4）焊接时应由中间往两边对称跳焊，防止扭曲变形。

5.1.2 桁架拼装

钢管桁架构件应根据深化设计提供的零件图在工厂加工，一般将上、下弦及腹杆分别制作，并采用数控切割机进行相贯线加工。考虑到运输条件的限制，构件通常分段加工，分批运送到工地。

为确保桁架拼装质量，保证分段桁架之间对接缝间的吻合度，必须整体放样、制作胎架，胎架可根据现场条件设置，平台及胎架支撑必须有足够的刚度，在平台上应明确标明主要控制点的标记，作为构件制作时的基准点。

桁架拼装通常采用卧式拼装法（图 5-3），以节省拼装胎架材料，提高焊机、吊机等设备的利用率。一般按照吊装位支撑架节间的距离拼装成长段。在桁架组装时，应按设计要求考虑桁架的预起拱值（在设计无要求时可按 $L/1500$ 取值）。

图 5-3 弧形拼装胎架

钢管桁架的拼装顺序（图 5-4）宜为上弦管装配→下弦管装配→斜、直腹杆装配→分段整体焊接→焊缝检验→附件的装焊→分段接口检验→涂装→验收后分段吊离胎架。

弦杆拼装时，将三根弦杆依次吊装到胎具的圆弧形支架上就位，在上弦和下弦杆上确定连接节点的位置，利用水准仪对各点标高尺寸进行测量，构件的纵向节点可采用全站仪来确定，并结合测定误差进行调整，保证拼装精度，以此控制桁架的三维空间尺寸。弦杆分段接头处用定位板临时固定，采取内加衬管坡口对接（图 5-5），钢衬管采用与对接钢管同材质的圆管加工而成，长度100mm，外径为对接钢管的内径尺寸，主管对接必须考虑焊接收缩余量，每个接头按1～1.5mm考虑。

图5-4 拱形张弦桁架拼装顺序

图5-5 拱形张弦桁架弦杆对接节点

腹杆安装时，由于所有腹杆之间都存在空间角度，所以，必须在胎架上对弦杆的各节点的位置进行画线，在每一个相贯节点处弹出中心线，才能确保腹杆的正确装配并定位焊接；对腹杆接头定位焊时，不得少于4点，并要考虑焊接变形的影响。

各杆件拼装后，要利用水准仪、铅坠和钢尺对各点尺寸进行检验，弦杆、腹杆的装配偏差控制在3mm内，合格后按设计要求进行施焊。

5.1.3 支撑架拼装

当采用高空原位安装时，一般需要搭设临时格构式支撑架，支撑架可以就地取材，采用角钢、圆管等规格材现场焊接而成，材质宜为Q235B，通常支撑架断面为四边形，由立杆、水平腹杆、斜腹杆组成（图5-6a），顶部支撑采用工字钢拼成十字形，在十字中点可安装调节千斤顶（图5-6b）。支撑架基础浇筑钢筋混凝土预制板，底座放在基础底板预埋件上，将底座固定牢固后方可进行上部支撑架的安装（图5-6c）。支撑架标准节断面长、宽通常在1.5～2m左右，每节高度2～3m，便于现场拼装。当临时支撑架高度较高时，需要采用1道或多道缆风绳固定（图5-6d）。支撑架宜与三角形桁架的上弦连接，采用双支撑架构造（图5-6e），可以保证施工期间桁架安装的平面外稳定性。

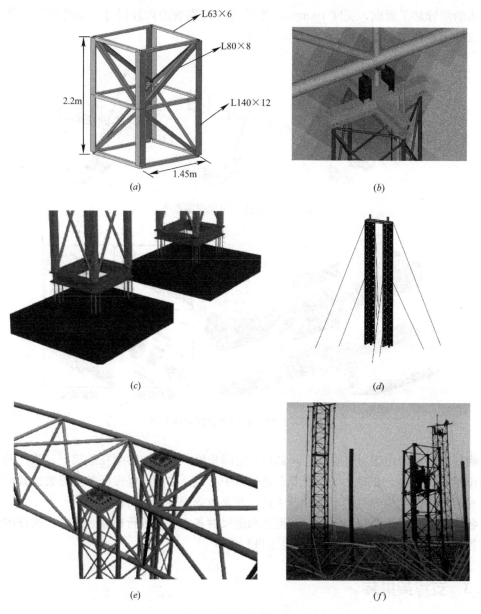

图 5-6　干煤棚支撑架及安装

(a) 支撑架拼接段；(b) 支撑架顶部调节支点；(c) 支撑架基础；
(d) 支撑架多道缆风绳；(e) 支撑架与桁架连接；(f) 支撑架拼装现场

5.2　桁架安装方法

拱形桁架的安装方法与其他形式的空间网格结构基本一致，主要的方法有高空拼装法、滑移施工法、整体吊装法、折叠展开法等。对于形体较为特殊的大型复杂管桁架结构的安装也可以采用几种方法组合的安装方式。

5.2.1 高空拼装法

高空拼装是在施工现场无法进行吊装或无拼装场地的情况下，将下好料的散件或者是已经预拼装好的桁架单元（通常由于桁架体积及重量过大将整榀桁架分成若干个拼装单元），通过架设支撑架在高空直接定位、高空拼装焊接、预应力拉索安装及在高空完成张拉的施工方法。高空拼装施工法对施工设备的要求较为简单，只需一般的起重设备和扣件式钢管脚手架即可进行高空安装。但除了用支撑架外，还需要用于散件拼装的拼装胎架，也有高空作业多、施工期长等弊端，目前高空拼装施工法在各类型桁架的施工安装中均有运用。

高空拼装法分为高空散件拼装和高空分段拼装。

1. 高空散件拼装

高空散件拼装是在施工现场无法进行吊装或无拼装场地的情况下，将下好料的散件在高空操作平台上直接定位、对接拼装、就位的一种安装方式。高空散件拼装的施工难度较大，且此时的操作平台上除了用脚手架、脚手板搭成的拼装平台外，还需要用于散件拼装的拼装胎架，这种方法主要用在装配式网架、网壳的拼装上，在钢管桁架中应用较少。

2. 高空分段拼装

高空分段拼装是将已经预拼装好的桁架单元（通常由于桁架体积及重量过大将整榀桁架分成若干个拼装单元）吊至高空设计位置，支承在支撑架端，利用支撑架端的对接平台进行对接拼装，分段拼装要求的精度较高。

图 5-7 为某拱形预应力张弦桁架干煤棚的单榀吊装和整体拼装示意。现场分段拼装必须要划分拼装区和吊装区（图 5-7a），充分考虑吊装机械的行走路径和吊装台班影响，单榀桁架分段应考虑吊装的长度、重量是否与吊装机械的回转半径、臂杆高度、最大起吊重量相匹配（图 5-7b）。单榀桁架拼装合拢应选择合适的时段，充分考虑温度应力的影响。单榀桁架的吊装过程可参照图 5-8 全过程实施。

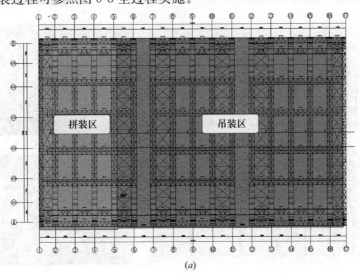

(a)

图 5-7 某干煤棚工程高空拼装法安装（一）

(a) 干煤棚吊装场地布置图

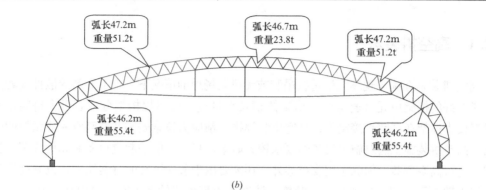

(b)

图 5-7　某干煤棚工程高空拼装法安装（二）

(b) 单榀桁架吊装分段图

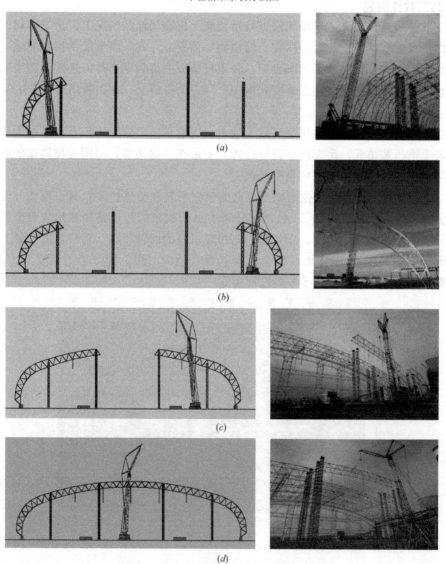

图 5-8　大跨拱形桁架结构的单榀高空拼装

(a) 吊装边段桁架；(b) 吊装对称边段桁架；(c) 吊装第 3、4 段桁架；(d) 吊装合拢桁架干煤棚结构的整体拼装可从场地一端开始，也可以从场地中段向两侧同步拼装，拼装过程中要保证单榀桁架的稳定性，尽快连接纵向桁架或系杆，使得支撑架拆除后能保证结构的整体高度和面外稳定性，整体拱形桁架的吊装过程可参照图 5-9 全过程实施。

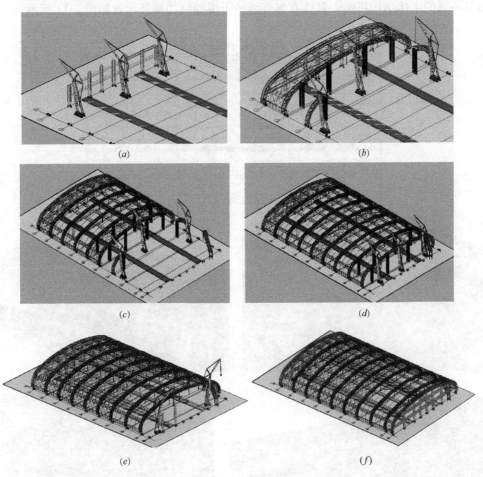

图 5-9　大跨拱形桁架结构的整体拼装
(a) 山墙桁架吊装；(b) 近端边榀桁架吊装；(c) 标准榀主桁架依次吊装；
(d) 远端边榀桁架吊装；(e) 山墙桁架吊装；(f) 整体安装完成

对于高空分段拼装，必须进行分段脱胎、翻身、起吊的验算，如图 5-10 所示，并且吊装验算时应选择合适的吊装机械并考虑吊装的动力放大系数。

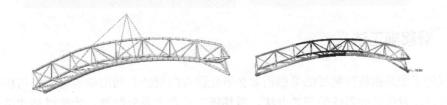

图 5-10　高空安装吊装验算

对于超长结构有温度缝的干煤棚结构，宜将温度缝作为施工分区界线，从温度缝区域开始向两侧远端进行拼装。特别是对于既有煤场封闭改造项目，温度缝一侧可以保证储煤量，一侧清空场地进行拼装和吊装；当一侧拼装完成后，则可将储煤倒运至拼装完一侧，开始另一侧的主体结构拼装，具体有温度缝的干煤棚结构拼装示意如图 5-11 所示。

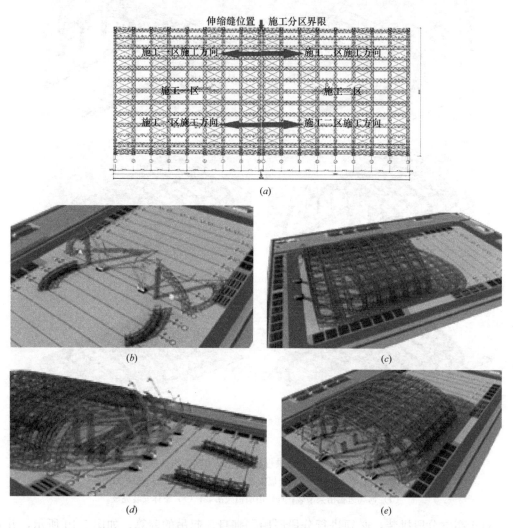

图 5-11　温度缝分区主体拼装示意

(a) 对称高空原位安装平面示意；(b) 单侧吊装；(c) 单侧拼装完成；

(d) 对称侧拼装；(e) 对称侧拼装完成

5.2.2　滑移施工法

滑移施工法是指将拼装好的单榀桁架在事先设置的滑轨上利用牵引设备将结构或胎架滑移到设计位置拼接成整体的安装方法，滑移施工技术主要分两类：胎架滑移和结构主体滑移。其中，结构主体滑移又可分为单片滑移、分段滑移和累计整体滑移等多种方法，按照滑移轨迹又可分为直线滑移和弧线滑移。

由于桁架结构属于平面受力结构体系，基本滑移方法与空间网格结构中滑移施工技术一致。因单榀桁架的刚度更好，保证面外刚度的前提下，更适宜采用单榀滑移施工技术。现代滑移施工技术集计算机、电气、液压、机械及传感技术于一体，通过计算机同步控制使构件平稳、安全、快速滑移到指定位置，在此类结构中，滑移施工以其施工速度快、投入的大型机械设备少而受到青睐。

1. 单片滑移施工

单片滑移施工技术是对结构的一个单片（通常为有一定刚度的受力单元），一次性直接滑移到设定位置，然后依次滑移其他"片"到设定位置的一种施工方法。

单片滑移时对结构刚度要求较高，要求保证结构的侧向稳定性，因此对桁架结构，往往是两榀桁架加上桁架之间的支撑（图 5-12），有时还要加上桁架之间的檩条一起滑移。单片滑移的优点是牵引力小、牵引设备简单（一般只要手拉葫芦或电动卷扬机就可以达到牵引力要求），缺点是补空的后安装构件数量较大。

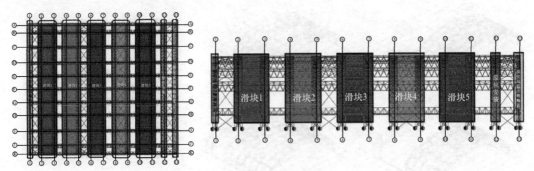

图 5-12　滑移分块

图 5-13 简单地展示了单片滑移施工技术的操作流程。基本步骤为在拼装平台或支撑架上完成单榀或两榀桁架的拼装阶段，并连接次桁架，保证滑移单元的整体刚度；其中图 5-13（a）～（g）展示了桁架在滑移轨道上的滑移过程，并滑移到干煤棚远端轴线，其他单片桁架依次滑移到位的情形，直到全部桁架滑移到位。

2. 累积滑移施工

累积滑移施工技术是将结构的单片滑移一个单元距离，然后在胎架上安装与其相联系的单片，再滑移一个单元，然后逐步累积，滑移到位，最后全部结构滑移到设计位置的一种施工方法（图 5-14）。

累积滑移时往往结构的支撑和檩条都已安装上，因此保证了结构的侧向稳定性。累积滑移时牵引设备牵引的重量大，要求牵引力大，因此对牵引机械要求较高。另外，累积滑移要很好地保证两边滑移量的同步性。累计滑移的优点是结构整体稳定性好，后装构件极少，缺点是对牵引设备要求高，即要求牵引设备牵引力大且同步性好。

3. 滑轨与埋件设计

滑移轨道设计要考虑结构的滑移施工方案实施情况，滑移轨道在结构上的位置、滑移轨道的数量、滑移轨道的规格、滑移轨道的节点设计和埋件设计、滑移轨道的施工方案等都需要与结构的整体设计相配合。

根据下部钢筋混凝土结构的情况，滑轨一般设在钢筋混凝土梁上或在钢筋混凝土柱（或钢柱）之间架设 H 型钢梁，滑轨设于其上，如图 5-15 所示。

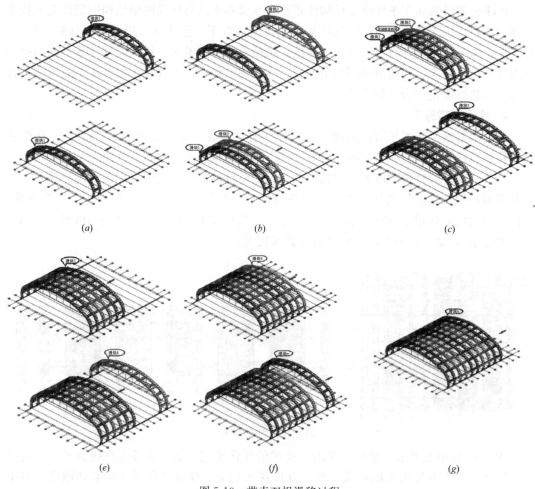

图 5-13 带索双榀滑移过程

(*a*) 第一单元滑移；(*b*) 第二单元滑移；(*c*) 第三单元滑移；
(*e*) 第四单元滑移；(*f*) 第 *n* 单元滑移；(*g*) 全体滑移完成

滑轨位置和数量根据计算桁架杆件内力和跨中挠度确定。滑轨用料根据张弦桁架跨度、重量和滑移方法选择，对较小跨度可采用槽钢、工字钢，大跨度预应力拱形桁架可采用钢轨作为滑移轨道。钢轨如置于钢筋混凝土梁上，在钢筋混凝土梁上部需间隔设置预埋钢板，钢板下部焊接锚筋，锚筋伸入混凝土梁内部，轨道焊接在预埋钢板上部。埋件数量与位置根据轨道下方混凝土梁或钢梁的强度和挠度确定，锚筋直径及锚固长度按照相应的构造要求确定。锚筋和预埋钢板连接角焊缝需要作抗剪计算。

4. 滑移牵引设备

保证滑轨的常用滑移牵引设备有手拉葫芦、卷扬机、钢绞线液压牵引系统、液压顶推器（图 5-16）等。滑移牵引设备的选用需根据具体工程情况、牵引力的大小等因素确定。

5.2.3 整体吊装法

整体吊装施工法是将桁架或桁架与桁架组成的空间受力单元拼装成构件后进行整体吊

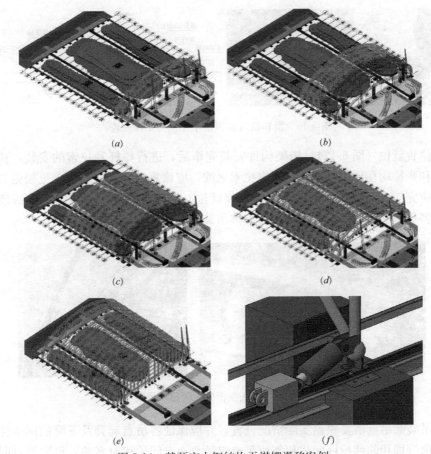

图 5-14 某预应力钢结构干煤棚滑移案例

(a) 1、2 轴原位吊装组成滑移单元；(b) 1～4 轴滑移完成；(c) 1～10 轴滑移完成；

(d) 山墙桁架滑移完成；(e) 山墙吊装；(f) 滑移轨道与设备

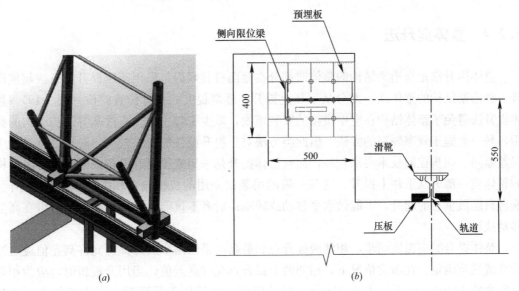

图 5-15 滑移轨道设置方法

(a) 双钢梁轨道；(b) L 形混凝土梁轨道

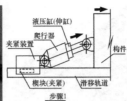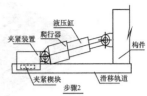

图 5-16　滑移轨道和顶推千斤顶与工作原理

装至设计位置就位（图 5-17）。桁架构件安装完毕后，进行撑杆和拉索的安装，预应力拉索的安装和张拉均在地面完成，在固定拉索之前，应该复核钢索的各段理论松弛长度，张弦桁架张拉完毕，经检验合格后，即可吊装就位。整体吊装可分为地面单榀拼装整体吊装、地面多榀桁架及其支撑构件拼装后整体吊装。

图 5-17　某张弦桁架工程整体吊装

　　整体吊装起吊点需要根据实际情况设置，并应保证各吊点起升及下降的同步性，提升高差允许值（即相邻两拨杆间或相邻两吊点组的合力点间的相对高差）可取吊点间距离的 1/400，且不宜大于 100mm，或通过验算确定。由于起吊阶段的吊点设置可能和使用阶段的支座位置不一致，因此在设计时也要进行起吊阶段结构的强度和稳定性校核。

5.2.4　整体提升法

　　整体提升法是指桁架结构的整体或部分在地面拼装好后，采用液压提升设备或超重设备，将桁架结构的整体或一部分从下往上提升，逐渐提升到设计位置就位（图 5-19）。整体提升法避免了整体结构在空中拼接的安装难度，减少了脚手架、支撑架等支护结构的费用，是一类施工效率较高的方法。但此类方法对于提升设备的要求较高，对于提升过程中误差监测、同步控制技术要求较高，而且整体提升是采用液压提升设备或超重设备将结构的整体或一部分从下往上提升，这与一般的吊装法采用的机械设备和施工步骤都有不同，前者只能做垂直的起升，不能做水平移动或转动；后者不仅能做垂直起升，而且可在高空移动或转动。

　　整体提升时应保证同步，相邻两提升点和最高与最低两个点的提升允许高差值应通过验算或试验确定。在通常情况下，相邻两个提升点允许高差值，当用升板机时，应为相邻点距离的 1/400，且不应大于 15mm；当采用穿心式液压千斤顶时，应为相邻点距离的 1/250，且不应大于 25mm。最高点与最低点允许高差值，当采用升板机时应为 35mm，当采用穿心式液压千斤顶时应为50mm。

对于拱形干煤棚采用整体提升的方法可以降低拼装高度，减少高空焊接作业量，节省施工成本，缩短工期。以某190m跨干煤棚为例，其结构示意如图5-18（a）所示，对于两侧弧形桁架采用原位拼装、高空吊装的方法安装，并在弧形桁架位于支撑架上的悬臂端固定液压提升器（图5-18c），中段多段桁架在低位拼装，并逐步提升对接成一段（图5-18d），提升至可以安装撑杆和挂索后，进行低位初张拉，建立结构刚度（图5-18d），并最终提升到位并进行高空对接安装。提供过程中需要对提升部分进行整体强度，刚度验算，同时对于非提升段的桁架也要进行复核验算（图5-18e、f）。

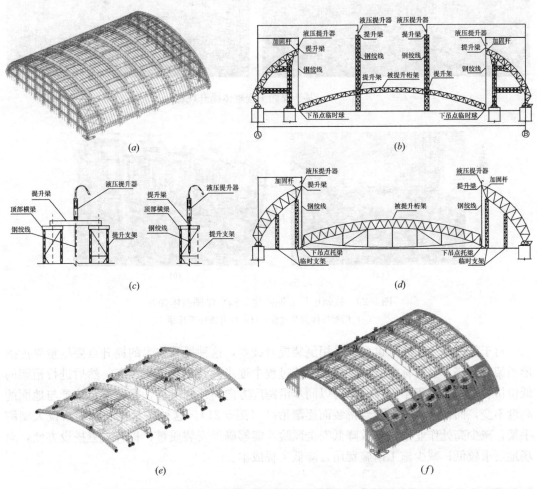

图 5-18 某干煤棚整体提升过程示意及数值模拟
(a) 干煤棚整体结构；(b) 地面拼装，逐步提升；(c) 提升设备；
(d) 提升前地面初张拉；(e) 提升部分受力分析；(f) 非提升部分受力分析

除采用液压提升机外，也可以采用在支撑架顶端设置定滑轮＋卷扬机的方法进行整体提升，某干煤棚利用多点卷扬机整体提升的现场如图5-19所示。

广西钦州电厂二期扩建工程（2×1000MW）封闭煤场钢结构工程为国内最大跨度采用整体提升施工工艺的干煤棚（图5-20），封闭式煤场纵向长度252m，高度约59.08m，设计采用技术先进的四边形预应力拱形钢桁架结构方案，桁架下部设置预应力张弦索及斜拉索，通过 V 形撑杆相互连接，张弦索最大垂高约 12m，共 9 榀，单榀跨度达到 199m（支座间净跨 191m），桁架间距 30m。结构采用"分段吊装＋分块提升"的施工方案，使用超大型构件液压同步整体提升技术，主结构第一区块提升重量 1280t，第二区块提升重量 980t。

图 5-19　某干煤棚工程整体提升现场

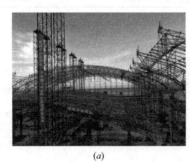

(a)　　　　　　　　　　　　　　　　(b)

图 5-20　钦州电厂二期扩建工程干煤棚整体提升

(a) 桁架整体提升过程；(b) 提升液压千斤顶

对于整体提升法施工也可以采用倒装提升技术，这种提升技术的提升点要尽量靠近拱形桁架的支座，呈对称布置，在桁架拼装过程中逐步提升桁架低端吊点，然后进行桁架的低位拼装，拼装过程中提升门架可以同步沿跨度方向向外侧滑移，保证拼装位置与地面的高度不变，而桁架结构则随着拼装而逐渐抬高（图 5-21）。这种技术措施无须搭设大型脚手架，减少高处作业量，有效降低安全风险，能够确保安装质量；提升装置搭设方便，对场地要求较低；减少施工措施费用，降低工程成本。

图 5-21　网壳结构干煤棚倒装提升法

5.2.5 整体顶升法

整体顶升法是将在地面上拼装好的桁架，利用已建好的建筑物承重柱或其他辅助设施作为顶升的支承结构，用液压顶升系统将结构顶升至设计标高后就位（图5-22）。整体顶升法与整体提升法类似，即只能做竖直方向的运动。与整体提升法不同的是，整体顶升法的起重设备在构件或结构的下面。

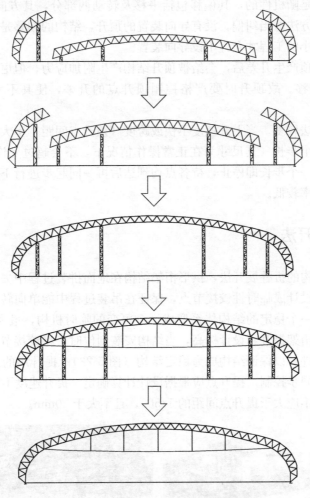

图5-22 预应力钢桁架干煤棚整体顶升法

整体顶升法的主要技术问题：

顶升时，各千斤顶的行程和升起速度必须一致，保持同步顶升，各顶升点的允许高差应符合下列规定：①不应大于相邻两个顶升支承结构间距的1/1000，且不应大于15mm；②当一个顶升点的支承结构上有两个或两个以上千斤顶时，不应大于千斤顶间距的1/200，且不应大于10mm；③千斤顶应保持垂直，千斤顶或千斤顶合力的中心与顶升点结构中心线偏移值不应大于5mm；④顶升前及顶升过程中空间网格结构支座中心对柱基轴线的水平偏移值不得大于柱截面短边尺寸的1/50及柱高的1/500。

千斤顶的使用负荷能力应将额定负荷能力乘以折减系数，规程 JGJ 7—2010 规定：丝杠千斤顶折减系数可取 0.6～0.8；液压千斤顶可取 0.4～0.6。

顶升用的支承结构应进行稳定性验算，验算时除应考虑上部钢结构和支承结构自重、与上部钢结构同时顶升的其他静载（可能含檩条、屋面板）和施工荷载外，还应考虑上述荷载偏心和风荷载所产生的影响。如稳定性不足，则应采取措施，如及时连接上柱间支撑和格构柱的缀件等。

在没有导向装置的顶升法施工中，主体结构的每个顶升循环都可能出现不同程度的偏移，而且这些偏移是随机性的，其偏移包括平移及转动两部分，其方向和大小不易控制，可用垫料千斤顶等方法适当纠偏。没有导向装置的顶升，结构的偏移是不可避免的，因此只有在顶升高度较小的工程才允许不设导向装置。

顶升时各千斤顶产生升差后，会给被顶升结构产生附加应力，但更重要的问题是会使被顶升结构产生偏移。故顶升时要严格控制顶升点的升差，使其不大于顶升点间距的 5/10000 或 10mm。

观测升差的方法较多。当上升速度不快或跨度（顶升点间距）不大时，推荐采用等步法，即首先确定一个步长（其尺寸为在正常操作情况下，不会超过允许最大升差值），顶升时各顶升点只升一个步长即停止，待各点均到达后再一同起步进行下一个顶升过程，此法最为简易，但效率较低。

5.2.6　折叠展开法

类似于网壳结构的折叠展开法，拱形桁架结构在地面拼装过程中去掉部分杆件，也可以将局部节点位置设计成临时性铰接节点，保证在吊装过程中能单向转动，使得桁架在地面上折叠起来，将一个稳定的结构体系变成一个可变的临时机构，最大限度地降低高度，然后将折叠的拱形桁架提升到设计标高，当结构安装到位时，将铰接节点固定，最后在高空补缺未安装的杆件，以保证结构成为稳定结构（图 5-23）。提升用的工具宜采用液压设备，并采用计算机同步控制。提升点应根据设计计算确定，提升速度不宜大于 0.2m/min，提升点的不同步值不应大于提升点间距的 1/500，且不大于 40mm。

图 5-23　折叠展开式桁架结构

整个提升过程中应对桁架杆件内力、节点位移及支座反力进行验算，必要时应采取临时加固措施；对提升过程中可能出现瞬变结构应设置临时支撑或临时拉索。拱形预应力张弦桁架的折叠展开过程如图 5-24 所示。

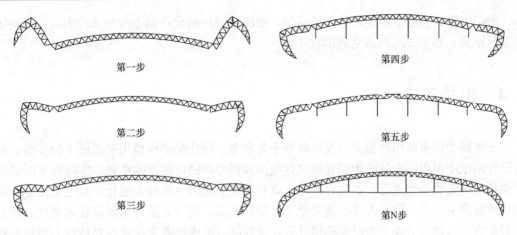

图 5-24　拱形预应力桁架结构折叠展开过程

5.3　拉索安装方法

大跨度拱形张弦桁架的拉索通常长度超过 100m，索体长而重，拉索的形状呈鱼腹状，需要用机械提升、牵引至设计标高，整个牵引设备布置及操作如图 5-25 所示。根据这一特点，通常在拉索两端用钢绞线作为牵引索，钢绞线每隔 10m 处安装一个动滑轮，索体与动滑轮连接，采用 5t 卷扬机在张弦桁架的另一端进行牵引，将缆索提升设计高度并牵引至桁架拉索端部节点，先将一端的索头引入支座耳板内并用销轴固定，从索头一端向另一端逐个将索夹与撑杆连接，必要时用手拉葫芦提升索夹，转动撑杆，使索夹卡入撑杆下端，以跨度中间的索夹位置为控制目标，最后通过张拉工装将缆索的索头与桁架张拉端耳板连接，整体放索到牵引安装定位过程如图 5-26 所示。

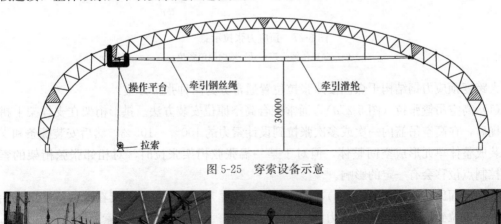

图 5-25　穿索设备示意

图 5-26　穿索过程示意
(a) 放索；(b) 张拉点固定；(c) 滑索；(d) 穿索；(e) 安装索夹

牵引完毕，应测量拉索两锚固端间距，锚固端间距的允许偏差应为 $L/3000$（L 为两锚固端的距离）和 20mm 两者之间的较小值。

5.4 张拉工艺

干煤棚中拉索结构的施工与设计联系十分紧密，设计时必须预先考虑施工的步骤，并在设计图纸中说明，尤其必须预先规定好施加预张力和铺设屋面的步骤，实际施工时必须严格按照规定的步骤进行；如稍有改变，就有可能引起内力的很大变化，甚至会使主体结构严重超载。因此，施工人员必须清楚了解设计意图，设计人员必须做好技术交底。拉索张拉前应进行预应力施工全过程模拟计算，计算时应考虑拉索张拉过程对预应力结构的作用及对支承结构的影响，应根据拉索的预应力损失情况确定适当的预应力超张拉值。拉索张拉应遵循分阶段、分级、对称、缓慢匀速、同步加载的原则。

通常工期允许的情况下，应在一榀或多榀主体桁架安装合拢后，围护结构未安装前进行张拉施工，张拉控制力宜以仅有结构自重作用下的索力为张拉目标，此时结构自重较轻，现场情况清晰，张拉工装设备需要的量程小，荷载单一可控，是优先推荐的张拉时段。

（a）　　　　　　　　　　　　　　　　（b）

图 5-27　预应力张拉示意
（a）高空吊篮张拉；（b）地面原位张拉

大跨度预应力钢结构干煤棚按照张拉位置通常分为两种张拉方案：

（1）高空吊篮张拉（图 5-27a），通常配合高空原位安装方法。拱形桁架在支撑架上拼装合拢后，在高空吊篮内一次或多次张拉到设计索力的 100%～105%，然后安装檩条和支撑拼装成整体单元形成空间整体，但对于某一榀张弦桁架张拉时，对相邻张弦桁架的索力、控制点位移会有一定的影响。

（2）地面原位张拉（图 5-27b），通常配合整体提升方法。拱形桁架在地面低位拼装胎架上一次张拉到位，达到设计索力的 100%～105%。或者张拉到设计索力的 60%～70%，但可保证结构提升时的刚度，当提升到高空位置后再进行补张拉调整。补张拉阶段可以是主体桁架安装完成阶段，也可以是在温度缝区间所有桁架、檩条和支撑拼装成整体单元后的阶段，但是应当注意的是局部索力的调整对其相邻桁架的索力和控制点位移会有一定的影响。

预应力张拉和主桁架的吊装常需交替、对称进行，即安装合拢完成相邻 1～3 榀主桁架后，进行张拉，张拉完成后，继续进行其他主桁架拼装、吊装、合拢，然后再张拉，逐渐循环完成全部张拉过程，然后安装围护材料，此种施工过程易于控制张拉力的大小。

预应力张拉和铺设屋面的过程中要随时监测索系的位置变化，必要时作适当调整，使整个屋盖完成时达到预定的位置。

5.4.1 张拉方法

目前较为常用的预张力施加方法有：

1. 千斤顶张拉法

沿拉索轴向采用油压千斤顶对钢索张拉，待预张力值达到设计要求后，即可锚固拉索端头，并作防护处理。该方法在悬索结构中最为常用，拉索的类型与锚头及千斤顶型号要相互配套，如图 5-28 所示。

(*a*)　　　　　　　　　　　　(*b*)

图 5-28　千斤顶张拉法

(*a*) 拉索张拉示意；(*b*) 钢拉杆张拉示意

2. 丝扣旋张法

当预张力不大，采用高强圆钢作拉索时，常在圆钢端头车制螺纹，用拧紧螺母的方法产生预张力。也可采用正反扣套筒（俗称花篮螺丝）的办法，通过旋转套筒来张紧或放松拉杆。经过标定后，施工中可采用套筒转动圈数来控制预张力的大小，操作较为方便。

3. 横向张拉法

在索两端固定的情况下，从横向对索加力 P 产生位移 δ，获得与前两种方法相同的预张力施加效果。所加横向力 P 大大小于轴向力 T，通过沿索轴向加力 T 产生伸长 Δl 来获得预张力。这种方法在索桁架结构和张弦结构中较为常用。横向力的施加方案和构造方案亦多种多样，如拧紧拉杆、旋转花篮螺丝、千斤顶顶推等。

4. 电热张拉法

在拉索通电加热膨胀后的长度下，锚固拉索两端，冷却后拉索收缩即可产生预张力。电热法多用于圆钢拉杆，也可用于钢丝束和钢绞线。它适用于高空作业操作困难的情况，但耗电量大，且要保证拉索绝缘不致产生短路电火花，损伤拉索降低强度。试验表明，加热温度在 250~300℃ 以内时基本上不影响钢材的物理力学性能。拉索在加温后的伸长量为：

$$\Delta l = \alpha t l \tag{5-1}$$

其中 α 为材料的线膨胀系数；t 为加热温度；l 为索段长度。

加热状态下，固定杆端产生的预应力值为

$$\sigma = \alpha t E \tag{5-2}$$

其中 E 为材料的弹性模量。以钢索为例，在加热 250℃时可产生的预应力值为：

$$\sigma = 1.12 \times 250 \times 1.95 \times 10^6 \approx 545\text{MPa} \tag{5-3}$$

电热张拉法能够满足一般张弦结构中对预张力施加的要求。

5.4.2 张拉工装

预应力钢索张拉设备主要有穿心式千斤顶、反力架和压力传感器、配套油泵。张拉前应根据设计和预应力工艺要求的实际张拉力对千斤顶、油泵进行标定，拉索的张拉工艺应满足整体结构对索的安装顺序和初始态索力的要求，并应计算出每根拉索的安装索力和伸长量。

对于曲线弧度较小的拉索，通常可以采用一端张拉的方式，以节省工装设备，也可以采用两端同步张拉，张拉工装可如图 5-29 所示。

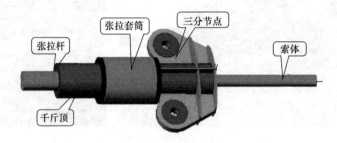

图 5-29 张拉工装设备

张拉工装应使张拉设备形心与钢索重合，以保证预应力钢索在进行张拉时不产生偏心；张拉设备形心应与预应力钢索在同一轴线上（图 5-30）。

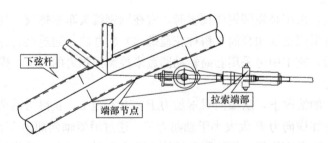

图 5-30 拱形桁架单索张拉布置

5.4.3 张拉控制

结构张拉过程中应该对一些受力较大杆件的内力、控制点的节点位移、索中的张力值、伸长量进行监控，要确保拉索中施加的张力值和设计值一致，并将结构的几何位置控制在设计值的误差范围内，即采用索力和结构尺寸双控制；对结构重要部位宜同时进行索力和位移双控制，并应规定索力和位移的允许偏差。拉索各阶段张拉过程中应检测并复核拉力、拱度及挠度、拉索伸长量、油缸伸出量，张拉前可把预应力钢索自由部分长度作为原始长度，当张拉完成后，再次测量原自由部分长度，两者之差即为伸长值。张拉力允许偏差不宜大于设计值 10%，拱度及挠度允许偏差不宜大于设计值 5%，预应力钢索张拉完成后，应立即测量校对。

张拉开始，油泵启动供油正常后，开始加压，每级张拉时间不应少于 0.5min，并应做好记录，以对结构施工期行为进行监测，记录内容应包括：日期、时间、环境温度、索力、索伸长量和结构位移的测量值。

5.4.4　注意事项

结构张拉过程在户外作业时，宜在风力不大于四级的情况下进行。在安装过程中应注意风速和风向，应采取安全防护措施避免拉索发生过大摆动，有雷电时，应停止作业。

结构张拉力应按标定的数值进行，用伸长值和压力传感器数值进行校核，实测伸长值与计算伸长值相差超过允许误差时，应停止张拉，及时处理，认真检查张拉设备及与张拉设备相接的钢索，以保证张拉安全、有效。

结构在实际建成后其平面外有较强的支撑系统来保证其平面外的稳定性，但是在张拉阶段这些支撑不存在或支撑刚度较弱，结构平面外的位移对于施工阶段结构的平面外稳定极为不利，因而在张拉过程中应注意拱形桁架端部支座的平整程度或通过两端等速张拉来控制平面外位移。

5.5　张拉仿真分析

预应力钢结构的施工过程以及张拉步骤对结构的成形态和后续的受力初始状态影响非常大，因此预应力钢结构干煤棚施工张拉前必须要进行施工模拟分析，确定张拉各个阶段的索力、位移以及结构的应力响应。

张拉过程可以采用单步张拉方案，也可以采用分级张拉，第 1 级张拉索力可达设计索力的 50%，第 2 级张拉到 90%，第 3 级张拉到 100%～105%，其中可以超张拉 5%。单步张拉的主要优点是施工方便、一次性张拉到位，缺点是张拉过程中构件可能屈服；而分级张拉一般情况下可以防止施工过程中局部构件应力过大，同时也利于索力调整，但效率不高。数值模拟分析索力可以按照降温等代换算成索力的方法，分级分步输入计算，预支撑架与主体桁架间采用只压不拉单元连接，以保证当张拉力达到使桁架脱架状态后，支撑架不再参与主体结构受力。

此处以某预应力钢结构干煤棚施工张拉过程为例，介绍其数值模拟过程，本结构共有 15 榀，其中 2-14 榀为拱形张弦桁架。首先建立数值模型，预应力索可采用索元（仅拉不压型）模拟；各榀张拉分级为 2 级，一级达到设计索力的 70%，二级达到设计索力的 100%，其整体张拉顺序和张拉过程，以及各级张拉引起的结构响应如图 5-31 所示，可供设计者参考。

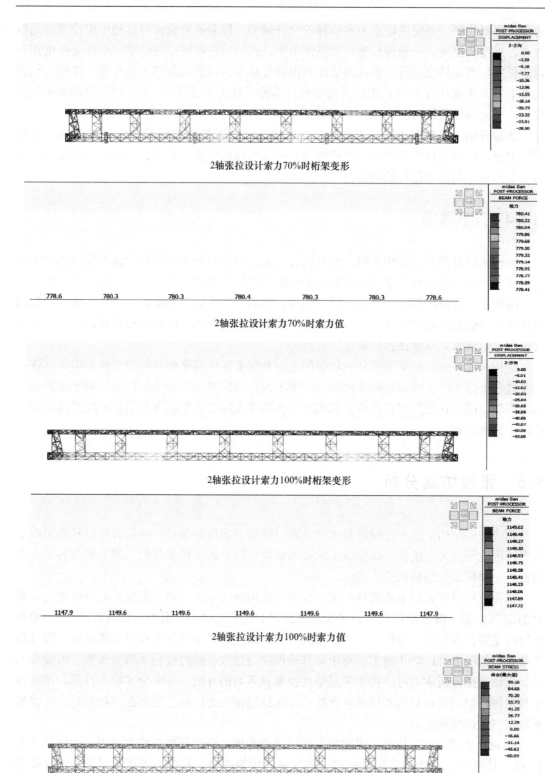

2轴张拉设计索力70%时桁架变形

2轴张拉设计索力70%时索力值

2轴张拉设计索力100%时桁架变形

2轴张拉设计索力100%时索力值

2轴张拉设计索力100%时桁架应力

图 5-31　干煤棚张拉施工模拟（索力单位 kN，位移单位 mm）（一）

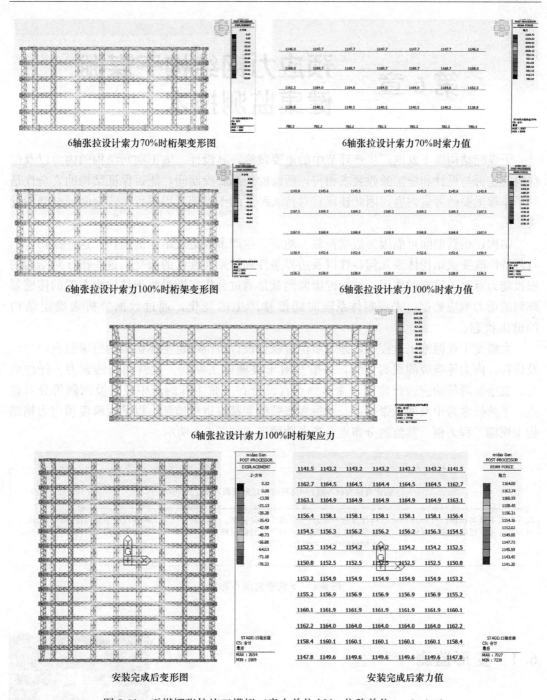

图 5-31 干煤棚张拉施工模拟（索力单位 kN，位移单位 mm）（二）

第6章 预应力钢结构干煤棚健康监测技术

干煤棚结构属于发电厂生产环节中的重要设施，其设计、施工期间结构的内力以及位移响应是否与设计和施工验收要求相符，后续的长期服役期间，能否保证结构的安全性是一个非常重要的考量内容，因此建议宜对特大跨度的干煤棚工程进行运营期间的全寿命健康监测。

结构在运营期间可能因为极端荷载、地震、生产事故造成结构的损伤，这些损伤包括材料特性改变或结构体系几何特性以及边界条件和体系连续性的改变，这些指标对结构的服役能力有至关重要的作用。结构健康监测就是通过分析定期采集于结构中布置的传感器阵列的动力响应数据，来观察体系随时间推移产生的变化，通过数据分析来确定结构的健康状态。

大跨度干煤棚施工过程中，施工单位应联合设计单位确定主体桁架的健康监测内容以及位移、内力等响应的观测位置，一般是对干煤棚施工期间、运营期间的索力、杆件应力、支座沉降等响应进行监测，变形测点宜设置在上弦主管的跨中位置及两侧等分对称点，下弦拉索跨中及两侧张拉点，对每榀张弦桁架都应进行监测。以某大跨度预应力钢结构干煤棚工程为例，其监测分布点及参考数值形式如图 6-1 所示。

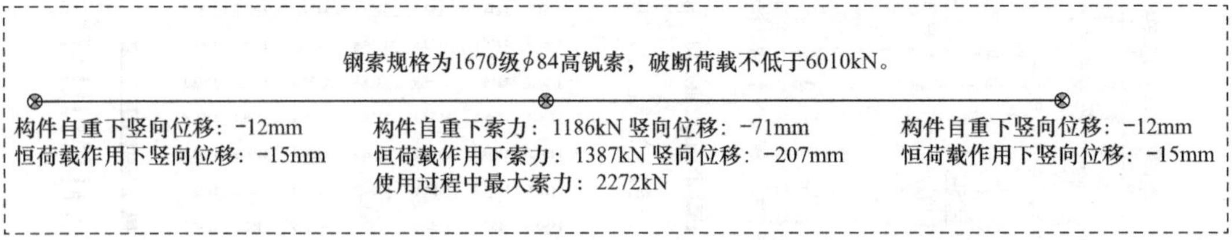

钢索规格为1670级φ84高钒索，破断荷载不低于6010kN。

构件自重下竖向位移：-12mm	构件自重下索力：1186kN 竖向位移：-71mm	构件自重下竖向位移：-12mm
恒荷载作用下竖向位移：-15mm	恒荷载作用下索力：1387kN 竖向位移：-207mm	恒荷载作用下竖向位移：-15mm
	使用过程中最大索力：2272kN	

图 6-1 下弦索监测点布置

6.1 变形监测

在预应力钢索张拉的过程中，结合施工仿真计算结果，对结构的整体变形进行监测可以保证预应力施工期间结构的安全以及预应力施加的质量，监测可采用全站仪，如图 6-2 所示，在桁架施工完成后和屋面系统安装后测量观测点位移值，并且此值不应大于荷载标准值作用下位移的 1.15 倍。

图 6-2 全站仪

6.2 应力监测

对钢结构的应力监测可以采用应变计或应变片进行采集，对干煤棚主桁架中的受力较大的弦杆、腹杆以及与支座连接的关键杆件等构件上布置应变计或应变片，通过动态数据采集仪进行数据采集分析，其中振弦式应变计如图 6-3 所示。

图 6-3 振弦式应变计

6.3 索力监测

实时监测超大跨度干煤棚中索力变化规律及其长期工作状态，以确保重要工程结构长期服役期的安全性和耐久性，避免发生重大事故是非常重要的。目前，预应力拉索拉力监测的主要方法有油压表法、电测法、张拉推算法、频率推算法；其中电测法的信息采集又可分为应变片采集、光纤光栅传感器和磁通量传感器采集法。

1. 油压表法

在对钢索施加预应力时，通过油压传感器可以随时监测到索力的变化，油压传感器安装于液压千斤顶油泵上，通过专用传感器读数仪可随时监测到预应力钢索的拉力，以保证预应力钢索施工完成后的拉力与设计单位要求的拉力吻合。

2. 应变片采集法

拉索张拉时将粘有电阻应变片（图 6-4）的张拉连杆或筒式压力传感器接在拉索、索头表面，利用电阻应变片测试的原理将索力值的变化转成信号显示，这种测力系统构成非常简单、操作简便，适用于施工阶段张拉索力的控制。但电阻应变片精度受周边环境影响较大，而且需要布置很长的导线与应变采集器连接，且使用时间越久，应变片对结构应变的反应也越来越迟钝，监测误差就将随之增大，不宜作为长期监测的手段。

3. 光纤光栅传感器采集法

光纤光栅是一种通过一定方法使光纤纤芯的折射率发生轴向周期性调制而形成的衍射光栅，是一种无源滤波器件，由于光纤光栅波长对温度与应变同时敏感，可以实现对温度、应变等物理量的直接测量。在工作环境较好或是待测结构要求精小传感器的情况下，可将裸光纤光栅作为应变传感器直接粘贴在待测拉索的表面（图6-5a）或者是埋设在拉索的内部（图6-5b）；由于光纤光栅比较脆弱，在恶劣工作环境中非常容易破坏，因而需要对其进行封装后才能使用，目前常用的封装方式主要有基片式、管式和基于管式的两端夹持式。

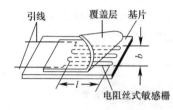

图6-4　应变片原理、应变片以及现场布置

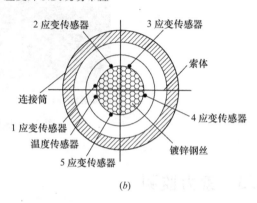

(a)　　　　　　　　　　　　　　　　　　　　(b)

图6-5　光纤光栅传感器测索力布置

(a) 光纤光栅传感器布置；(b) 光纤光栅传感器预埋

图6-6　磁通量传感器

4. 磁通量传感器采集法

施工期间和后期运营期间，索力监测也可以采用布置磁通量传感器（图6-6）进行监测。磁通量传感器是基于铁磁性材料的磁弹效应原理制成的，即当铁磁性材料承受的外界机械荷载发生变化时，其内部的磁化强度（磁导率）发生变化，通过测量铁磁性材料制成的构件的磁导率变化，来测定构件的内力，可有效地测量缆索和预应力筋的应力，是一种无损检测技术。

5. 张力推算法

索力监测还可以采用张力测试仪（图6-7）进行采集索力。张力测试仪是利用力分解原理测量索力的仪器，当系统平衡时索力 $T=2F\times\cos(\alpha/2)$，其中 T 为推力，F 为索拉力，α 为索的弯折夹角，由于 α 固定，因此 T 与 F 成正比，让力 T 作用在力敏传感器上，力敏传感器输出信号，经电路运算、修正、放大后显示在显示屏上的数值就是所测索的张力。

6. 频率推算法

对于已经张拉完成，但没有预埋光纤光栅传感器或者磁通量传感器的拉索，要想测得

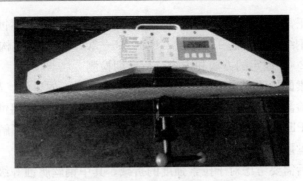

图 6-7 张力测试仪

索力是比较困难的。目前最常用的方式是振动法，也称为频率法，是利用精密拾振器，采集拉索在激励下的振动信号，经过滤波、放大，通过频谱分析，根据功率谱图上的峰值提取拉索的自振频率，最后根据自振频率与索力的关系确定索力（图 6-8）。测试中，根据激励方法的不同，频率法分为共振法和随机振动法。共振法是利用人工激励缆索，然后用拾振器测量缆索的基频，这就会造成测量结果的离散性，因为一般人员往往激励不出缆索的纯基频。随机振动法是利用环境荷载对缆索进行激励，用拾振器分析缆索的前几阶振动频率，这样就消除了人为因素的影响。用频率法测定索力，不仅方便，适应多种工况，设备可重复使用，且测量精度已能满足工程应用要求，因此得到了广泛应用。

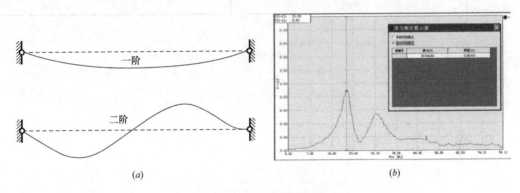

(a)   (b)

图 6-8 拉索内力振动测试法

（a）索振动形式；（b）索力频率采集

其中通过振动法测试得到的索力可按下式计算：

$$T = 4ml^2 \left(\frac{f_n}{n} \right) - EI \frac{n^2 \pi^2}{l^2} \tag{6-1}$$

式中，T 为拉索索力；m 为索的线密度；l 为拉索长度；f_n 为第 n 阶的自振频率，通过拾振器测得；n 为弦振动的阶数；E 为索弹性模量；I 为索截面惯性矩。

6.4 腐蚀检测

干煤棚内的工作环境恶劣，煤炭挥发的有害气体会对钢结构和缆索形成长期腐蚀，因此应对干煤棚结构中的钢管、支座、拉索、拉杆、檩条、屋面板的腐蚀情况进行定期检测，以保证结构的正常使用。普通碳素钢的腐蚀主要有三类：电化腐蚀、大气腐蚀和应力腐蚀，可以参照《钢结构工程施工规范》GB 50755—2012 和《钢结构工程施工质量验收规范》GB 50205—2001 规定的方法和内容进行定期检测。

对于预应力拉索的检测，主要可以通过目测法或磁漏、放射线、超声波、磁声传感、电反射等方法进行检测。其中检测内容主要是除锈情况，清查拉索腐蚀的钢丝数量，判断其腐蚀程度，观测 PE 护套表面，需要时打开锚固区或凿开护套，了解钢丝锈蚀、断丝等情况，必要时对钢丝取样，进行物理和力学试验，确定钢丝状态。

拉索钢丝腐蚀后需要考虑对于拉索强度的折减，其中钢丝腐蚀等级和强度折减系数取值可参照表 6-1 执行。根据拉索腐蚀的程度等级确定是否需要更换索，换索阈值是断丝面积 2％或钢丝总面积损失 10％。

腐蚀检测等级　　　　　　　　　　　　　　　　　　　　表 6-1

等级	特征	强度折减系数
5	无腐蚀	100％
4	轻微腐蚀	100％
3	轻微麻坑，轻、中度锈蚀	75％
2	中度随机麻坑	50％
1	严重麻坑	25％
0	断丝	0

第7章 某预应力钢结构干煤棚设计实例

7.1 工程概况

7.1.1 基本条件

这里以某大跨度干煤棚为实例，介绍其设计分析过程以及设计参数取值。本煤场封闭工程总宽度为150m，总长330m，煤场堆高为13.5m，上部采用预应力管桁架结构，下部为混凝土基础，干煤棚中间不立柱，跨斗轮机中线（沿纵向全长）净高不小于30m。主要设备为2台DQ1500/1500·30型悬臂式斗轮堆取料机，斗轮机回转半径为30m，堆取料出力均为1500t/h，两台斗轮机均可堆、取料作业，斗轮机在系统中可互为备用。建设地点的气候条件如表7-1所示。

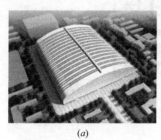

(a)   (b)

图 7-1 某干煤棚形式

(a) 效果图；(b) 数值模型

当地气候条件   表 7-1

序号	项目	单位	统计值
1	土壤最大冻结深度	mm	450
2	多年最大积雪厚度	cm	19
3	50年一遇10m高10min内最大风速	m/s	24.6
4	50年一遇10m高基本风压	kPa	0.354
5	多年平均风速	m/s	1.5
6	多年平均气温	℃	12.5
7	最冷月平均气温	℃	−2.3
8	最冷月平均最低气温	℃	−7.7
9	最热月平均气温	℃	25.3

序号	项目	单位	统计值
10	最热月平均最高气温	℃	31.3
11	多年绝对最高气温	℃	40.4
12	多年绝对最低气温	℃	−19.4
13	多年平均相对湿度	%	60

7.1.2　结构形式

干煤棚结构由主受力预应力拱形桁架、横向联系桁架、山墙桁架和支撑系统组成。主桁架采用单向张拉拱桁架结构，桁架间距 16.5m，桁架最高点 44.5m。沿拱纵向设置 7 道纵向联系桁架，8 道支撑，用来增加拱桁架的侧向刚度，并提高结构的整体刚度。交叉支撑间距分别为 33m 与 49.5m。山墙桁架与主拱形桁架共同形成封闭的煤棚结构受力体系，其具体结构形式及关键杆件确定如图 7-2 所示。

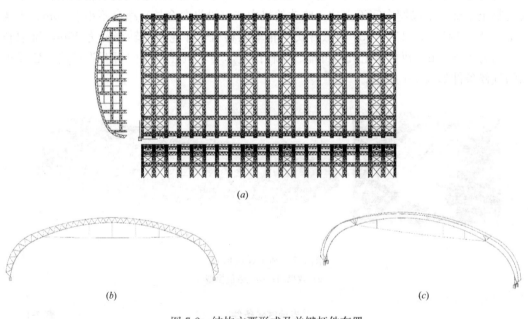

(a)

(b)　　　　　　　　　　　　　　　　　　　　　　　(c)

图 7-2　结构主要形式及关键杆件布置

(a) 干煤棚平立剖模型；(b) 单榀拱形张弦桁架模型；(c) 关键杆件位置

主桁架支座附近下弦杆截面范围为 $\phi450\times20$，支座附近上弦杆截面为 $\phi325\times12$；索端部上弦杆截面为 $\phi273\times12$，下弦杆为 $\phi351\times16$；其他位置弦杆截面为 $\phi219\times12$、$\phi245\times12$；腹杆截面规格为 $\phi140\times4\sim\phi180\times6$。结构在自重与索初拉力共同作用下，结构接近图纸态；结构在最不利荷载组合下的最大索力不得超过索破断拉力的 40%；结构在正常使用情况下最小索力不得小于 50kN；结构变形满足相关规范要求；在满足索及索力选用原则的情况下，通过结构试算及比较，最终确定索的初拉力为 950kN 时满足要求，最不利组合下最大索力为 1511kN，最小拉力为 72.7kN，通过查询技术图册，最终确定索规格为"$\phi5\times127$"的平行钢索，材质为 1670 级，该索极限破断拉力为 4164kN，最大索力低于索破断拉力的 40%。

7.1.3 荷载作用

主体结构设计使用年限为 50 年，基本设计参数列于表 7-2 中。

基本风压：取 0.45kN/m²（50 年一遇，地面粗糙度类别为 B 类）。

基本雪压：取 0.45kN/m²（100 年一遇）。

地震作用：抗震设防烈度为 7 度区，设计基本地震加速度为 0.1g，地震动反应谱特征周期为 0.40s。

设计基本技术参数   表 7-2

结构设计基准期	50 年
设计使用年限	50 年
结构设计安全等级	二级
结构重要性系数	1.0
抗震设防烈度	7 度
建筑抗震设防分类	标准设防类
建筑防火等级	二级

结构恒载：屋面：0.30kN/m²（不含结构自重），屋面恒荷载包含屋面板、檩条、通风、喷淋及灯具。墙面：0.3kN/m²；检修通道恒荷载：0.75kN/m（按实际布置施加）。

活荷载：屋面：0.3kN/m²；检修通道活荷载：1kN/m。

风荷载：本工程按 50 年一遇基本风压 0.45kN/m² 取值，地面粗糙度为 B 类。风压高度系数按照荷载规范取值。对结构进行风荷载输入时，按照风荷载作用角不同，分四个工况进行风荷载，施加风荷载时主体结构按设计规范考虑风振系数（2.0）。围护结构采用的阵风系数，按照《建筑结构荷载规范》GB 50009—2012 取值。

基本雪压：按 100 年荷载重现期基本雪压为 0.45kN/m²，本工程考虑两种不均匀积雪分布情况，如图 7-3 所示。

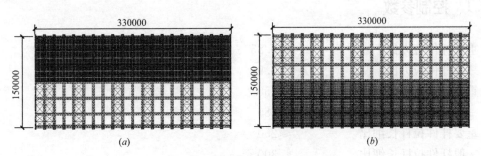

图 7-3 雪荷载半跨分析工况

(a) 半跨活载；(b) 半跨活载

温度荷载：正温 30℃，负温 30℃（合拢温度 10～15℃）。

支座位移：支座水平强迫位移±15mm，支座竖向强迫位移－5mm。

荷载工况：根据建筑结构所处地理环境及其自身实际情况，在结构计算中考虑多种工况：

D(恒载)；L1(满跨活载)；L2(半跨活载1)；W1(风载，270°风向)；W2(风载，90°风向)；W3(风载，0°风向)；W4(风载，180°风向)；T+(T+正温)；T-(T-负温)。

荷载效应组合：结构的承载力极限状态与正常使用极限状态，组合情况参见前文。

7.1.4　材料选用

1. 本工程所用材料除特殊注明外均采用Q345B。

2. 钢结构防腐涂装：

(1) 除锈：除镀锌构件外，制作前钢构件表面均应进行喷砂（抛丸）除锈处理，不手工除锈，除锈质量等级应达到国标GB/T 8923.1—2011中Sa2.5级标准。

(2) 涂漆：钢构件经除锈处理后应涂环氧富锌底漆（80μm）+环氧云铁中间漆（80μm），制作完成后再涂聚氨脂面漆（约60μm），其中最后一道面漆应在安装完成后工地涂制。漆膜总厚度不宜小于220μm，且应满足相应规范要求。主檩条及次檩条热浸锌镀锌量不少于350g/m²。

(3) 运输、安装过程中对涂层的损伤，须视损伤程度的不同采取相应的修补方式，对拼装焊接的部位必须清除焊渣，进行表面处理达到St3级要求后，用同种涂料补涂。

3. 钢结构防火：

根据《火力发电厂土建结构设计技术规程》技术要求，煤场内堆煤包络线外延5m范围内的钢结构应采取防火措施，耐火极限不低于1h，同时应符合现行国家标准《火力发电厂与变电站防火设计规范》GB 50229的有关规定。

7.2　结构分析

7.2.1　控制参数

重要杆件应力比	≤0.85
一般杆件应力比	≤0.90
重要杆件压杆长细比	≤150
一般杆件压杆长细比	≤180
重要杆件拉杆长细比	≤250
一般杆件拉杆长细比	≤300
预应力钢拉索的安全系数	≥2.5
荷载标准值作用下结构挠度	≤L/300
风荷载作用下结构侧移	≤h/150
结构设计阻尼比	0.02
杆件最小直径88.5mm	

7.2.2 自振特性

本工程预应力拱形桁架结构一阶振型通常为跨度方向的水平振动,因此受预应力刚化作用的影响较小,一阶周期为1.73s,二阶振型扭转振动,三阶为纵向平动。其主要振动形式如图7-4所示。

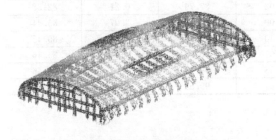
第一振型:主桁架方向平动(t=1.728s)

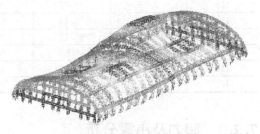
第二振型:扭转(t=1.444s)

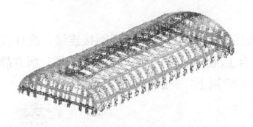
第三振型:纵向平动(t=1.273s)

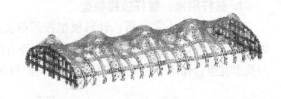
第七振型:竖向(t=0.8533s)

图7-4 结构主要振型图

取前120阶振型,其振型质量参与系数三个方向均大于90%,如表7-3所示,可以看到此类结构与高层结构具有明显的区别,只有振型数量取到上百阶时,才能满足规范中振型质量参与系数三个方向均大于90%的要求。

振型质量参与系数

表7-3

模态号	TRAN-X		TRAN-Y		TRAN-Z	
	质量(%)	合计(%)	质量(%)	合计(%)	质量(%)	合计(%)
1	0.00	0.00	44.36	44.36	0.00	0.00
2	0.00	0.00	0.00	44.36	0.00	0.00
3	64.34	64.34	0.05	44.41	0.00	0.00
4	0.45	64.79	8.34	52.75	0.00	0.00
5	0.00	64.79	0.00	52.75	0.00	0.01
6	0.01	64.80	4.35	57.09	0.02	0.02
7	0.00	64.80	0.00	57.09	27.46	27.48
8	0.21	65.02	0.17	57.27	0.00	27.48
9	0.00	65.02	0.00	57.27	0.65	28.12
10	0.60	65.61	0.05	57.32	0.00	28.12
11-109	略					
110	0.01	86.62	0.09	87.24	5.71	76.57

续表

模态号	TRAN-X		TRAN-Y		TRAN-Z	
	质量（%）	合计（%）	质量（%）	合计（%）	质量（%）	合计（%）
111	0.61	87.22	0.11	87.35	0.51	77.08
112	1.56	88.78	0.13	87.48	0.21	77.28
113	0.98	89.76	0.21	87.69	0.87	78.16
114	0.04	89.80	0.08	87.77	4.01	82.16
115	3.08	92.87	0.02	87.79	0.21	82.38
116	0.24	93.11	0.00	87.79	3.07	85.44
117	0.02	93.13	2.40	90.19	0.01	85.45
118	6.82	99.95	0.01	90.20	0.00	85.46
119	0.00	99.95	9.33	99.53	0.01	85.46
120	0.00	99.95	0.01	99.54	5.46	90.92

7.2.3 静力及小震分析

1. 弦杆刚接、腹杆铰接模型

对于静力和小震分析，计算模型按照前文所述，取结构模型为弦杆刚接连续，腹杆铰接，图 7-5 为计算总装模型钢结构在所有静力组合工况作用下杆件应力比包络云图。所有静力及小震组合作用下，关键杆件应力比均控制在 0.85 以下，一般杆件应力比均小于 0.90。

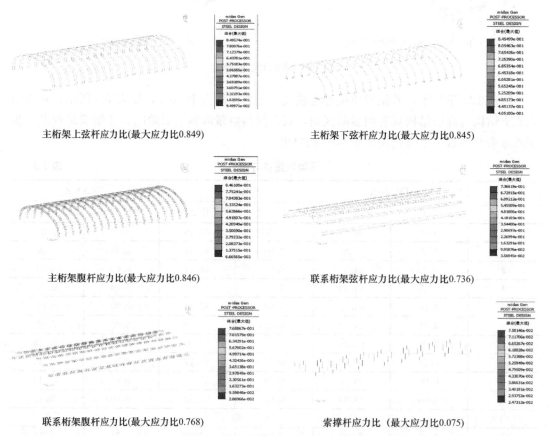

主桁架上弦杆应力比(最大应力比0.849)　　　　主桁架下弦杆应力比(最大应力比0.845)

主桁架腹杆应力比(最大应力比0.846)　　　　联系桁架弦杆应力比(最大应力比0.736)

联系桁架腹杆应力比(最大应力比0.768)　　　　索撑杆应力比 (最大应力比0.075)

图 7-5 静力分析主要应力响应 （一）

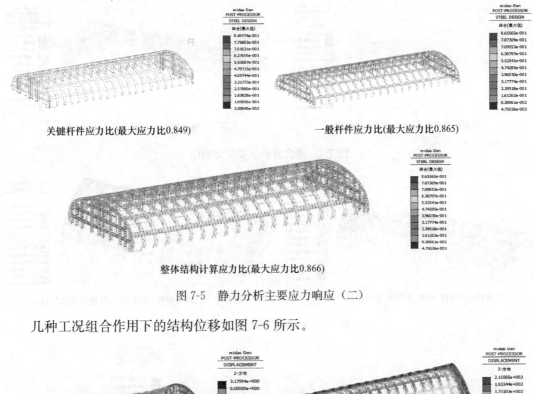

关键杆件应力比(最大应力比0.849)　　一般杆件应力比(最大应力比0.865)

整体结构计算应力比(最大应力比0.866)

图 7-5　静力分析主要应力响应（二）

几种工况组合作用下的结构位移如图 7-6 所示。

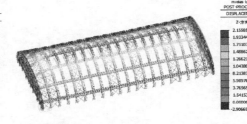

恒荷载+活荷载+初拉力作用下位移　　　恒荷载+(Y)方向风荷载+初拉力作用下位移
(竖向位移-189mm)　　　　　　　　　　(竖向位移215mm)

图 7-6　静力分析位移响应

2. 弦杆刚接、腹杆刚接模型

取结构模型为弦杆刚接连续，腹杆刚接，其计算结果为重要杆件的最大应力比为 0.852，一般杆件的应力比为 0.967，应力分布如图 7-7 所示，预应力拱形桁架在恒+活作用下跨中最大位移 189mm（图 7-8），变形为跨度的 1/793，满足变形为跨度 1/300 的要求，桁架具有足够的竖向刚度。在有风荷载组合的工况中，预应力拱形桁架 X 方向水平变形为 63.5mm，结构最大位移发生高度 32.2m 处，变形为高度的 1/510；Y 方向水平变形为 94mm，结构最大位移发生高度 24.4m 处，变形为高度的 1/259，满足结构在水平荷载作用下的变形限值。

利用 Midas. Gen 分析软件得到各荷载工况下撑杆及索的内力结果，见图 7-9。

通过以上分析得出撑杆最大轴力为 12kN；索的最大拉力为 1511.4kN，最小拉力为 72.7kN，因此索在任何荷载组合下均处于受拉状态，未退出工作。关键杆件最大长细比为 105；一般杆件最大长细比为 155；满足关键压杆长细比不大于 150，拉杆长细比不大于 250，一般压杆长细比不大于 180，拉杆长细比不大于 300 的设计要求。

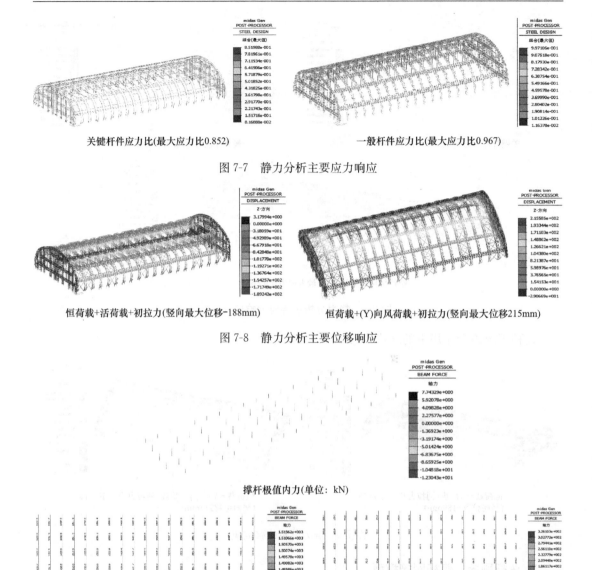

关键杆件应力比(最大应力比0.852)　　一般杆件应力比(最大应力比0.967)

图7-7　静力分析主要应力响应

恒荷载+活荷载+初拉力(竖向最大位移-188mm)　　恒荷载+(Y)向风荷载+初拉力(竖向最大位移215mm)

图7-8　静力分析主要位移响应

撑杆极值内力(单位: kN)

预应力索极小值内力(单位: kN)　　预应力索极大值内力(单位: kN)

图7-9　静力分析拉索与撑杆内力响应

7.2.4　支座沉降分析

本项目试桩报告指出试桩后的基础水平位移最大为9.06mm，在单桩承载力特征值作用下单桩的竖向沉降位移为2.02mm，为保证上部钢结构在不均匀基础沉降及水平变形情况下满足相关规范要求，本工程对上部钢结构进行基础沉降分析。

根据试桩报告数据，考虑上部结构最不利情况下，对上部钢结构支座两侧分别施加15mm（跨度方向向外）的水平强迫位移，同时在跨度方向的一侧支座施加竖直向下5mm的沉降位移，具体形式如图7-10所示。

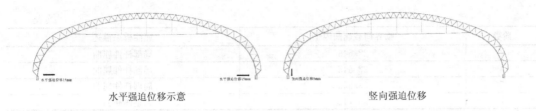

水平强迫位移示意　　　　　　　　竖向强迫位移

图 7-10　支座强迫位移示意

在结构不均匀沉降及水平位移情况下，结构竖向变形最大为 335 mm，水平变形最大为 85mm，满足竖向位移小于跨度的 1/300，水平位移小于高度的 1/150 的设计要求；99% 关键杆件应力比均在 0.85 以下，少数关键杆件应力比超过 0.85，最大为 0.89，一般杆件最大应力比为 0.885，均控制在 0.9 以下（图 7-11），满足设计要求。

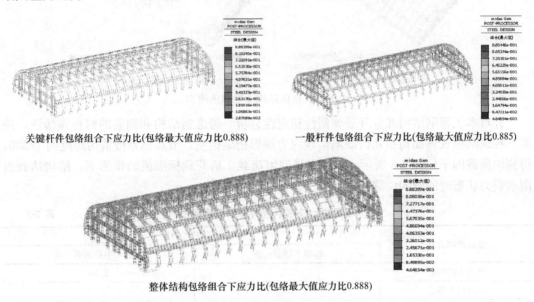

关键杆件包络组合下应力比(包络最大值应力比0.888)　　一般杆件包络组合下应力比(包络最大值应力比0.885)

整体结构包络组合下应力比(包络最大值应力比0.888)

图 7-11　支座变位下主要应力响应

7.2.5　整体稳定分析

本工程静力稳定性分析基于原有设计模型，考虑了几何非线性、材料非线性以及初始节点几何缺陷影响，采用弧长法进行结构的全过程分析。首先对钢结构部分在恒荷载＋活荷载标准值组合作用下进行特征值屈曲分析，以预先评估结构可能存在的薄弱环节和屈曲构件，预测钢结构的屈曲荷载上限；表 7-4 为前 5 阶特征值屈曲荷载因子与屈曲模态描述，前几阶屈曲模态全为局部杆件屈曲，第 31 阶为整体屈曲，图 7-12 为选取的 1、2、31 阶屈曲模态。

特征值屈曲荷载与屈曲模态描述　　　　　　　　　　　表 7-4

阶数	临界荷载屈曲因子	屈曲模态描述
1	22.499	局部杆件屈曲
2	22.533	局部杆件屈曲

续表

阶数	临界荷载屈曲因子	屈曲模态描述
3	22.545	局部杆件屈曲
4	22.548	局部杆件屈曲
5	22.553	局部杆件屈曲
31	23.712	整体屈曲

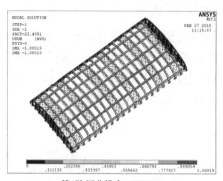

第1阶屈曲模态(ANSYS)　　　　第31阶屈曲模态(ANSYS)

图 7-12　整体结构主要屈曲模态

　　针对本工程钢结构部分开展弹塑性稳定性分析，考虑钢结构和钢索的材料弹塑性，按照三种缺陷模式施加初始几何缺陷给预应力拱形桁架模型，节点偏差极值为跨度的1/300，得到的荷载因子如表7-5所示。结构在受到恒荷载＋活荷载标准值的作用下，结构达到极限承载力状态时的竖向位移响应如图7-13所示。

不同初始缺陷下结构极限荷载因子　　　　　　　　　　表 7-5

施加缺陷方式	临界荷载屈曲因子	
	恒载＋活载工况	恒载＋半跨活载工况
重力下的位移	2.45	2.96
一阶屈曲模态	2.48	3.07
整体屈曲模态	2.44	2.84

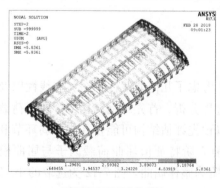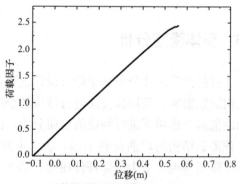

极限状态结构整体位移图　　　　结构最大位移点荷载-位移全过程曲线

图 7-13　结构失稳位移形态与荷载位移曲线（全跨活荷载）

　　从图中可以看出，在考虑钢材的弹塑性后，本工程的弹塑性稳定极限承载力为恒载＋活载的2.44倍，结构失稳后位移形态表现为跨中位置的过大变形，结构失稳前的整体刚度变化不大，表明预应力拉索在持续发挥作用，对于结构竖向刚度的补偿作用明显。

进一步考虑结构受到恒荷载＋半跨活荷载作用下，结构达到极限承载力时的竖向位移响应如图 7-14 所示，从图中可以看出，在考虑钢材的弹塑性后，结构极限承载力为恒载＋半跨活载的 2.84 倍，其失稳前的状态与全跨活荷载情况基本一致。

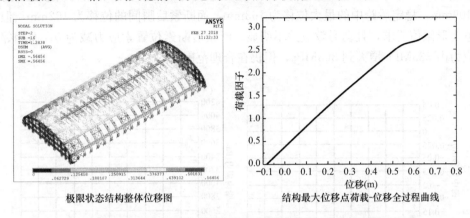

极限状态结构整体位移图　　　　　　结构最大位移点荷载-位移全过程曲线

图 7-14　结构失稳位移形态与荷载位移曲线（半跨活荷载）

综上计算结果表明：恒荷载＋全跨活荷载作用下，结构的最小弹塑性稳定安全系数为 2.44，恒荷载＋半跨活荷载工况下，结构最小弹塑性稳定安全系数为 2.84，均满足《空间网格结构技术规程》关于弹塑性稳定承载力验算安全系数 $K>2$ 的要求。

7.2.6　断索分析

针对本工程的连续性倒塌分析，假设中间一榀预应力拱形桁架可能发生裂索情况，断索位置为下弦拉索的端头，下面将具体分析该桁架索断后结构的位移和内力变化情况。

设置断索前的荷载为 1.2 倍恒荷载＋0.5 倍活荷载，以一倍自重及预张力下的结构形态为初始态，加载过程荷载步分为三个步骤：第一个荷载步（Time＝0.1s），结构仅承受自重和预张力，静力分析；第二荷载步（Time＝1s），结构所受荷载为 1.2 倍恒荷载＋0.5 倍活荷载，静力分析；第三荷载步（Time＝30s），利用单元生死功能删除断索，进行瞬态动力分析。

从断索后结构的应力分布（图 7-15）可以看出，断索后刚性构件的应力最大为 102MPa，远远小于材料的屈服应力，且断索桁架的索力减小为 0，但其他桁架仍然正常工作。整体结构无屈服现象发生。

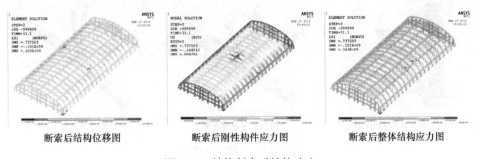

断索后结构位移图　　　　　断索后刚性构件应力图　　　　　断索后整体结构应力图

图 7-15　结构断索后结构响应

　　从跨中节点的位移时程曲线（图 7-16）可以看出，结构在断索的瞬间由于断索内力的释放产生动力效应，导致结构位移突然增大，随后以某位置为中心来回震荡，由于结构阻尼的耗能作用，结构逐渐趋于稳定，由结构的位移时程图可以看出，结构断索前的跨中位移为 109mm，稳定后跨中的最大位移为 163mm，而断索后瞬间的位移为 192mm，但仍满足规范变形限值要求，且动力效应并不明显。断索后断索位置索应力减为 0，而相邻榀桁架索应力由 333MPa 增大到 363MPa，但仍在合理范围之内。

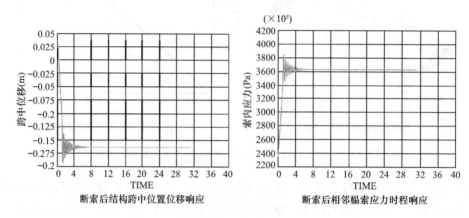

断索后结构跨中位置位移响应　　　　　断索后相邻榀索应力时程响应

图 7-16　结构断索后位移与索力变化曲线

7.2.7　节点分析

　　选取桁架中部分关键位置的节点进行有限元分析，选取节点的位置如图 7-17 所示，节点形式如图 7-18 所示，分别为支座节点、索端插板节点、下弦受力较大的相贯节点，分析中假设材料为理想弹塑性。

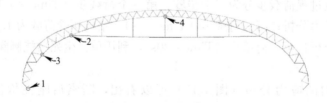

图 7-17　关键节点位置

张弦桁架支座节点模型图　　　　下弦拉索节点模型图　　　　下弦相贯节点模型图

图 7-18　关键节点模型

　　分析选取了最不利荷载组合下（1.2恒＋1.4活＋0.7升温）的跨中最大受力支座作为支座的最不利荷载工况，支座的应力分布如图7-19所示，半球支座上钢管相贯处应力较大，出现一定程度的应力集中，但仍低于设计强度，其余各处应力均处于较低水平，满足要求。

图7-19　支座节点分析结果

　　对于拉索与张弦桁架拱连接节点，其中拉索与下弦杆采用30mm厚的端板连接，并将短板贯穿下弦管，防止因拉索的索力过大导致下弦杆局部屈服和变形过大，在端板与拉索连接处的端板采用两块20mm厚的圆板加强，其应力分布如图7-20所示。

图7-20　索端插板节点分析结果（N/mm²）

　　同样，在最不利荷载组合作用下，相贯节点的应力分布如图7-21所示，在钢管相贯处存在应力集中，达到300MPa，集中区域范围较小，且小于钢材的屈服强度，其余各处应力水平较低，可见该节点形式满足结构安全的需要。

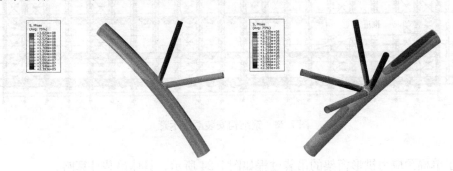

图7-21　下弦相贯节点分析结果（N/mm²）

　　该工程现场施工及封闭后情况如图7-22所示。

图 7-22　现场施工情况

7.3　施工仿真

本工程主桁架采用原位高空分段吊装，桁架分段处设临时支撑，拟同时设置 3 榀主桁架的临时支撑系统循环使用，采用 350t 的履带吊作为桁架吊装机械，以 1 轴作为起始轴向 21 轴依次推进（图 7-23）。主次桁架的安装由 1 轴线起步，先将 1 轴线内的所有主构件安装就位，从 1 轴开始山墙的安装→1 轴主桁架的安装→再进行 2 轴主桁架的安装→同时安装次桁架以保证主桁架分段的平面外稳定→安装 3 轴主桁架→安装 2-3 轴间次结构→安装 4 轴主桁架……依次类推，最后安装 21 轴山墙桁架及主桁架。

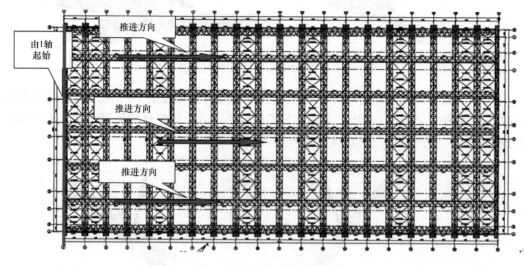

图 7-23　钢结构安装顺序示意

对于单榀预应力拱形桁架的吊装过程如图 7-24 所示，具体吊装计算略。

整体干煤棚的施工吊装，张拉过程仿真如图 7-25 所示，具体吊装计算略。

以上施工流程可供设计和施工技术人员参考。

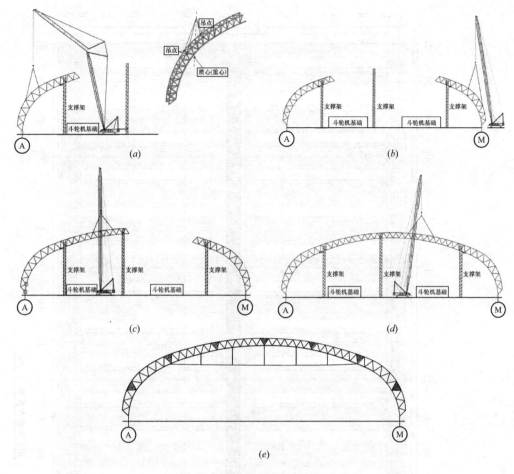

图 7-24 单榀主桁架安装流程示意

（a）第一段弧桁架吊装；（b）第二段弧桁架吊装；（c）第三段弧桁架吊装；（d）第四段弧桁架吊装；（e）合拢张拉完成

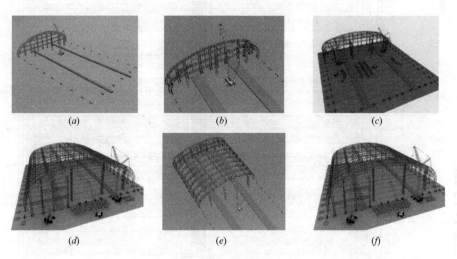

图 7-25 整体结构现场施工流程示意

（a）拼装山墙柱及边桁架；（b）拼装山墙主桁架；（c）拼装主第二榀桁架；
（d）拼装标准榀主桁架；（e）逐级张拉标准榀桁架；（f）封闭山墙桁架柱

7.4　施工参考图

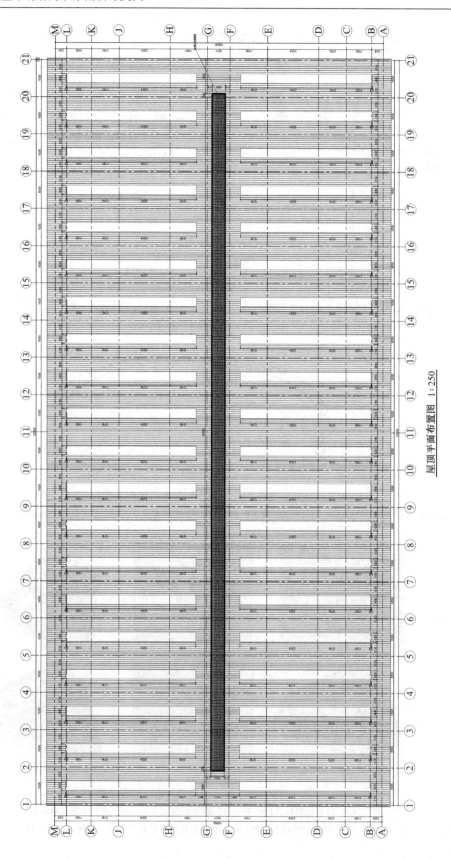

屋顶平面布置图 1:250

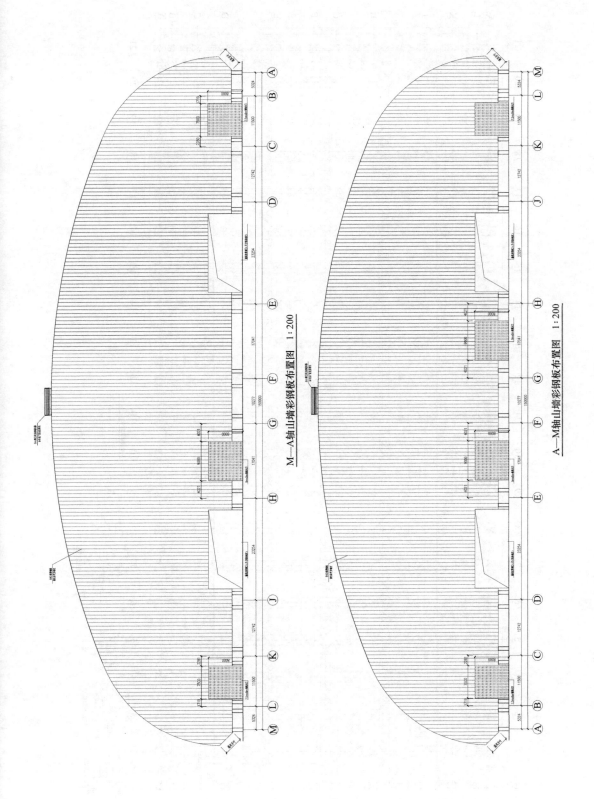

M—A轴山墙彩钢板布置图 1:200

A—M轴山墙彩钢板布置图 1:200

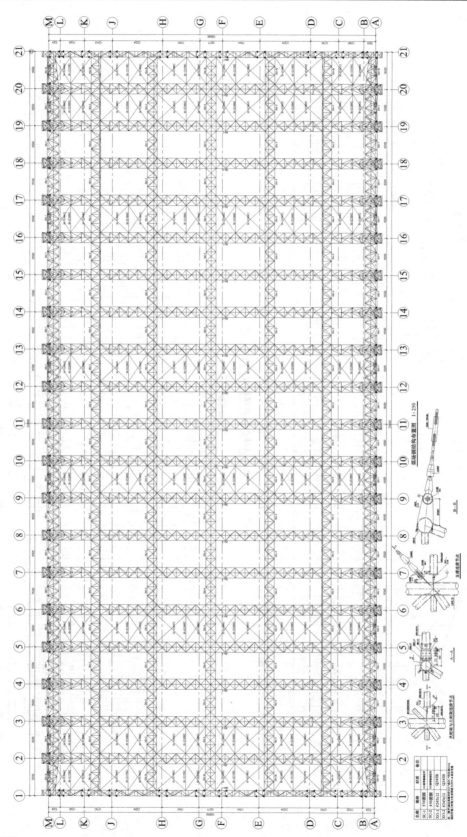

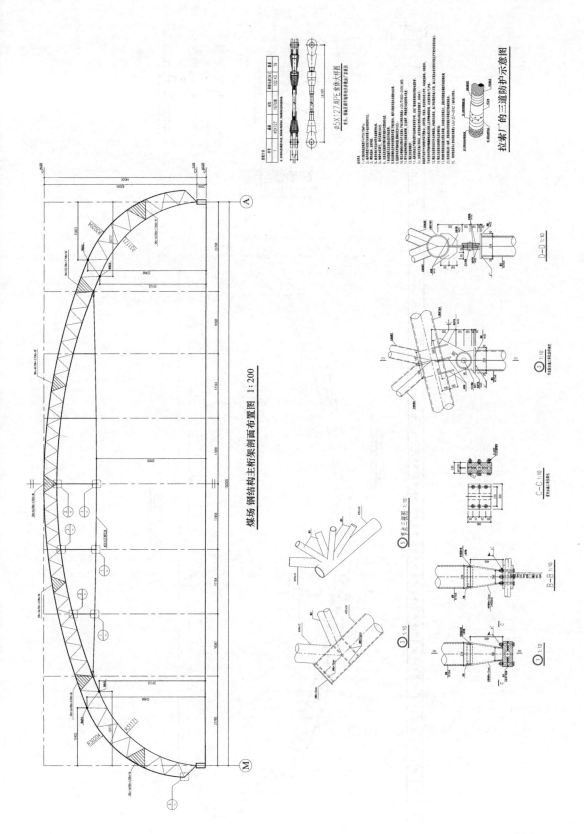

煤场 钢结构主桁架剖面布置图 1:200

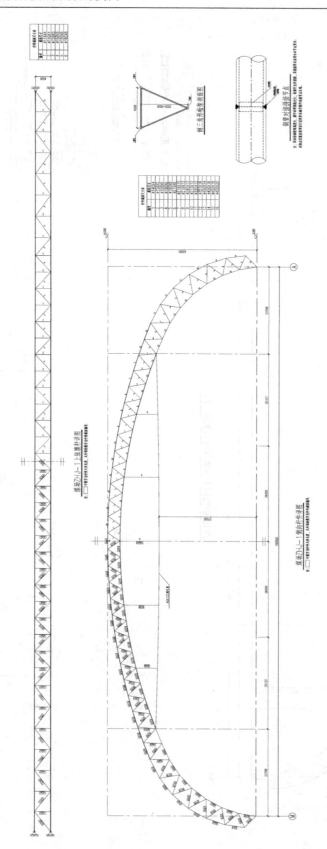

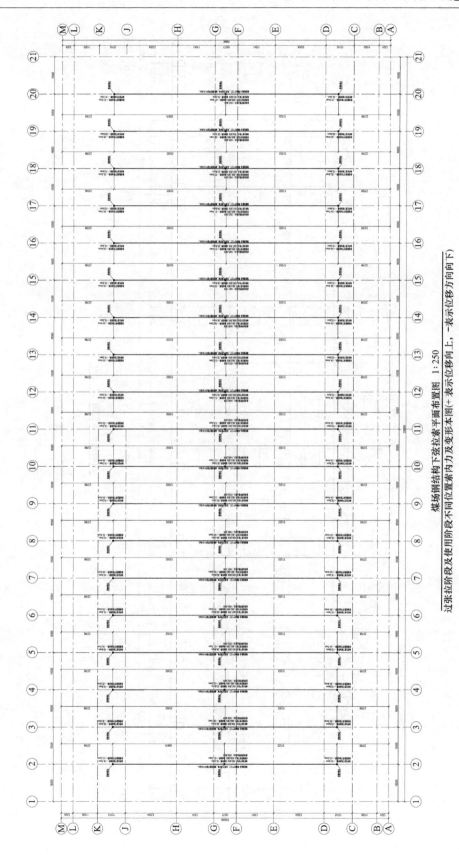

煤场钢结构下弦拉索平面布置图 1:250

过张拉阶段及使用阶段不同位置索内力及变形本图(+表示位移向上,-表示位移方向向下)

237

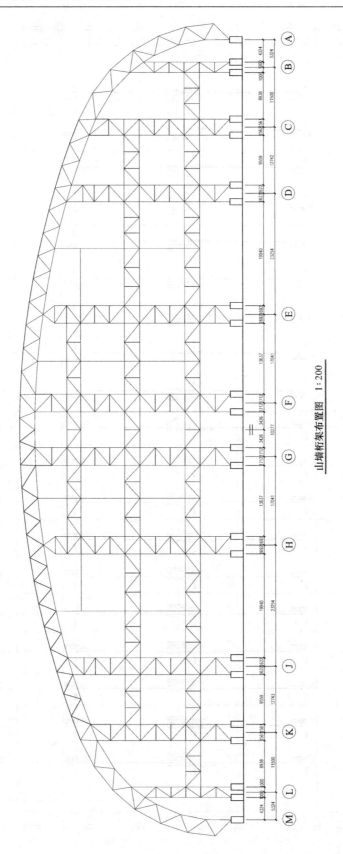

山墙桁架布置图 1:200

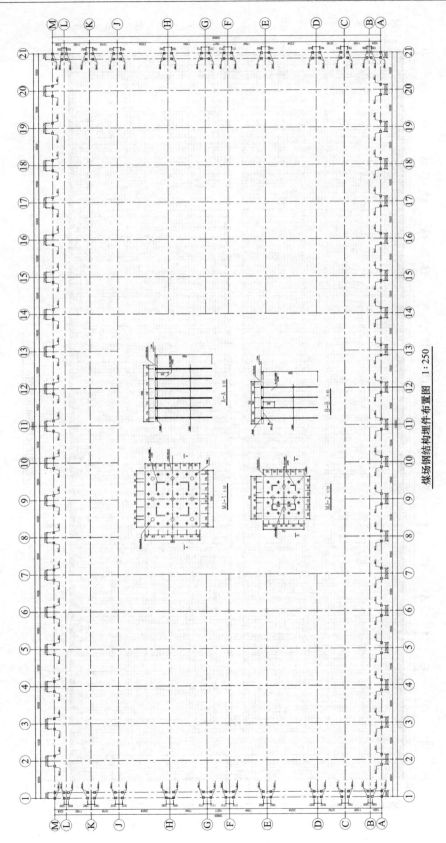

煤场钢结构埋件布置图 1:250

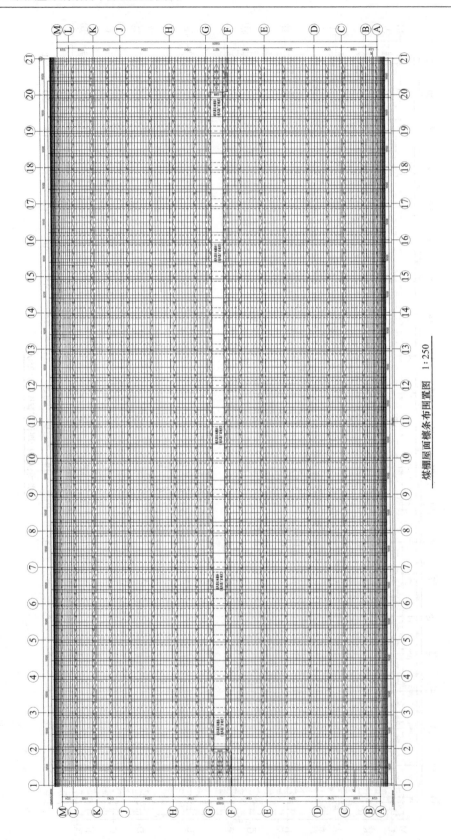

煤棚屋面檩条布置图 1:250

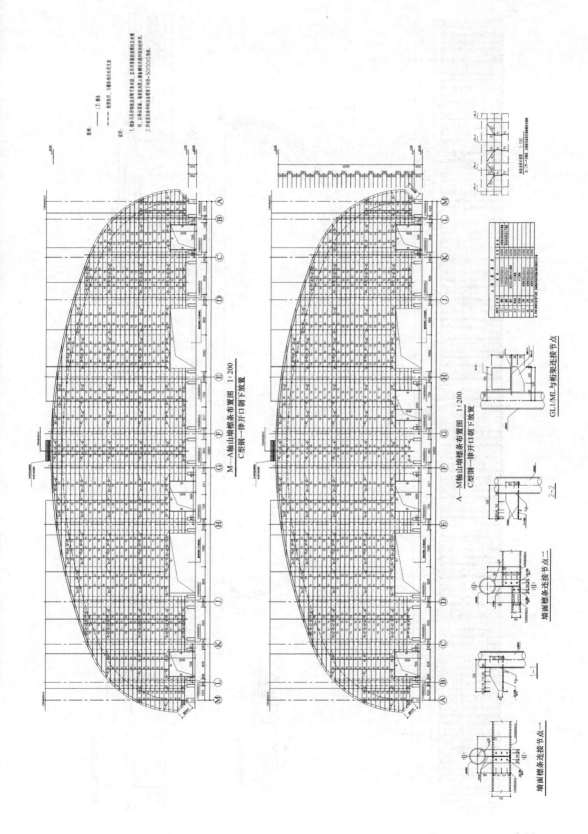

241

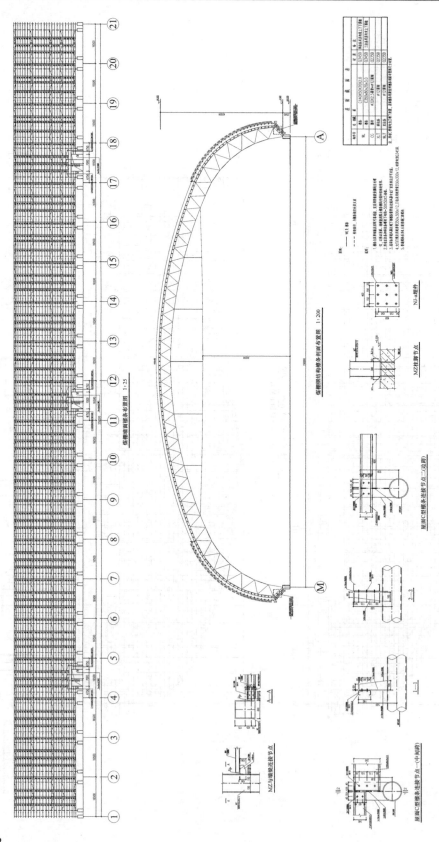

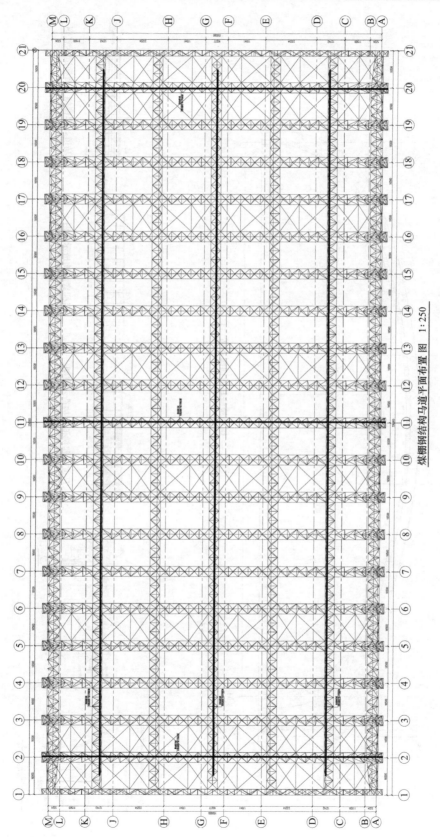

煤棚钢结构马道平面布置图 1:250

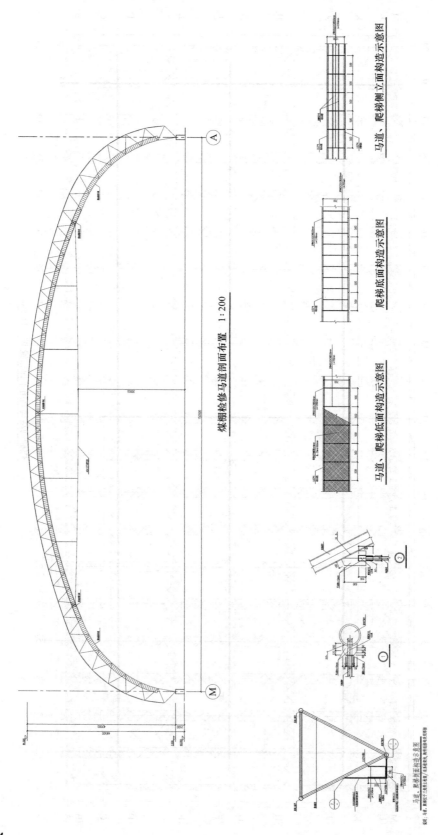

附录 A　常规拉索性能参数

钢丝直径采用 5mm 的钢丝束索体参数表

表 A-1

规格	钢丝束直径 （mm）	单护层直径 （mm）	双护层直径 （mm）	钢丝束单重 （kg/m）	索体单重 （kg/m）	钢丝束截面积 （mm²）	破断力 （kN）
5×7	15	22	0	1.1	1.3	137	230
5×13	22	30	0	2.0	2.4	255	426
5×19	25	35	40	2.9	3.7	373	623
5×31	32	40	45	4.8	5.7	609	1017
5×37	35	45	50	5.7	6.9	726	1213
5×55	41	51	55	8.5	9.6	1080	1803
5×61	45	55	59	9.4	10.8	1198	2000
5×73	49	59	63	11.3	12.6	1433	2394
5×85	51	61	65	13.1	14.5	1669	2787
5×91	55	65	69	14.0	15.7	1787	2984
5×109	58	68	72	8	18.3	2140	3574
5×121	61	71	75	18.7	20.3	2376	3968
5×127	65	75	79	19.6	21.6	2494	4164
5×139	66	78	82	21.4	23.4	2729	4558
5×151	68	79	83	23.3	25.2	2965	4951
5×163	71	83	88	25.1	27.5	3200	5345
5×187	75	87	92	28.8	31.1	3672	6132
5×199	77	89	94	30.7	33.1	3907	6525
5×211	81	93	98	32.5	35.3	4143	6919
5×223	83	95	100	34.4	37.0	4379	7312
5×241	85	97	102	37.1	39.7	4732	7902
5×253	87	101	106	39.0	42.1	4968	8296
5×265	90	105	110	40.8	44.4	5203	8689
5×283	92	107	112	43.6	46.9	5557	9280
5×301	95	111	116	46.4	50.1	5910	9870
5×313	97	113	118	48.2	52.1	6146	10263
5×337	100	117	122	51.9	55.8	6617	11050
5×349	101	118	123	53.8	57.7	6853	11444
5×367	105	121	126	56.6	60.7	7206	12034
5×379	107	123	128	58.4	62.8	7442	12428
5×409	110	128	133	63.0	67.5	8031	13411
5×421	111	129	134	64.9	69.4	8266	13805

续表

规格	钢丝束直径 （mm）	单护层直径 （mm）	双护层直径 （mm）	钢丝束单重 （kg/m）	索体单重 （kg/m）	钢丝束截面积 （mm²）	破断力 （kN）
5×439	115	133	138	67.7	72.7	8620	14395
5×451	116	135	140	69.5	74.8	8855	14788
5×475	119	137	142	73.2	78.2	9327	15575
5×499	120	139	148	76.9	82.8	9798	16362
5×511	123	143	152	78.8	85.5	10033	16756
5×547	127	147	156	84.3	90.9	10740	17936
5×583	130	150	159	89.9	96.6	11447	19117
5×595	133	153	162	91.7	99.1	11683	19510
5×649	137	157	166	100.0	107.1	12743	21281

钢丝直径采用 7mm 的钢丝束索体参数表　　　　　　　　　　　　表 A-2

规格	钢丝束直径 （mm）	单护层直径 （mm）	双护层直径 （mm）	钢丝束单重 （kg/m）	索体单重 （kg/m）	钢丝束截面积 （mm²）	破断力 （kN）
7×7	21	30	0	2.1	2.5	269	450
7×13	31	40	0	3.9	4.5	500	835
7×19	35	45	50	5.7	6.8	731	1221
7×31	44	55	60	9.4	10.7	1193	1992
7×37	49	60	65	11.2	12.8	1424	2378
7×55	58	68	72	6	18.2	2117	3535
7×61	63	73	77	18.4	20.4	2348	3920
7×73	68	78	82	22.1	23.9	2809	4692
7×85	71	83	87	25.7	27.8	3271	5463
7×91	77	89	93	27.5	30.3	3502	5848
7×109	81	93	97	32.9	35.4	4195	7005
7×121	85	99	103	36.6	39.5	4657	7777
7×127	91	105	109	38.4	42.1	4888	8162
7×139	92	107	111	42.0	45.1	5349	8933
7×151	94	109	113	45.6	48.8	5811	9705
7×163	99	114	118	49.2	53.0	6273	10476
7×187	105	121	125	56.5	60.2	7197	12018
7×199	108	124	128	60.1	64.1	7658	12790
7×211	113	129	133	63.7	68.4	8120	13561
7×223	116	133	137	67.4	71.9	8582	14332
7×241	119	135	139	72.8	77.1	9275	15489
7×253	122	139	143	76.4	81.3	9737	16260
7×265	127	144	148	80.1	85.7	10198	17031
7×283	129	147	151	85.5	90.6	10891	18188

续表

规格	钢丝束直径 (mm)	单护层直径 (mm)	双护层直径 (mm)	钢丝束单重 (kg/m)	索体单重 (kg/m)	钢丝束截面积 (mm²)	破断力 (kN)
7×301	133	151	155	90.9	96.3	11584	19345
7×313	135	154	158	94.6	100.4	12046	20116
7×337	141	160	164	101.8	107.6	12969	21659
7×349	142	162	166	105.4	111.4	13431	22430
7×367	147	167	171	110.9	117.5	14124	23587
7×379	149	170	174	114.5	121.7	14586	24358
7×409	155	176	180	123.6	130.6	15740	26286
7×421	155	177	181	127.2	134.2	16202	27057
7×439	161	183	187	132.6	140.7	16895	28214
7×451	163	185	189	136.2	144.6	17357	28985
7×475	166	190	194	143.5	151.9	18280	30528
7×499	169	193	202	150.7	160.7	19204	32070
7×511	172	197	206	154.4	165.3	19666	32841
7×547	177	204	213	165.3	176.4	21051	35155
7×583	182	209	218	176.1	187.8	22436	37469
7×595	186	213	222	179.8	192.5	22898	38240
7×649	192	220	229	196.1	208.6	24976	41711

结构钢拉杆力学性能　　　　　　　　表 A-3

强度等级	杆体直径 mm	屈服强度 R_{eH} (MPa)	抗拉强度 R_m (MPa)	断后伸长率 A (%)	断面收缩率 Z (%)	冲击试验（V型缺口）	
		不小于				温度（℃）	冲击吸收 A_{KV}(J)，≥
A	16～120	235	375	21	—	20	27
						0	
						−20	
B	16～210	345	470			0	34
						−20	
						−40	27
C	16～180	460	610	19	50	0	34
						−20	
						−40	27
D	16～150	550	750	17	50	0	34
						−20	
						−40	27
E	16～120	650	850	15	45	0	34
						−20	
						−40	27

等强设计时钢拉杆抗拉承载力（kN）　表 A-4

杆体公称直径	等强钢拉杆			
	强度等级			
	345	460	550	650
	屈服承载力			
20	108	144	173	204
25	169	226	270	319
30	244	325	389	459
35	332	442	529	625
40	433	578	691	816
45	548	731	874	1033
50	677	903	1079	1276
55	819	1092	1306	1544
60	975	1300	1554	1837
65	1144	1526	1824	2156
70	1327	1769	2116	2500
75	1523	2031	2429	2870
80	1733	2311	2763	3266
85	1957	2609	3119	3687
90	2194	2925	3497	4133
95	2444	3259	3897	4605
100	2708	3611	4318	5103
105	2986	3981	4760	5626
110	3277	4369	5224	6174
115	3582	4776	5710	6748
120	3900	5200	6217	7348
125	4232	6542	6746	7973
130	4577	6103	7297	8623
135	4936	6581	7869	9299
140	5308	7078	8462	1001
145	5694	7592	9078	10728
150	6094	8125	9714	11481
155	6507	8675	10373	—
160	6933	9244	11053	—
165	7373	9831	11754	—
170	7827	10436	12478	—
175	8294	11059	13222	—
180	9775	11700	13989	—
185	9269	12359	14777	—
190	9777	13036	—	—
195	10298	13731	—	—
200	10833	14444	—	—
205	11381	15175	—	—
210	11943	15925	—	—

非等强设计时钢拉杆抗拉屈服承载力（kN）　　　　　表 A-5

杆体直径	非等强钢拉杆			
	强度等级			
	345	460	550	650
	屈服承载力			
20	84	113	135	159
25	122	162	194	229
30	193	258	308	364
35	239	319	381	451
40	336	449	536	634
45	450	600	718	848
50	508	677	810	957
55	606	808	966	1142
60	700	933	1116	1319
65	923	1230	1471	1738
70	1054	1405	1680	1935
75	1193	1591	1902	2248
80	1341	1788	2138	2527
85	1498	1997	2388	2822
90	1706	2275	2720	3214
95	1928	2570	3073	3632
100	2163	2884	3448	4075
105	2412	3216	3845	4544
110	2674	3566	4263	5038
115	2950	3934	4703	5558
120	3240	4319	5165	6104
125	3314	4419	5283	6244
130	3620	4827	5771	6821
135	3940	5154	6281	7423
140	4274	6598	6813	8052
145	4621	6161	7366	8705
150	4844	6459	7723	9127
155	5213	5951	8311	—
160	5596	7461	8921	—
165	5992	7989	9552	—
170	6401	8535	10205	—
175	6664	8885	10624	—
180	7096	9461	11312	—
185	7541	10054	12022	—
190	8000	10666	—	—
195	8293	11057	—	—
200	8774	11698	—	—
205	9268	12357	—	—
210	9776	13034	—	—

压制高钒拉索参数表　　　　表 A-6

钢绞线公称直径（mm）	钢绞线公称截面积（mm²）	钢绞线结构	破断力（kN）		
			1570MPa	1670MPa	1770MPa
12	93	1×19	118	126	133
14	125	1×19	159	169	179
16	158	1×19	201	214	227
18	182	1×37	226	241	225
20	244	1×37	303	323	342
22	281	1×37	349	372	394
24	352	1×61	438	466	493
26	403	1×61	501	533	565
28	463	1×61	576	612	649
30	525	1×91	653	694	736
32	601	1×91	747	795	843

热铸高钒拉索参数表　　　　表 A-7

钢绞线公称直径（mm）	钢绞线公称截面积（mm²）	钢绞线结构	破断力（kN）		
			1570MPa	1670MPa	1770MPa
12	93	1×19	131	140	148
14	125	1×19	177	188	199
16	158	1×19	223	237	252
18	182	1×37	251	267	283
20	244	1×37	337	359	380
22	281	1×37	388	413	438
24	352	1×61	486	517	548
26	403	1×61	557	592	628
28	463	1×61	640	680	721
30	525	1×91	725	772	818
32	601	1×91	830	883	936
34	691	1×91	955	1020	1080
36	755	1×91	1040	1110	1180
38	839	1×127	1160	1230	1310
40	965	1×127	1330	1420	1500
42	1050	1×127	1450	1540	1640
44	1140	1×91	1580	1680	1780
46	1260	1×91	1740	1850	1960
48	1380	1×91	1910	2030	2150
50	1450	1×91	2000	2130	2260
52	1600	1×127	2210	2350	2490
56	1840	1×127	2540	2700	2870
59	2020	1×127	2790	2970	3150
60	2120	1×169	2930	3120	3300
63	2340	1×169	3230	3440	3650

钢绞线公称直径（mm）	钢绞线公称截面积（mm²）	钢绞线结构	破断力（kN）		
			1570MPa	1670MPa	1770MPa
65	2450	1×169	3390	3600	3820
68	2690	1×169	3720	3950	4190
71	3010	1×217	4160	4420	4690
73	3150	1×217	4350	4630	4910
75	3300	1×217	4560	4850	5140
77	3450	1×217	4770	5070	5370
80	3750	1×271	5180	5510	5840
82	3940	1×271	5440	5790	6140
84	4120	1×271	5690	6060	6420
86	4310	1×271	5960	6330	6710
88	4590	1×331	6340	6750	7150
90	4810	1×331	6650	7070	7490
92	5030	1×331	6950	7390	7840
95	5260	1×331	7270	7730	8190
97	5500	1×397	7600	8080	8570
99	5770	1×397	7970	8480	8990
101	6040	1×397	8350	8880	9410
104	6310	1×397	8720	9270	9830
105	6500	1×469	8980	9550	10120
108	6810	1×469	9410	10010	10610
110	7130	1×469	9850	10480	11110
113	7460	1×469	10310	10960	11620
116	7940	1×547	10970	11670	12370
119	8320	1×547	11500	12230	12960
122	8700	1×547	12020	12790	13550
125	9160	1×631	12370	13160	13940
128	9590	1×631	12950	13770	14600
131	10040	1×631	13560	14420	15280
133	10470	1×721	14140	15040	15940
136	10960	1×721	14800	15740	16680
140	11470	1×721	15490	16470	17460

密封钢丝绳（FLC）高强度非合金钢丝（高钒镀层）参数 表 A-8

公称直径（mm）	最小破断拉力（kN）	特征破断拉力（kN）	最大设计张拉力（kN）	公称金属截面（mm²）	单重（kg/m）
25	596	596	397	440	3.8
30	858	858	572	648	5.6
35	1170	1170	780	842	7.3
40	1580	1580	1053	1125	9.7
45	2000	2000	1333	1382	12

续表

公称直径 （mm）	最小破断拉力 （kN）	特征破断拉力 （kN）	最大设计张拉力 （kN）	公称金属截面 （mm²）	单重（kg/m）
50	2470	2470	1647	1731	15
55	3020	3020	2013	2106	18
60	3590	3590	2393	2424	21
65	4220	4220	2813	2929	25
70	4890	4890	3260	3444	30
75	5620	5620	3747	3791	33
80	6390	6390	4260	4379	38
85	7210	7210	4807	4952	42
90	8090	8090	5393	5568	48
95	9110	9110	6073	6095	52
100	10100	10100	6733	6804	58
105	11100	11100	7400	7567	65
110	12200	12200	8133	8341	71
115	13400	13400	8933	9149	78
120	14500	14500	9667	9729	83
125	15800	15800	10533	10636	91
130	16200	16200	10800	11385	97
135	17400	17400	11600	12368	106

密封钢丝绳（FLC）高强度不锈钢丝参数表　　　　表 A-9

公称直径 （mm）	最小破断拉力 （kN）	特征破断拉力 （kN）	最大设计张拉力 （kN）	公称金属截面 （mm²）	单重 （kg/m）
25	520	520	347	417	3.5
30	748	748	499	587	4.9
35	1020	1020	680	796	6.6
40	1362	1362	908	1039	8.7
45	1726	1726	1151	1317	11
50	2147	2147	1431	1638	14
55	2598	2598	1732	1966	16
60	3032	3032	2021	2296	19
65	3638	3638	2425	2745	23
70	4169	4169	2779	3128	26
75	4708	4708	3138	3537	29
80	5469	5469	3646	4099	34

钢绞线束索体性能参数　　　　表 A-10

拉索型号	公称截面积（cm²）	索体单位重量（kg/m）	索体外径（mm）	公称破断索力（kN）
GJ 15—3	4.2	4.73	Φ50	780
GJ 15—4	5.6	5.93	Φ54	1040
GJ 15—5	7.0	7.32	Φ65	1300

续表

拉索型号	公称截面积（cm²）	索体单位重量（kg/m）	索体外径（mm）	公称破断索力（kN）
GJ 15—6	8.4	8.56	Φ65	1560
GJ 15—7	9.8	9.79	Φ65	1820
GJ 15—9	12.6	13.21	Φ85	2340
GJ 15—12	16.8	16.65	Φ85	3120
GJ 15—15	21.0	21.42	Φ105	3900
GJ 15—19	26.6	25.84	Φ105	4940
GJ 15—22	30.8	30.59	Φ117	5720
GJ 15—25	35.0	34.69	Φ126	6500
GJ 15—27	37.8	36.81	Φ126	7020
GJ 15—31	43.4	41.89	Φ130	8060
GJ 15—37	51.8	50.28	Φ145	9620

附录 B   不锈钢拉索锚具尺寸参数

（1）压制双耳调节式及固定式锚具

调节端A01

固定端B01

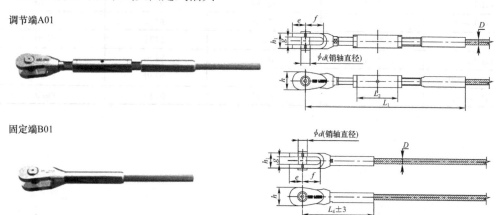

不锈钢拉索压制双耳调节式及固定式锚具尺寸参数（mm）　　表 B-1

D	d	g	h_1	e	f	h	L_1	L_2	L_4
8	12	11	22	20	24	28	≤275	80	107
10	14	13	26	23	30	32	≤305	80	134
12	16	15	30	26	34	36	≤442	125	163
14	20	18	36	32	42	44	≤466	125	191
16	22	20	40	36	46	50	≤492	130	209
18	24	23	46	39	52	54	≤523	130	237
20	27	25	50	43	58	60	≤655	175	262
22	30	27	54	48	65	68	≤684	175	294
24	33	29	58	53	74	76	≤728	180	321
26	33	32	64	53	74	76	≤746	180	339
28	36	34	68	58	80	82	≤778	185	364
30	39	37	74	62	88	88	≤935	230	394
32	42	40	80	67	94	96	≤955	230	417
34	45	42	84	72	100	102	≤992	235	442
36	50	45	90	77	106	110	≤1016	235	464

（2）压制螺杆调节式和压制套筒调节式锚具

球铰调节端C01

中间调节套M01

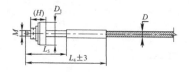

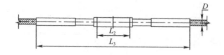

不锈钢拉索压制螺杆和套筒调节式锚具尺寸参数（mm）　　表 B-2

D	M	L_4	L_5	D_1	H	L_2	L_3
8	M12	158	90	55	38	28	≤304
10	M16	178	92	55	42	32	≤342
12	M18×2	228	119	65	48	36	≤497
14	M20×2	250	124	70	53	44	≤523
16	M22×2	270	132	70	57	50	≤552
18	M24×2	294	140	70	60	54	≤596
20	M27×2	350	177	85	67	60	≤736
22	M30×2	378	187	100	74	68	≤773
24	M33×2	398	190	100	78	76	≤819
26	M33×2	413	190	100	78	76	≤855
28	M36×3	453	212	115	86	82	≤893
30	M39×3	502	245	115	90	88	≤1061
32	M42×3	528	255	130	98	96	≤1084
34	M45×3	553	263	140	107	102	≤1124
36	M48×3	573	268	140	108	110	≤1163

（3）热铸双耳调节式和固定式锚具

调节端G02

固定端H02

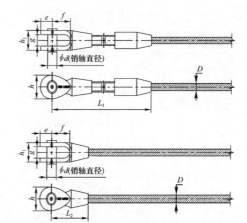

不锈钢拉索热铸双耳调节式和固定式锚具尺寸参数（mm）　　表 B-3

D	d	g	h_1	e	f	h	L_1	L_2
30	46	50	84	64	99	104	≤630	205
32	50	53	89	68	105	112	≤673	220
34	52	57	95	71	112	116	≤701	230
36	56	60	100	76	115	124	≤729	236
38	60	63	106	81	118	132	≤758	250
40	62	65	111	85	132	138	≤797	262
42	66	70	117	88	138	145	≤817	280
45	70	75	225	95	148	155	≤875	300
48	74	810	132	100	156	165	≤944	320
52	80	85	144	108	170	178	≤994	340

续表

D	d	g	h_1	e	f	h	L_1	L_2
56	88	93	154	117	185	192	≤1063	370
60	94	100	166	126	196	206	≤1122	395
65	102	108	180	136	214	222	≤1205	435
70	108	117	194	147	230	240	≤1285	460
75	116	125	208	158	246	258	≤1360	500
80	124	133	222	167	263	275	≤1413	530
85	132	141	236	177	280	292	≤1460	556
90	140	150	250	190	296	300	≤1528	595
95	148	159	263	200	312	327	≤1593	625
100	156	167	278	210	328	344	≤1652	660

附录 C 常规高强度钢拉杆型号及其尺寸参数

C01Ⅱ型钢拉杆

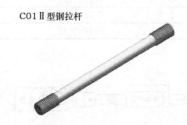

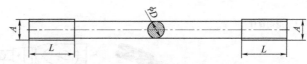

Ⅱ型钢拉杆尺寸参数表　　　　　　　　表 C-1

杆体直径 D (mm)	L (mm)	A (mm)
25	75	M33×3.5
32	75	M40×3
40	85	M50×3
45	90	M58×4
50	105	M62×4
55	105	M68×4
60	110	M72×4
65	110	M80×4
70	115	M85×4
75	125	M90×4
80	140	M95×4
85	150	M100×4
90	150	M110×4
95	150	M115×4
100	160	M120×4
105	200	Tr140×14
110	200	Tr140×14
115	210	Tr150×16
120	210	Tr160×16
125	210	Tr160×16
130	210	Tr170×16
135	210	Tr175×16
140	220	Tr180×18
145	220	Tr190×18
150	220	Tr190×18
155	220	Tr200×18
160	240	Tr210×20

续表

杆体直径 D（mm）	L（mm）	A（mm）
165	240	Tr220×20
170	240	Tr220×20
175	240	Tr230×20
180	260	Tr240×22
185	260	Tr240×22
190	260	Tr250×22
195	260	Tr250×22
200	260	Tr260×22
205	260	Tr260×22

C02 UU型钢拉杆

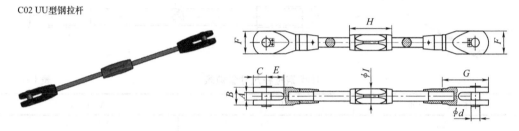

UU 型钢拉杆尺寸参数 表 C-2

直径 D（mm）	A（mm）	B（mm）	C（mm）	d（mm）	E（mm）	F（mm）	G（mm）	H（mm）	I（mm）
25	30	68	45	42	75	75	225	150	45
32	40	88	65	55	90	95	260	150	53
40	50	110	75	65	100	115	295	170	66
45	55	125	82	73	110	130	325	180	75
50	60	135	95	80	120	145	370	210	82
55	65	145	105	90	135	160	400	210	90
60	70	150	125	98	150	180	440	220	100
65	78	170	135	105	160	190	460	220	108
70	85	190	145	110	170	200	490	230	115
75	90	198	155	120	185	218	520	250	122
80	100	215	165	130	215	230	575	280	128
85	108	230	175	138	240	245	630	300	135
90	110	235	185	143	255	258	660	300	145
95	120	260	200	150	280	270	710	300	155
100	128	272	220	162	310	290	780	320	165
105	135	288	225	170	310	298	795	400	172
110	140	300	230	180	320	315	815	400	180
115	145	315	235	188	330	330	845	420	185
120	145	320	245	188	335	340	865	420	188
125	145	320	245	188	335	340	865	420	192
130	148	325	250	190	340	345	870	420	198
135	150	330	255	198	345	355	880	420	205
140	155	345	260	200	350	360	900	440	215
145	160	358	265	210	360	375	915	440	220

续表

直径 D（mm）	A（mm）	B（mm）	C（mm）	d（mm）	E（mm）	F（mm）	G（mm）	H（mm）	I（mm）
150	165	368	275	215	370	388	935	440	228
155	165	368	270	215	365	388	930	440	230
160	165	368	275	215	370	388	955	480	235
165	175	380	290	225	380	405	985	480	240
170	185	400	300	235	390	420	1010	480	248
175	195	415	310	245	410	435	1050	480	255
180	200	435	320	250	420	450	1100	520	265
185	195	415	300	245	390	435	1050	520	255
190	195	415	305	245	395	435	1060	520	265
195	195	420	310	245	410	440	1080	520	270
200	200	430	320	250	420	445	1100	520	280
205	205	440	330	255	430	455	1130	520	285

C03 LM型钢拉杆

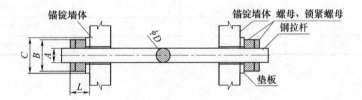

LM型钢拉杆尺寸参数　　　　　　　　　　　　表 C-3

杆体直径 D（mm）	A（mm）	B（mm）	C（mm）	L（mm）
25	M33×3.5	46	120×120	100
32	M40×3	58	140×140	120
40	M50×3	72	160×160	145
45	M58×4	82	180×180	145
50	M62×4	90	210×210	150
55	M68×4	100	230×230	155
60	M72×4	106	250×250	155
65	M80×4	118	270×270	165
70	M85×4	125	280×280	170
75	M90×4	132	300×300	185
80	M95×4	140	310×310	205
85	M100×4	150	320×320	205
90	M110×4	160	320×320	220
95	M115×4	170	330×330	235
100	M120×4	176	335×335	255
105	Tr140×14	195	350×350	255
110	Tr140×14	200	350×350	265
115	Tr150×16	210	360×360	300

杆体直径 D (mm)	A (mm)	B (mm)	C (mm)	L (mm)
120	Tr160×16	220	380×380	310
125	Tr160×16	220	380×380	310
130	Tr170×16	230	400×400	325
135	Tr175×16	236	400×400	350
140	Tr180×18	245	410×410	360
145	Tr190×18	255	420×420	360
150	Tr190×18	260	430×430	370
155	Tr200×18	265	430×430	370
160	Tr210×20	270	440×440	370
165	Tr220×20	285	450×450	370
170	Tr220×20	290	455×455	375
175	Tr230×20	300	460×460	380
180	Tr240×22	315	470×470	400
185	Tr240×22	315	470×470	400
190	Tr250×22	315	470×470	400
195	Tr250×22	320	480×480	400
200	Tr260×22	330	490×490	400
205	Tr260×22	330	490×490	410

附录 D 常规锚具型号及其尺寸参数

（1）热铸双耳调节式锚具　型号：JT01

热铸双耳调节式锚具尺寸参数（mm）　　　　　表 D-1

D	L_1	d	g	h	e	f	调节量	D	L_1	d	g	h	e	f	调节量
12	318	19.5	22	43	30	40	±50	71	1060	109.5	95	195	125	190	±130
14	345	21.5	24	45	33	45	±55	73	1105	109.5	95	205	135	195	±130
16	380	27.5	26	54	35.5	50	±60	75	1105	109.5	95	205	135	195	±130
18	411	31.5	32	62	39	55	±65	77	1105	114.5	95	205	135	195	±130
20	430	31.5	35	66	42	60	±70	80	1155	129.5	115	225	141	200	±135
22	445	34.5	38	70	45	65	±70	82	1155	129.5	115	225	141	200	±135
24	485	37.5	40	75	44.5	70	±75	84	1196	125.5	123	238	150	210	±135
26	515	41.5	42	80	50	75	±80	86	1196	125.5	123	238	150	210	±135
28	526	45.5	45	85	53	78	±80	88	1265	134.5	128	256	160	220	±135
30	551	49.5	50	92	58	84	±80	90	1265	134.5	128	256	160	220	±135
32	587	53.5	52	95	63	90	±85	92	1265	140.5	128	256	160	220	±135
34	616	57.5	55	102	65	95	±90	95	1315	148.5	135	265	163	240	±140
36	660	59.5	59	112	67	100	±100	97	1375	155	152	290	170	250	±140
38	682	61.5	60	112	72	105	±100	101	1375	155	152	290	170	250	±140
40	695	65.5	60	120	77	110	±100	105	1430	164	160	300	178	265	±140
42	706	67.5	68	130	83	110	±100	108	1540	180	168	314	195	290	±145
44	750	71.5	66	130	84	110	±105	110	1540	180	168	314	195	290	±145
46	750	71.5	66	130	84	120	±105	113	1625	192	175	325	205	310	±150
48	795	73.5	70	130	93	125	±110	116	1625	192	175	325	205	310	±150
50	860	79.5	74	148	100	140	±115	119	1660	192	180	340	210	310	±150
52	860	79.5	74	148	100	140	±115	122	1660	192	180	340	210	310	±150
56	910	85.5	73	152	102	160	±120	125	1710	204	185	355	215	330	±150
60	942	91.5	80	170	115	170	±120	128	1745	204	190	370	225	330	±150
63	1030	99.5	85	180	120	180	±125	133	1805	218	200	380	235	355	±150
65	1030	99.5	85	180	120	180	±125	136	1805	218	200	380	235	355	±150
68	1030	104.5	85	180	120	180	±125	140	1860	232	210	390	245	375	±150

（2）热铸双耳固定式锚具　型号：JD01

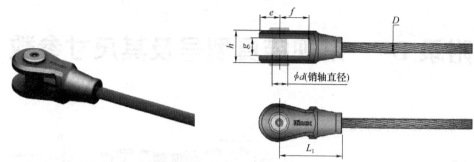

热铸双耳固定式锚具尺寸参数（mm）　　　　表 D-2

D	L_1	d	g	h	e	f	D	L_1	d	g	h	e	f
12	100	19.5	22	43	30	40	71	415	109.5	95	195	125	190
14	105	21.5	24	45	33	45	73	435	109.5	95	205	135	195
16	121	27.5	26	54	35.5	50	75	435	109.5	95	205	135	195
18	131	31.5	32	62	39	55	77	435	114.5	95	205	135	195
20	130	31.5	35	66	42	60	80	455	129.5	115	225	141	200
22	140	34.5	38	70	45	65	82	455	129.5	115	225	141	200
24	156	37.5	40	75	44.5	70	84	480	125.5	123	238	150	210
26	163	41.5	42	80	50	75	86	480	125.5	123	238	150	210
28	173	45.5	45	85	53	78	88	515	134.5	128	256	160	220
30	184	49.5	50	92	58	84	90	515	134.5	128	256	160	220
32	198	53.5	52	95	63	90	92	515	140.5	128	256	160	220
34	204	57.5	55	102	65	95	95	540	148.5	135	265	163	240
36	222	59.5	59	112	67	100	97	570	155	152	290	170	250
38	234	61.5	60	112	72	105	101	570	155	152	290	170	250
40	245	65.5	60	120	77	110	105	595	164	160	300	178	265
42	245	67.5	68	130	83	110	108	645	180	168	314	195	290
44	270	71.5	66	130	84	120	110	645	180	168	314	195	290
46	270	71.5	66	130	84	120	113	690	192	175	325	205	310
48	277	73.5	70	130	93	125	116	690	192	175	325	205	310
50	310	79.5	74	148	100	140	119	710	192	180	340	210	310
52	310	79.5	74	148	100	140	122	710	192	180	340	210	310
56	340	85.5	73	152	102	160	125	740	204	185	355	215	330
60	370	91.5	80	170	115	170	128	755	204	190	370	225	330
63	390	99.5	85	180	120	180	133	790	218	200	380	235	355
65	390	99.5	85	180	120	180	136	790	218	200	380	235	355
68	390	104.5	85	180	120	180	140	830	232	210	390	245	375

（3）热铸螺杆调节式锚具　型号：JL01

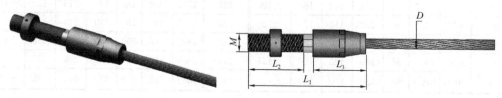

热铸螺杆调节式锚具尺寸参数表（mm）　　　　　　　表 D-3

D	L_1	L_2	L_3	M	D	L_1	L_2	L_3	M
12	195	90	88	M24	71	765	380	350	Tr115×6
14	209	100	93	M27	73	825	405	380	Tr130×6
16	237	110	107	M30	75	825	405	380	Tr130×6
18	256	120	114	M33	77	825	405	380	Tr130×6
20	266	130	111	M36	80	845	405	400	Tr130×6
22	280	135	118	M39	82	845	405	400	Tr130×6
24	305	150	129	M42	84	890	425	422	Tr140×8
26	320	155	140	M45	86	890	425	422	Tr140×8
28	340	160	151	M48	88	940	440	450	Tr150×8
30	360	170	160	M52	90	940	440	450	Tr150×8
32	380	180	170	M56	92	940	440	450	Tr150×8
34	400	190	180	M56	95	970	445	474	Tr160×8
36	440	220	188	M60	97	1020	465	506	Tr170×8
38	455	230	196	M64	101	1020	465	506	Tr170×8
40	475	240	205	M65×6	105	1060	475	532	Tr180×8
42	500	250	216	M70×6	108	1105	485	570	Tr190×8
44	530	265	230	M76×6	110	1105	485	570	Tr190×8
46	560	285	230	M76×6	113	1150	495	603	Tr200×8
48	560	285	240	M80×6	116	1150	495	603	Tr200×8
50	620	310	275	M90×6	119	1190	510	630	Tr210×8
52	620	310	275	M90×6	122	1190	510	630	Tr210×8
56	660	340	284	M95×6	125	1260	550	650	Tr220×8
60	710	365	307	Tr100×6	128	1315	580	675	Tr230×8
63	745	370	340	Tr115×6	133	1365	600	705	Tr240×8
65	745	370	340	Tr115×6	136	1365	600	705	Tr240×8
68	745	370	340	Tr115×6	140	1385	610	725	Tr250×12

（4）环索螺杆调节式锚具　　型号：JH02

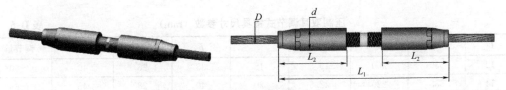

环索螺杆调节式锚具尺寸参数　　　　　　　　　表 D-4

D	L_1	L_2	d	调节量	D	L_1	L_2	d	调节量
12	338	134	36	±50	26	530	215	70	±80
14	361	143	40	±55	28	540	220	75	±80
16	400	160	46	±60	30	570	235	80	±80
18	431	173	52	±65	32	605	250	85	±85
20	438	174	56	±70	34	640	265	89	±90
22	452	181	60	±70	36	680	280	94	±100
24	501	203	64	±75	38	706	292	100	±100

续表

D	L_1	L_2	d	调节量	D	L_1	L_2	d	调节量
40	720	300	105	±100	86	1257	546	215	±135
42	732	306	110	±100	88	1325	575	230	±135
44	773	325	118	±104	90	1325	575	230	±135
46	773	325	118	±104	92	1325	575	230	±135
48	830	350	122	±110	95	1380	605	242	±140
50	895	380	135	±115	97	1440	635	254	±140
52	895	380	135	±115	101	1440	635	254	±140
56	930	395	143	±120	105	1495	660	265	±140
60	964	412	154	±120	108	1600	705	280	±145
63	1075	465	168	±125	110	1600	705	280	±145
65	1075	465	168	±125	113	1700	750	300	±150
68	1075	465	168	±125	116	1700	750	300	±150
71	1100	475	180	±130	119	1740	770	310	±150
73	1150	500	194	±130	122	1740	770	310	±150
75	1150	500	194	±130	125	1780	790	320	±150
77	1150	500	194	±130	128	1830	815	336	±150
80	1215	525	202	±135	133	1890	845	342	±150
82	1215	525	202	±135	136	1890	845	342	±150
84	1257	546	215	±135	140	1930	865	356	±150

（5）压制双耳调节式锚具　型号：YT01

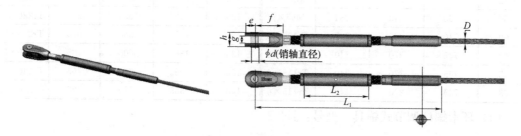

压制双耳调节式锚具尺寸参数（mm）　　　　表 D-5

D	L_1	L_2	d	g	h	e	f	调节量
12	530	200	19.5	18	35	26	40	±60
14	585	220	22.5	20	40	28	45	±65
16	655	240	27.5	24	46	33	55	±70
18	695	250	29.5	26	50	35	60	±70
20	775	280	31.5	30	58	39	65	±75
22	820	290	34.5	32	62	43	70	±80
24	905	315	41.5	34	66	49	85	±85
26	965	335	44.5	36	70	53	90	±90
28	1020	355	47.5	38	72	58	95	±95
30	1085	375	52.5	42	78	60	105	±100
32	1130	385	54.5	44	82	65	110	±105

（6）压制双耳固定式锚具　型号：YD01

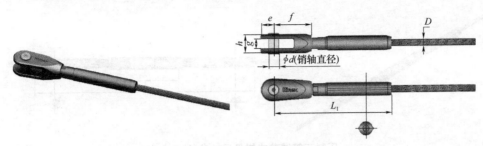

压制双耳固定式锚具尺寸参数（mm）　　　　表 D-6

D	L_1	d	g	h	e	f
12	225	19.5	18	35	26	40
14	255	22.5	20	40	28	45
16	295	27.5	24	46	33	55
18	325	29.5	26	50	35	60
20	355	31.5	30	58	39	65
22	385	34.5	32	62	43	70
24	435	41.5	34	66	49	85
26	465	44.5	36	70	53	90
28	495	47.5	38	72	58	95
30	530	52.5	42	78	60	105
32	560	54.5	44	82	65	110

（7）压制螺杆调节式锚具　型号：YL02

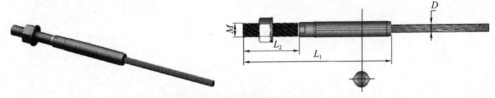

压制螺杆调节式锚具尺寸参数（mm）　　　　表 D-7

D	L_1	L_2	M
12	255	105	M24
14	285	115	M27
16	320	125	M30
18	345	130	M33
20	380	145	M36
22	410	155	M39
24	450	165	M45
26	480	175	M48
28	510	185	M52
30	540	195	M52
32	570	205	M56

（8）压制套筒调节式锚具 型号：YH01

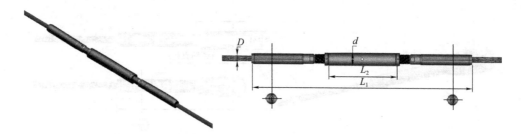

压制套筒调节式锚具尺寸参数（mm）

表 D-8

D	L_1	L_2	d	调节量
12	580	200	36	±60
14	645	220	40	±65
16	720	240	46	±70
18	770	250	50	±70
20	855	280	58	±75
22	910	290	62	±80
24	1000	315	66	±85
26	1065	335	70	±90
28	1130	355	72	±95
30	1195	375	78	±100
32	1250	385	82	±105

附录 E 钢绞线挤压拉索锚具尺寸参数

（1）UU 型拉索锚具

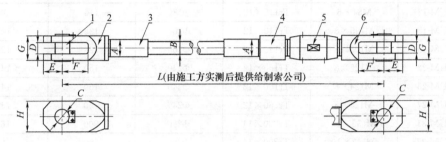

1—销轴；2—固定端叉耳；3—锚索；4—连接头；5—调节筒；6—调节端叉耳

GJ15UU 束挤型整压拉索技术参数表（mm） 表 E-1

拉索型号	A (mm)	B (mm)	C (mm)	D (mm)	E (mm)	F (mm)	G (mm)	H (mm)
GJ15UU-3	62	Φ50	Φ50	45	65	195	90	120
GJ15UU-4	72	Φ54	Φ60	50	80	190	100	130
GJ15UU-5	80	Φ65	Φ80	55	110	190	120	175
GJ15UU-6	80	Φ65	Φ80	55	110	190	120	175
GJ15UU-7	80	Φ65	Φ80	55	110	190	120	175
GJ15UU-9	115	Φ85	Φ90	75	115	200	150	175
GJ15UU-12	120	Φ85	Φ100	90	125	225	180	210
GJ15UU-15	140	Φ105	Φ110	100	155	265	200	230
GJ15UU-19	150	Φ105	Φ120	110	155	265	220	265
GJ15UU-22	160	Φ117	Φ130	115	165	280	235	285
GJ15UU-25	175	Φ126	Φ150	120	175	320	250	320
GJ15UU-27	175	Φ126	Φ150	120	175	320	250	320
GJ15UU-31	200	Φ130	Φ160	130	190	350	270	340
GJ15UU-37	208	Φ145	Φ175	140	210	380	290	380

（2）UM 型拉索锚具

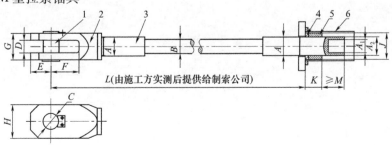

1—销轴；2—固定端叉耳；3—锚索；4—球形支座；5—球形螺母；6—保护罩

GJ15UM 型整束挤压拉索技术参数（mm）

拉索型号	A_1 （mm）	A_2 （mm）	J （mm）	K （mm）	M （mm）
GJ15UM-3	M45×3	Tr62×4	Φ95	60	55
GJ15UM-4	M52×4	Tr72×4	Φ105	60	60
GJ15UM-5	M60×4	Tr80×4	Φ115	70	80
GJ15UM-6	M60×4	Tr80×4	Φ115	70	80
GJ15UM-7	M60×4	Tr80×4	Φ115	70	80
GJ15UM-9	M84×6	Tr115×12	Φ180	116	95
GJ15UM-12	M84×6	Tr115×12	Φ180	116	95
GJ15UM-15	M105×8	Tr140×12	Φ200	128	125
GJ15UM-19	M105×8	Tr140×12	Φ200	128	125
GJ15UM-22	M122×8	Tr160×12	Φ240	150	145
GJ15UM-25	M124×8	Tr160×12	Φ240	150	145
GJ15UM-27	M124×8	Tr160×12	Φ240	150	145
GJ15UM-31	M132×10	Tr200×14	Φ280	200	160
GJ15UM-37	M142×10	Tr200×14	Φ280	200	160

参 考 文 献

[1] 罗尧治. 大跨度储煤结构设计与施工 [M]. 北京：中国电力出版社，2007.

[2] 王邵君，曹正罡. 高层与大跨建筑结构施工 [M]. 北京：北京大学出版社，2011.

[3] 张毅刚. 大跨空间结构 [M]. 北京：机械工业出版社，2014.

[4] 钟奇，兰志昆，黄鹏，等. 端部开口和封闭的干煤棚风荷载试验研究 [C]//第五届建筑结构抗震技术国际会议，中国江苏南京，2016.

[5] 赵云照. 环保型煤场防尘建筑设计的探究 [J]. 钢结构，2012 (S1)：36-38.

[6] 袁双双. 某超长大跨网壳干煤棚顶升方案研究 [D]. 邯郸：河北工程大学，2014：63.

[7] 吴卫中. 复杂体型的大跨度单层叉筒网壳风振分析 [D]. 上海：上海交通大学，2006：81.

[8] 吴明超. 大跨度球面网壳干煤棚的应用研究 [D]. 西安：西安建筑科技大学，2007：67.

[9] 王利彬. 大跨柱面网壳结构设计及 CFD 数值模拟研究 [D]. 邯郸：河北工程大学，2013：70.

[10] 王飞，倪建公，杜洋，等. 某大跨度干煤棚设计计算与分析 [C]//第十四届全国现代结构工程学术研讨会，中国天津，2014.

[11] 邱鹏. 空间网格结构滑移法施工全过程分析方法及若干关键问题的研究 [D]. 浙江：浙江大学，2006：105.

[12] 米福生. 干煤棚风致响应及干扰效应研究 [D]. 上海：同济大学，2007：124.

[13] 陆玲娟. 火力发电厂干煤棚网架结构的变形特性分析 [D]. 武汉：华中科技大学，2004：91.

[14] 李海旺，郭晶晶. 发电厂大型露天煤场封闭工程初步结构设计 [C]//第十四届空间结构学术会议，中国福建福州，2012.

[15] 边疆. 官地矿选煤厂煤场封闭工程效益分析与研究 [J]. 煤炭加工与综合利用，2011 (06)：46-48.

[16] 胡军，应汉雨，陈宏波. 光纤光栅在桥梁索力监测中的应用 [C]//全国第 15 次光纤通信暨第 16 届集成光学学术会议，中国陕西西安，2011.

[17] 郭云，陈辉，于海凤. 某热电厂大跨度干煤棚结构设计与分析 [J]. 建筑结构，2015 (17)：49-53.

[18] 郭小康，李鹏. 湛江钢铁基地 B 型干煤棚施工全过程模拟分析 [J]. 施工技术，2015，44 (20)：86-89.

[19] 高斌楚. 干煤棚网架工程施工方案探讨 [C]//第六届全国钢结构工程技术交流会，中国江苏南京，2016.

[20] 段巍巍. 某大跨三心圆柱面网壳结构设计及风荷载特性研究 [D]. 太原：太原理工大学，2012：86.

[21] 杜磊，董天月，袁振. 大跨度网壳干煤棚超高挡煤墙的设计分析 [C]//第十六届全国现代结构工程学术研讨会，中国山东聊城，2016.

[22] 崔宏海，刘晓彬，尹继洁. 某电厂储煤棚断柱的加固方案与设计 [J]. 山西建筑，2011，37 (26)：50-51.

[23] 常波，梅献忠，钱昀，等. 直立锁边金属屋面的抗风性能研究 [J]. 建筑施工，2014 (06)：701-702.

[24] 曾常阳，舒兴平，丁芸孙，等. 檩条在风吸力作用下的稳定计算 [J]. 湖南大学学报（自然

科学版），2002，29（04）：67-71.

[25] 范余华，苏发亮. 旅客车站有柱站台雨棚新型金属屋面系统关键技术研究［J］. 上海铁道科技，2017（02）：35-37.

[26] 朱志远. 从首都机场 T3 航站楼部分屋面被风揭看屋面抗风揭试验的重要性［J］. 中国建筑防水，2011（03）：34.

[27] 张莹. 基于光纤光栅的索力传感器的研制与应用［D］. 大连：大连理工大学，2011：77.

[28] 蔡杰. 网架干煤棚安全监测系统的研究与开发［D］. 武汉：华中科技大学，2004：65.

[29] 李盛. 基于光纤光栅传感原理的桥梁索力测试方法研究与应用［D］. 武汉：武汉理工大学，2009：143.

[30] 杨浩. 基于光纤光栅的桥梁索力无线监测系统的设计［D］. 武汉：武汉理工大学，2008：66.

[31] 康怡，周广娟，李康林，等. 顾桥电厂大跨度干煤棚网壳设计与施工［J］. 钢结构，2012（S1）：104-106.

[32] 朱志荣，张雪峰，滕军，等. 深圳万科中心斜拉索张拉施工监测［J］. 工程抗震与加固改造，2011，33（01）：124-128.

[33] 高斌楚. 干煤棚网架工程施工方案探讨［C］//第六届全国钢结构工程技术交流会，中国江苏南京，2016.

[34] 张竞乐. 上海地区后压浆基桩承载力预估方法［J］. 建筑技术，2016，47（09）：809-811.